闸控河流水文生态效应分析与调控

左其亭　梁士奎　陈　豪　李冬锋 等　著

科 学 出 版 社
北　京

内 容 简 介

本书以闸坝数量众多、水资源和水环境问题较为突出的淮河流域一级支流沙颍河为例，系统地介绍了闸控河流水文生态效应分析的理论基础、关键技术、野外实验、数学模型、调控与保障体系，是作者2009～2018年持续开展沙颍河水文生态研究工作的系统总结，主要内容包括：①闸控河流生态水文效应分析、水生态系统健康评价相关理论与方法研究；②闸控河流水量–水质–水生态实验研究；③闸控河流水量–水质–水生态模型研究；④闸控河流水量–水质–水生态调控研究及保障体系构建。本书介绍的多闸坝条件下河流水量–水质–水生态调控能力识别、生态水文效应实验与分析、调控模型构建及应用、水生态和谐调控、生态需水调控等内容，对于提高闸控河流水安全保障能力和水资源保护与水生态系统健康水平有着重要的参考价值。

本书可供研究和关心河流水文、水资源与水生态的各专业人士参考，也可供从事水资源、水生态、水利工程、地理科学、资源环境及有关专业的科技工作者和管理人员参考。

图书在版编目（CIP）数据

闸控河流水文生态效应分析与调控/左其亭等著. —北京：科学出版社，2019.9

ISBN 978-7-03-062215-0

Ⅰ.①闸… Ⅱ.①左… Ⅲ. ①拦河闸–影响–河流–水文环境–生态效应–研究 Ⅳ. ①X321 ②TV66

中国版本图书馆CIP数据核字(2019)第182806号

责任编辑：杨帅英 赵 晶 / 责任校对：何艳萍

责任印制：吴兆东 / 封面设计：图阅社

科学出版社 出版

北京东黄城根北街16号

邮政编码：100717

http://www.sciencep.com

北京虎彩文化传播有限公司 印刷

科学出版社发行 各地新华书店经销

*

2019年9月第 一 版 开本：787×1092 1/16

2019年9月第一次印刷 印张：12

字数：280 000

定价：98.00元

(如有印装质量问题，我社负责调换)

前 言

通过修建闸坝的方式进行河流水资源的开发利用，对于支撑经济社会发展具有重要的意义。闸坝的建设运行对保障生产生活用水起到了重要作用，与此同时，对河流自然状态的改变也引发了一系列水资源及生态环境问题。随着河流综合开发与联合调度工作的不断开展和深入完善，人们对于河流水环境问题发生的机理和闸坝作用规律的科学认识逐步提高，针对闸坝建设对河流生态系统的影响，研究水文过程中的各种机理与规律，进行科学的闸坝水量–水质–水生态综合调控，对于协调水资源开发利用和河流生态系统保护之间所存在的矛盾，不断改善和修复受损的河流水生态，保障河流水环境和区域水安全具有重要意义。

郑州大学水科学研究团队自 2009 年以来，选取以多闸坝为特色的淮河水系沙颍河流域作为研究示范区，针对人类高强度活动影响下的河流水资源和水环境问题，基于现场调查和实验观测，深入开展了理论研究和技术应用，积累了丰富的基础资料，取得了一系列研究成果。针对沙颍河区域水资源和水环境问题的研究方面，其先后承担并完成了国家重大水专项专题、国家自然科学基金、高等学校博士学科点专项科研基金、水利部重大项目专题等多个项目；以沙颍河区域相关研究为主要内容，培养了 5 位博士研究生、12 位硕士研究生。自 2012 年开始，本研究团队在沙颍河流域持续开展水生态调查实验（每年度两次），在沙颍河干流槐店闸开展闸坝调度现场实验（每年度一次），为河流水资源和水环境研究积累资料，保障和推动相关科研工作的持续开展。本书是研究团队对沙颍河研究系列成果的系统总结，聚集了所有参与者的智慧，是集体智慧的结晶。主要内容概括如下。

（1）多闸坝河流水文生态环境效应量化及评估研究

基于收集的长序列水文资料及在研究区沙颍河流域 2012～2016 年开展的水生态环境调查实验，深入探索与分析研究区水量、水质、水生态特征，并采用客观、适宜的评价方法，对研究区水体富营养化、水体污染程度、水生态健康状况进行科学、可靠的评估，分析闸坝建设对河流生态系统的影响。

（2）闸控河流水量–水质–水生态相互作用机理分析

从定性的角度，依据迁移–转化理论、能量流动与物质循环理论、生态效应理论，对闸控河流水量–水质、水质–水生态、水量–水生态两两作用分析深入到水量–水质–水生态三者相互作用分析。以研究区水生态环境调查实验数据为基础，以闸控河流水量–水质–水生态相互作用机理为支撑，识别影响水生态环境特征的关键因子，构建闸控河流水量–水质–水生态相互作用的量化方程与模型。

（3）闸控河流水量–水质–水生态模型研究

结合在淮河及沙颍河流域开展的水污染联防实践，在沙颍河槐店闸开展闸坝调控试验，构建闸坝作用下的水动力–水质模型，分析闸坝对河流水质、水量的作用；提出闸坝防污调控的概念和内涵，并构建“兼顾兴利、防洪、防污需要”、基于模拟–优化的闸坝防污调控模型，采用多目标遗传算法和模糊优选方法对模型进行求解，研究闸坝优化调控方案；提出闸坝防污限制水位的概念和内涵，构建闸坝防污限制水位模型，并应用该模型开展多场景模拟，分析单一闸坝和闸坝群对河流水质、水量的作用。

（4）闸坝河流水生态健康和谐调控模型体系构建

基于开展的流域水生态调查实验，结合对水体理化指标和生态指标时空分布特征的分析，优选出适合于闸控河流的水质生态学评价方法；提出闸控河流水生态健康的概念及内涵，识别出影响河流水生态健康程度的关键因子，从而构建闸控河流水生态健康评价指标体系，提出水生态健康综合指数评价方法；基于和谐论理论，以改善河流水生态健康程度为目标，构建“面向水生态健康程度最大化、考虑闸坝作用能力约束和水质–水量–水生态互动关系”的闸控河流水生态健康和谐调控模型。

（5）闸控河流水量–水质–水生态综合调控保障体系

基于闸坝条件下的生态水文效应分析，考虑水资源优化配置需求，构建基于生态水文响应机制的闸控河流生态需水调控方法体系框架，构建考虑自然水流情势的闸坝生态调度多目标模型；以典型闸坝调控实验为基础，分析短期调控与长期调控对河流水量–水质–水生态造成的影响，采用已构建的闸控河流水量–水质–水生态相互作用量化模型，演算闸坝调控影响的演变特征，并构建闸坝生态调控模型，对典型闸坝进行优化调控。

本书由左其亭、梁士奎、陈豪、李冬锋、刘静、罗增良撰写。另外，还有多位研究生参与了实验和研究工作，主要有博士研究生韩春辉、李佳璐、张修宇、赵衡、郝明辉，硕士研究生高洋洋、胡瑞、王园欣、刘子辉、陈耀斌、梁静静、郭丽君、陶洁、李来山、许云锋、毛翠翠、崔国韬、魏钰洁、刘军辉、李可任、王园欣、张志强、杨会明、臧超、靳润芳、郭唯、宋梦林、刘欢、王亚迪、石永强、史树洁、韩春华、王妍、纪璎芯、郝林钢、王豪杰、王鑫、李佳伟、李东林、韩淑颖、吴滨滨、李星、宋玉鑫、刁艺璇、冯亚坤等，以及博士后张伟、甘容。

本书得到国家自然科学基金（51709238、U1803241、51779230）和郑州市水资源与水环境重点实验室的经费支持。向支持和关心作者研究工作的所有单位和个人表示衷心的感谢，感谢科学出版社同仁为本书出版付出的辛勤劳动。此外，作者参阅了大量的参考文献，并尽可能在引文处标注相应的参考文献，其中有些内容可能属于表述上雷同，但不是直接引用，或者很难查到最早的出处，所以很难准确标出所有的参考文献，在此谨向这些文献的作者一并致谢。

由于本书涉及知识面广，受资料及作者水平所限，虽几经改稿，书中疏漏和不足之处在所难免，欢迎广大读者不吝赐教。

作　者

2019年4月

目　录

第 1 章　绪　　论

1.1　河流水资源开发利用

水与环境紧密相连，作为基础性的自然资源和物质条件，共同支撑和影响着人类社会的发展。随着人类文明进程的不断向前，对水资源的开发利用程度和技术水平逐步提高，人水关系也随之发生演变。近几十年来，伴随着现代文明的快速发展，人口增长、经济发展和水资源短缺的矛盾不断呈现并日益突出，水资源短缺条件下的经济社会用水与生态环境需水之间的竞争，使得生态用水状况难以得到保证，由此造成河流、湖泊、湿地等水生态系统受到严重干扰和破坏，进而引发一系列的生态环境和社会问题，对区域经济社会的可持续发展造成影响和制约。基于水资源利用与经济社会可持续发展的相互影响，构建和谐的人水关系已成为水资源开发利用的首要任务和重要目标。

水库、闸坝等水利工程设施作为人类对河流水资源开发利用的重要途径，被大量兴建于河流之上，用于进行防洪排涝、蓄水兴利等。从建筑物特征上来看，“水库”具有特定的库容和坝体，“闸坝”兼有水闸和大坝的特点，均具有水量存蓄和调节的功能；从水利工程的功能与性质来看，特定的水库和闸坝可以满足不同条件下的防洪、供水、发电、通航等功能，实现水资源的综合利用。围绕闸坝等水利工程的建设发展，我国水利行业目前大致经历了 3 个阶段（左其亭，2015）：第一阶段为水资源问题尚未凸显的工程水利阶段，时间为 1949～1978 年，该阶段以农业生产的需求为水利建设的基准，水利建设受农业生产的布局、特点影响极大；第二阶段为水资源供需矛盾加剧的资源水利阶段，工程水利明显开始向资源水利转变始于 1997 年前后，资源水利主张把水资源纳入经济社会大系统，以水资源的供需平衡为目标，最终实现水资源的优化配置，相比于工程水利，资源水利的发展是以水资源可持续利用为基础的经济社会可持续发展的必然选择；第三阶段为水环境问题严重制约经济发展的生态水利阶段，随着经济的快速发展以及水环境问题对经济发展制约的愈加明显，近年来，水利行业发展的指导思想在不断发生新的变化，生态水利阶段水利发展的主旨是尊重、维护生态环境，并以人口、资源、环境和经济的协调发展为指导，科学合理地开发、管理水资源，实现当代人和后代人永续发展的用水需求，保障可持续发展。当前阶段，水资源的开发利用和水利工程建设运行及管理中，均很注重水量、水质和水生态的平衡与协调发展。按照目前水利发展的总体趋势，随着治水科技的不断进步，经济社会的持续快速发展，我国未来水利发展阶段将进入以“智慧水利”为主的新水利时代，在今后水利事业发展过程中，将充分利用以往成功的水利经验，依托网络通信技术及空间虚拟科技，促进传统水利向智能水利的转变和发展。

水利事业取得的快速发展，在很大程度上同水利工程的大规模建设紧密相关，我国在自然地理条件复杂多样、经济社会发展用水需求不同的状况下，通过众多闸、坝工程的修建，进行拦蓄、调控和配置水资源，有效缓解了我国水资源分布不均、区域水资源短缺、洪涝灾害与地区干旱等问题，为经济社会可持续发展提供了重要支撑。根据第一次全国水利普查数据，截至2011年，我国已建成水库9.8万多座，总库容达9323亿m^3，过闸流量在$5m^3/s$以上的水闸9.7万多座。近些年来，水利基础设施的建设发展仍在不断加大，根据2017年全国水利发展统计公报数据，截至2017年，全国已建成流量在$5m^3/s$及以上的水闸10.3万多座，其中大型水闸893座，已建成各类水库9.8万多座，总库容9035亿m^3，其中大型水库732座，总库容7210亿m^3，占全部总库容的79.8%。以“闸坝众多”著称的淮河流域，在2003年之前，流域内已经拥有各类水库5674座、各类水闸5427座，近年来不断有新的闸坝投入运行，2006年位于沙颍河上的耿楼闸开始运行、2009年位于沙颍河上的郑埠口闸开始运行，这使得流域实际的闸坝数量远远不止这些，闸坝建设有力地保障了区域水资源需求，减少了洪涝灾害带来的损失，支撑了流域经济社会的快速发展。

1.2 河流水生态问题

河流是水资源的重要载体，随着水体的不断循环和自然条件的持续演变，形成了包括陆地河岸、河道、湖泊、湿地及河口等一系列子系统的河流生态系统（赵银军等，2013）。从河流结构与功能来看，河流是纵向上物理、化学特性和生物过程的连续统一体，具有自然功能、生态功能和社会功能。在维持物质流动和能量循环的同时，河流为人类提供生产、生活和生态等各类用水，是重要的生命和环境支撑。

河流生态系统中的各生境要素通过水循环过程联系在一起，由河流地貌、水文、水环境、水生态几部分组成统一的结构和功能，在各要素相互作用下，在不同时空尺度上，各要素表现出不同的形式及生态功能。人类活动通过改变生境、生态系统结构和生物地球化学循环等方式对生态系统的服务功能产生影响，这些影响包括人类合理开发和维护生态系统的积极影响，也包括水土资源的过度开发利用所带来的一系列生态环境问题等。例如，闸坝修建、取水退水等不断加剧的人类活动，提供了经济社会发展必要支撑条件的同时，不可避免地引发了河流水文情势变化、水环境恶化、水体生物多样性减少等诸多影响和破坏河流生态系统自然状态的问题。水资源的开发利用在提供经济社会发展用水需求的同时，对生态系统的水循环造成影响，进而导致水生生境受到破坏，生态系统服务功能下降，最终导致洪旱灾害加剧、湖泊湿地萎缩、水体环境恶化、水质污染严重、物种类型减少等诸多问题。

我国地域广阔，河湖众多，地貌类型复杂多样，气候、植被、水文等自然地理条件时空分异显著，不同地区社会经济布局差异较大，水生态系统类型丰富，水生态问题复杂多样。江河、湖泊及湿地是我国水生生物栖息和繁衍的重要场所，众多生物的生长、发育和繁衍是水生态系统良性循环、水生态系统类型丰富多样的基本特征。自20世纪90年代以来，随着经济社会的快速发展，河流湖泊的水资源开发利用程度不断加剧，水生态状况逐步恶化，部分江河源区过度开发导致水生态服务功能衰退，水源涵养能力降低，水土流失造成土地退化、湖库淤积，并加剧水体富营养化。闸坝、水库等水利工程的修建，严重影响鱼类的生存环境，改变了鱼类的区系和种群结构，如葛洲坝、三峡大坝的修建使得长江特有鱼类中华鲟、白鲟的自然繁殖和生长受到严重影响，围垦导致江河湖泊浅水区消失，严重缩小鱼类等水生生物的生存空间；外来物种入侵，威胁本地水生态系统安全；江河沿岸天然湖泊、湿地面积萎缩，洪水调蓄能力减弱，水污染威胁人类和其他生物健康，造成水生态状况恶化；部分地区水资源过度或无序开发，导致生态用水被挤占，超过水生态系统承载能力；等等。一系列生态环境问题凸显了我国水生态环境现状不容乐观，同时也反映出水资源保护工作急需加强。

1.3 闸坝建设的水文生态效应

闸坝的修建在一定程度上实现了兴水利、除水害的作用，对沿岸地区经济的发展，特别是对农业的发展产生了积极的影响。早期水利工程的目标可以简单归结为”治水”和“用水”两类，在抵御洪涝和发展农业灌溉的目标之下，尚未认识和关注到河流生态系统的健康问题，在河流上修建大量水利工程的主要目的是对取水用水和洪涝的防治。但是，过多闸坝的存在客观上降低了河流的连通性，改变甚至破坏了河流的天然径流状态，削弱了河流水体的自净能力，对河流水质产生了极大的影响，河流的水文状况相对于自然状态进行了大幅度改变的同时，河道内的水体污染问题不断加剧、水质恶化问题日益突出。人类对水资源的掠夺性开发，破坏了河流生态系统中原有的各类平衡，使得河流水生态环境日益恶化，逐步引起人们对传统水利工程开发模式的反思，开始探索修复河流自然环境的途径。

随着以闸坝为主要形式的水利工程所带来的负面生态效应不断呈现，以及其对经济社会可持续发展的不利影响日益突出，河流的水生态问题受到社会普遍关注。20 世纪 50 年代，德国发展出了“近自然河道治理工程学”理论，提出要促进传统工程设计理念和技术方法的改革，吸收生态学的知识和相关原理，在河流整治工作中尽量满足植物化和生命化的要求（Laub and Palmer，2009）。1962 年，美国生态学家 Odum 等提出了生态工程的概念，并将其定义为“人类仅凭借少量辅助而对以自然能为主的系统开展的环境控制”（Mitsch，2003）。70 年代以来，筑坝建闸所引起的水生态环境问题逐步引起了全社会的重视，人们开始更加辩证地看待闸坝的建设和影响，对于闸坝建设和调控对水环境影响的研究进一步深入，主要涉及闸坝对下游能量、物质（悬浮物、生源要素等）输送通量以及对河道结构（河道形态、河流演变、泥沙淤积、冲刷等）的影响等诸多方面。法国、澳大利亚、南非等诸多国家都开展了大量研究，提出河流生态流量的概念，试图了解鱼类生存繁衍与河流流量等因素的关系，探究了流量、流速对鲑鱼等鱼类、大型无脊椎动物、大型水生生物生存繁殖过程的影响。1978 年，美国大坝委员会环境影响分会总结归纳了 20 世纪 40～70 年代有关修筑闸坝对生态环境造成影响的相关研究成果，并出版在 *Environmental Effect of Large Dams*（《大坝的环境效应》）一书中，涉及领域包含大坝运行产生的社会经济效应以及对浮游植物、藻类的影响状况，闸坝蓄水形成的上游水库蒸散发情况，闸坝对下游河床、水质等方面的影响。国外相关学者针对水利工程的不利影响，逐步开展了水工建筑物对生态环境影响的研究，初期研究方向主要集中于河流泥沙沉积以及大型底栖无脊椎动物群落特征，经过多年的发展，现今的研究方向已经逐步拓宽至局地气候状况、水文情势、河流水质、生物多样性、河道地形地貌以及经济社会等方面。随着闸坝对河流水环境和水生态系统的影响研究的不断深入，西方一些发达国家的学者认为，要恢复河流原始形态，就应该拆除闸坝等水利工程，力图通过拆除河流上所有的闸坝设施来恢复河流的原始形态，这又进一步激化了闸坝建设和生态保护之间观点的冲突。随后，世界水坝委员会（World Commission on Dams，WCD）的组建和《水坝与发展》调查报告的发布将闸坝利、弊的争论推向了顶峰。Mccully（1996）对闸坝的影响进行了分析，并将闸坝对水环境的作用分为“闸坝修建”和“闸坝调控”两类。

针对闸坝工程建设对河流水资源开发利用所带来的一系列问题，国际上许多专家学者认为可以通过合理的闸坝调控使闸坝发挥更多的积极作用，减少其负面影响。国际上开展闸坝调控的研究始于20世纪20年代，1926年，苏联莫洛佐夫提出水电站水库调配调节的概念，并形成以水库调度图为指南的调度方法，自此以后国际上许多专家学者对闸坝优化调控开展了大量研究。从60年代开始，人们逐步重视闸坝对河流水环境和水生态系统的影响研究，该方面的问题也成为国际水文生态领域的研究热点。70～80年代，闸坝调控对生态环境影响方面的研究得到了快速的发展，并开始侧重研究闸坝对河流水生生物、水体纳污能力和生态系统多样性等方面的影响。同时，随着闸坝对河流水质影响程度的增加和对河流生态环境影响研究的不断深入，一些发达国家认为应该拆除闸坝等水利工程，以便于恢复河流的天然形态，这更加深了人们对闸坝对河流生态环境负面影响的认识。人们普遍认识到闸坝在为社会创造巨大经济、社会效益（如抵御洪水、水力发电、供水灌溉等）的同时，也会导致水生生态系统的严重退化。例如，在加利福尼亚，大坝阻断大马哈鱼和虹鳟大部分的重要产卵地，导致溯河产卵鱼类的减少。对此，国外学者在避免闸坝负面影响方面开展了大量研究。进入21世纪后，闸坝调控和管理可以避免闸坝对河流水环境和水生态的负面影响，使其发挥更大的积极作用，其成为国外学者研究的重点内容。

我国开展闸坝调控的研究和应用始于20世纪60年代，中国科学院等联合编译出版的《运筹学在水文水利计算中的应用》标志着我国开始闸坝优化调控方面的研究；董子敖（1982）应用系统工程多目标决策和增量动态规划与分析相结合的方法，给出具有长期预报的水库供水期最优调度的一般规律；谭维炎等（1982）提出若干水电站在电力系统中联合运行的最优调度图，该阶段研究成果主要侧重于单一闸坝在防洪、发电、供水和航运等方面的优化调控研究。进入80年代后，随着经济社会的发展，河流上兴建了大量的水库或水闸，这些闸坝在除水害、兴水利方面发挥着巨大的作用，但是也对河流生态环境产生负面影响。1982年，治淮委员会研究了蚌埠河段内闸门启闭时间长短及河道径流变化对有机污染变化的影响，这些研究的开展表明我国学者已经意识到闸坝对河流生态环境的负面影响，但是由于基础资料、技术条件等限制，该阶段只是初步开展一些实验和理论方面的探索。进入90年代后，国内学者进一步对闸坝调控对河流水环境等方面的影响开展研究，方子云和谭培伦（1984）将闸坝调度分为3类情况，即闸坝合理调度改善水质、引水改善水质、水体循环改善水质；鲍全盛等（1997）进行沙颍河闸坝调控与淮河干流水质的风险管理研究。进入 21 世纪后，闸坝调控对河流生态影响的理论研究不断深入，加强闸坝等水利工程对河流健康影响方面的研究，众多学者开始关注流域闸坝工程对水量、水质和水生态的影响，并开展评价方法及模拟模型研究，分析闸坝对重污染河流水质、水量的作用规律，并评估闸坝对河流水质、水量的影响，陈豪等（2014）研究槐店闸浅孔闸在不同调度方式下的水体、悬浮物及底泥污染物变化规律；左其亭等（2015）选取沙颍河槐店闸为研究对象，设计并开展多次现场实验，分析不同闸坝调控方式下河流水质参数的时空变化规律，探索闸坝调控对河流水质的作用机理。此外，闸坝管理部门也开展闸坝调控改善河流生态环境的实践研究，如水利部淮河水利委员会于 2002 年 12 月～2003 年 6 月在沙颍河开展水闸防污调控实践。

近年来，闸坝工程对河流水生态环境产生的影响作用备受生态领域及水利领域相关学者的关注，大量学者从不同切入点积极探索河流水生态环境在闸坝工程影响下的响应规律。在理论方法研究方面，董哲仁（2003）辨析了基于“水工学”的治水工程的缺陷及其对河流生态系统的负面作用；陈庆伟等（2007）基于分析水利工程设施对河流生态的负面影响，阐述了水库生态调控方法与技术；喻光晔等（2015）从闸坝调控能力综合评价的角度出发，重点讨论基于淮河流域水质、水生态联合调控的闸坝调控能力评价指标，对多闸坝、水库群水质、水量、水生态联合调控准则的制定进行了探讨。在实验实践方面，赵长森等（2008b）从淮河流域全局出发，通过对淮河典型河段的水生态和水环境进行现场调查与室内分析，对流域内水生态环境现状进行了综合评价。在模拟量化与评估方面，肖建红等（2007）根据水坝对河流生态系统服务功能影响的特点，建立了评价指标体系，评估了全国水坝对河流生态系统服务功能的影响；夏军等（2008）通过分析水生态指标与同期水质指标之间的关系，将水文循环、环境污染、河流生态三者结合在一起，建立了水文–水质–生态耦合模型，提出一种水生态评价方法；刘玉年等（2008）以不同生物指数法对淮河流域典型闸坝断面的生态系统健康现状进行了综合评价；赵长森等（2008）利用改进的生态水力半径法合理地计算河流生态需水与生态水位，为闸坝的合理调控提供了科学理论支撑；董哲仁（2009）提出了河流生态系统结构与功能整体模型以描述非生命与生命变量之间的关系；胡巍巍（2012）采用 IHA 法和 RVA 法，研究蚌埠闸及其上游闸坝对水文情势的影响程度，同时估算分析闸坝对淮河河流生态水文条件的影响，为蚌埠闸开展生态系统管理、生态修复以及进行生态调控提供理论支持；米庆彬等（2014）为探求闸坝对河流水质–水生态过程的驱动作用和浓度变化规律，基于 MIKE 11 模型平台构建了闸控河段水质–水生态数学模型，模拟分析了不同水闸调控情景下水体中水质指标和水生态指标的变化；陈艳丽（2014）从水文水资源、水环境状况、河流的物理形态、生物状况和社会环境等方面综合考虑影响河流生态状况的因素，通过模糊评价得出河流水生态状况，确定影响河流水生态状况的主要因素；左其亭等（2016b）为探讨闸坝工程对河流水生态环境的影响效应，在沙颍河流域持续进行实地闸坝调控实验，监测河流水质指标在不同调控方式下的空间变化，并调查水生态指标，探析了长期和短期的调控干扰对河流水生态环境的影响特征。

针对受人类活动影响程度较大的多闸坝河流，科学辨识人类活动的影响状况、合理确定生态用水需求、有效控制水质目标、改善河流水环境，逐步成为水资源管理工作中所面临和需要解决的重要问题。为辨识人类活动对河流生态系统的影响，“河流健康”的概念被提出，并逐步成为当前河流开发及管理的研究热点（Norris and Thoms，1999）；为量化和科学评估河流及其生态系统的健康状况，“生态需水”作为最基本的指标被提出，并逐步发展成为河流管理的重要目标（王西琴等，2002）；为实现河流及其生态系统的健康，需要通过一定的技术手段来实现生态水量的有效配置，由此，“生态调度”理论与方法研究和实践逐步开展，为河流健康维护和受损河流修复提供了重要支撑（陈敏建，2007a）。随着人类认知和技术水平的不断提高，“河流健康”、“生态需水”及“生态调度”的问题识别和相关研究逐步从单一水量到包含水质并发展到涵盖水生态等方面，相关概念不断拓展，评估和量化理论与方法不断丰富，技术应用和实践普遍展开。目前，闸坝对河流环境影响的前沿研究已经深入全面综合的阶段，涉及诸多学科的交叉融合，对闸坝建设的水文效应及水生态系统影响研究可以归结为：闸坝对下游水质、水量以及水生态的影响；闸坝对河流径流形态、泥沙淤积等河道结构的影响；闸坝对某指示生物包括种群数量、物种数量、栖息地等信息在内的影响进行实验与观测；闸控河流水量–水质–水生态作用机理研究、影响模拟与综合调控等。

闸坝对河流水量–水质–水生态的影响及闸坝调控方面的研究，随着技术进步在不断地深化和推进。在闸坝对河流水质、水量影响研究方面，随着水循环综合模拟技术不断完善，模拟精度不断提高，对水质、水量变量的识别和监测技术更加准确，随着对闸坝负面影响的认识越来越深刻，以经济发展为目标的闸坝调控也在向以生态–环境协调发展为目标的闸坝调控转变。由于国外闸坝、水质等情况与国内的差异，国外的研究或从宏观上进行研究，或针对某一具体河段、污染物、水质状况等进行研究，具体针对闸坝调控能力的研究仍然较为少见，尚未形成成熟、完善的研究框架及可以推广的技术体系。在闸坝对水生态系统的影响机理研究及调控实践中，受前期对水生态监测短缺和资料积累不足的影响，闸坝调控方面的研究仍多针对闸坝调控对河流水质、水量方面的影响，对河流水生态的影响考虑较少，闸坝调控对河流水环境、水生态的影响研究尚处于进一步深化阶段，缺乏闸坝调控对河流水生态健康影响方面的定量研究，需要结合闸控河流水环境治理和水生态保护需求，不断加强面向河流水生态健康的闸坝影响及调控机理等方面的研究。

1.4 需要研究和解决的关键科学问题

对应和受限于不同阶段的经济社会发展水平，人类与河流之间的关系演变历程包括原始自然阶段、工程控制阶段、污染治理阶段和生态修复阶段。在水问题，尤其是河流水环境问题日益严重的情况下，基于闸坝对河流水质、水量影响作用相关研究成果，从闸坝对河流水质、水量调控能力的角度出发，研究闸坝调度对河流水质、水量的影响作用，对于解决相关水问题，尤其对实现通过闸坝调度来改善河流水质具有较大的启发，因地制宜不断探索各类条件下的水资源和水环境问题的解决途径，对于实现闸坝联合防污调度以避免重大水污染事故的发生具有重要意义。

当前，在河流水资源开发利用和综合管理工作进程中，河流生态系统健康理念已被广泛认知，对水利工程生态效应的研究得到重视，生态需水调控研究取得进展，水资源和水环境保护与修复正在全面展开，但是在实际应用中，由于不同区域或河流的水资源条件和生态环境问题有其独特性，诸多河流水生态相关的研究成果难以普遍适用，存在诸多问题和困难，影响着河流可持续管理目标的实现，主要体现在以下方面。

（1）对水利工程的生态–水文效应认识不足

科学辨识水利工程的生态水文效应是进行水资源可持续管理的前提。水量–水质–水生态相互作用关系错综复杂，对其进行定性或定量化研究均面临很大的挑战。国内外对水利工程的生态水文效应的研究包含水文、水质以及生物变化等多个方面（姚维科等，2006），多侧重于河流水量、水质、水生态单一对象或两两对象耦合作用的分析与量化，水量–水质–水生态是一个庞大而又复杂的耦合巨系统，单一对象的分析或两两对象的定性或定量研究很难准确揭示河流各子系统之间复杂的相互作用关系。河流的生态需水评估大多关注河流生态系统对流量大小的单一水文要素需求，对河流水文情势与生态过程的内在关系不够重视（王俊娜，2013）。从研究内容来看，针对各方面建立了较多的评价指标体系与方法，在河流生态效应的量化方面应用较少，缺乏可以适用的水利工程生态效益评估量化指标，需要针对特定区域开展典型区研究；缺乏具体的水生态监测实验数据来定量表达闸坝调控对河流水质–水量–水生态的影响。由于缺乏闸坝影响下的河流水生态调查野外实验，没有客观的数据来定量反映闸坝对河流水质、水量、水生态的影响，需要考虑水量、水质、水生态多方面要素，从水量–水质–水生态整体、综合的角度进行相互作用关系的定性与定量化探索（左其亭等，2011）。

（2）闸坝调控对水环境的影响机理不清

纵观国内外研究现状，闸坝修建和调控对河流水环境影响的相关研究已经取得一定的成果，但是针对污染河流，国外关于闸坝修建和调控对水环境影响方面的研究多侧重于自然河流水量、水质、水生态特征的研究，然而，对于闸坝调控背景下的河流水量–水质–水生态变化规律的研究还较为匮乏。国内关于闸坝修建和调控对水环境影响方面的研究尚处于定性研究阶段，不能满足当前经济社会发展对污染河流治理的需要，亟须进一步进行深化研究，主要表现在：缺乏具体的实验数据来定量表达闸坝调控对河流水质、水量的影响作用。目前，国内外尚且缺乏对污染河流的实地闸坝调控实验，没有客观的数据来定量反映闸坝对河流水质的影响。闸坝对污染河流水质、水量的作用的研究不足，不能较清晰地提出闸坝对污染河流水质、水量的调控策略。缺乏污染河流闸坝的防污调控研究，不能合理地依据不同的来水条件对闸坝群进行动态调控，合理分配闸坝所拦蓄水体中污染物总量，减轻闸坝对河流水环境的负面影响。对闸控河流水生态健康影响因子识别和评价指标体系构建的研究较少，且因子识别方法中运用较多的是德尔菲法或理论分析法等主观方法，这在一定程度上会降低结果的客观性。因此，需对水生态健康关键影响因子识别方法开展研究。

（3）面向河流健康的水量–水质–水生态调控实践缺乏

生态调度的开展具有鲜明的阶段性特征，生态调度已经融入流域综合管理。国内调度实践主要通过行政手段应对洪水灾害或水污染问题。因为生态调度的目标多而宽泛，无法形成完整的理论体系，服务于生态调度目标的工程布局、管理长效机制尚未建立，制约着生态调度的可持续性，缺乏科学合理的闸坝调控措施研究，科学、合理的闸坝生态调控研究有待深入。国内外已对闸坝调控对河流水量和水质方面的影响开展大量的研究工作，但是对于闸坝调控如何对河流水生态健康产生影响，如何通过闸坝调控等措施实现河流水生态健康的良性发展，这些问题都需要开展相应的研究。如何科学、合理地进行闸坝调控以实现闸控河流水生态环境的良性循环是研究的难点。生态调控是通过实施适宜的调控方案以维护和改善闸控河流生态系统健康的一种新兴调控方式，然而，如何根据实际的调控目标，在满足"水量–水质–水生态联动关系"的调控约束条件下，构建科学、适用的闸坝生态调控模型是需要解决的关键问题。

总的说来，闸控河流的水量–水质–水生态相互作用及综合调控，涉及社会、经济、环境等不同方面的需求，国内外并没有形成一套有效的规划、方案设置、情景模拟、效果评估的技术体系，均处于不断发展过程中，尤其是闸坝调控变化前后的水生态响应（栖息地、生物多样性等）处于探索阶段。同时，现有闸坝调控研究中，尚未形成闸坝生态调度的理论体系，闸坝调控实施急需加强。结合当前生态需水的理论研究和生态调度实践，从不断发展的水资源管理需求来看，需要不断加强生态需水量基础理论研究，探索典型区域条件下的生态需水机理分析、调控体系（左其亭等，2010）；针对水资源和水环境问题突出的河流或地区，以维持生态系统健康、促进社会和环境和谐发展为主要研究目标，综合考虑各方面因素开展河流生态健康评价评估，在生态系统健康评价、需水量评估、水资源优化及管理理论和技术方法方面开展生态需水研究。其中，针对受人类活动影响程度较高的多闸坝河流，探索闸坝生态水文效应研究，研究河流的健康需水要求，开展河流闸坝调控实践，是当前水资源研究的热点问题。

1.5 研究状况及成果创新

沙颍河是淮河的重要支流，沙颍河流域地理位置优越，经济社会高度发展，区域水资源压力突出，经过多年的水利建设，形成了以众多闸坝设施为主的防洪减灾和水资源开发利用体系，其对河道径流有着较高的控制能力。多年来，受气候变化、上游来水、入河排污、闸坝调控等方面因素的影响，流域水资源短缺，水体污染严重，河流水生态系统急剧退化，造成诸多环境和社会问题。沙颍河流域内的经济社会状况、水资源条件和水环境问题具有典型的代表性，流域的水资源开发利用状况和水环境治理成效得到流域管理学界的关注。

沙颍河所在的淮河流域经济社会发展程度高，对河流的持续开发利用形成了闸坝众多的特征，受多种因素的影响，许多闸坝常年关闭蓄水，使下游河道无水断流等，这些极不合理的闸坝运行方式导致了水污染事故频频发生，尤其在汛期首次开闸放水时，枯水期闸前蓄积的大量污染物随着下泄污水团集中下泄，极易造成水污染事故。据统计，淮河流域自20世纪90年代以来已先后发生了十几次严重的因污水团下泄引起的水污染事故，严重影响了流域内的供水安全和人体健康，加剧了用水、防洪和防污之间的矛盾，并对河流生态系统造成了严重破坏。而其中发生于 1994 年、2001 年、2002 年、2004 年等年份的突发性水污染事故，更是给两岸的生活、生产、环境造成严重影响，其产生原因就包括汛前开闸放水或其他水文事件导致闸坝前长期蓄积的污水团突然下泄，形成突发性水污染事故。而在最大程度上降低突发性水污染事故造成的损失的过程中，闸坝调控发挥了一定的作用，如闸坝可以拦截污水团使水污染不至于进一步扩大影响，或者让拥有较好蓄水水质的闸坝开闸放水，对污水团进行稀释，以降低污染物的浓度进而减少水污染事故的影响等。针对流域的水资源与水环境问题，流域和各地管理部门先后开展了一系列的水资源配置、水污染防治等工作，并取得了显著成效，流域水污染趋势得到有效控制，使流域治理步入生态恢复阶段。在实践方面，1999 年水利部淮河水利委员会水文局（信息中心）与中国科技大学合作，开展了科学技术部 863 计划“淮河流域防洪防污智能调度系统”的研究工作；2002～2003 年太湖流域实施了引江济太水质水量联合调度实验，经过两年的调水实验，望虞河沿线及太湖水体水质得到了明显的改善；清华大学、淮河流域水资源保护局 2008 年进行了“淮河流域生态用水调度研究”；左其亭等（2010）进行了闸坝调度对重污染河流水质影响实验研究等。基于独特的区域经济发展状况，河流水污染治理和生态恢复仍是当前河流管理的重要目标。近年来，国家在水资源管理的一系列政策和措施中，强调水的生产、生活和生态基本功能，要求贯彻生态文明理念，提出开展河湖水系连通工程建设，推动水生态保护和水资源管理，以改善水环境质量、恢复水生态系统功能等。在此背景下，针对多闸坝条件下的河流水资源与水环境问题开展相关研究，可为提高与加强水资源的科学管理提供理论支撑与技术参考。

自 2006 年以来，郑州大学水科学研究团队将区域水资源和水环境管理作为主要研究方向之一，选取以多闸坝为特征的淮河水系沙颍河流域作为研究示范区，针对人类活动影响下的河流水资源和水环境问题，基于现场调查和实验观测，深入开展理论研究和技术应用，积累了丰富的基础资料，取得了一系列研究成果。

郑州大学水科学研究团队开展的研究工作主要包括：《气候变化对水域水质和水生态影响研究》（2008 年），《淮河流域水生态分区及水生态保护与修复对策研究》（2010 年），《闸坝调度对污染河流水质水量的作用模拟与评估研究》（2011 年），《闸坝对河流水质水量影响评估及调控能力识别技术研究》（2013 年）等。本书主要研究内容和技术创新包括以下几个方面。

（1）多闸坝河流水文生态环境效应量化及评估研究

基于收集的长序列水文资料及在研究区 2012～2016 年开展的水生态环境调查实验，深入探索与分析研究区水量、水质、水生态特征，并采用客观、适宜的评价方法，对研究区水体富营养化、水体污染程度、水生态健康状况进行科学、可靠的评估；基于沙颍河多闸坝特征，结合区域水资源和水环境管理研究基础，确定典型闸坝和关键水文断面，采用水文改变度指标分析方法对闸坝工程的水文效应进行分析，识别和量化水利工程的生态水文效应，分析闸坝建设对河流生态系统的影响；提出了闸控河流生态水文效应的量化方法体系，该体系是基于闸坝对河流生态水文效应的产生和发展机理分析，提出从水文、水质、水生态 3 个方面进行闸坝生态水文效应量化的方法；进行了以水文情势变化分析为主导的闸坝生态效应分析研究，可实现闸坝条件下生态水文效应的定量化评估，为识别闸坝工程对河流生态系统的影响提供理论依据。

（2）河流水量–水质–水生态相互作用机理分析

从定性的角度，依据迁移–转化理论、能量流动与物质循环理论、生态效应理论对闸控河流水量–水质、水质–水生态、水量–水生态两两作用分析深入水量–水质–水生态三者相互作用分析。依据迁移–转化理论，分析水量–水质在物理过程、化学过程、生物过程的相互作用机理；依据生态效应理论，分析水量–水生态在生存基础、生命过程、河流生境、生物多样性等方面的相互作用机理；依据能量流动与物质循环理论，分析水质–水生态在能量流动与物质循环过程中的相互作用机理；从博弈理论、系统演化理论、响应与反馈机制视角，分析水量–水质–水生态相互作用机理。从定量的角度，以研究区水生态环境调查实验数据为基础，以闸控河流水量–水质–水生态相互作用机理为支撑，识别出影响水生态环境特征的关键因子，分别利用线性、非线性拟合技术以及基于遗传算法的 BP 人工神经网络方法，构建闸控河流水量–水质–水生态相互作用量化方程与模型，并进行对比分析。

（3）闸控河流水量–水质–水生态模型研究

结合在淮河流域开展的水污染联防实践，在沙颍河槐店闸开展闸坝调控实验，构建了闸坝作用下的水动力–水质模型，分析闸坝对河流水质、水量的作用，提出了污染河流闸坝防污调控的概念和内涵，并构建基于模拟–优化的闸坝防污调控模型，把该模型应用于沙颍河。本书提出了闸坝防污调控的概念和内涵，并构建了“兼顾兴利、防洪、防污需要”、基于模拟–优化的闸坝防污调控模型，采用多目标遗传算法和模糊优选方法对模型进行求解，研究闸坝优化调控方案；提出了闸坝防污限制水位的概念和内涵，并构建了闸坝防污限制水位模型。在污染河流上设置闸坝防污限制水位，可以有效限制闸坝过量蓄水，防止因上游突然来水增加导致污染团集中下泄造成水污染事件。建立的防污限制水位模型可以有效地对多个闸坝的防污限制水位进行求解，具有较强的实用性；基于闸坝调控实验构建了考虑闸坝作用、底泥沉积–再悬浮作用的污染河流水动力–水质模型，引入底泥污染物沉积–再悬浮系数与流速之间的定量关系方程，通过实验数据率定了模型参数，采用 238 个实测断面数据验证了模型的可靠性，并应用该模型开展了多场景模拟，分析单一闸坝和闸坝群对河流水质、水量的作用。

基于开展的淮河中上游水生态调查实验，结合对其水体理化指标和生态指标时空分布特征的分析，优选出适合于闸控河流的水质生态学评价方法，即提出采用 Shannon-Wiener 多样性指数作为水质生态学评价方法；提出闸控河流水生态健康的概念及内涵，识别出影响河流水生态健康程度的 11 个关键因子，从而构建闸控河流水生态健康评价指标体系，提出水生态健康综合指数评价方法；基于和谐论理论，以改善河流水生态健康程度为目标，构建了“面向水生态健康程度最大化、考虑闸坝作用能力约束和水质–水量–水生态互动关系”的闸控河流水生态健康和谐调控模型。

（4）闸控河流水量–水质–水生态综合调控方法体系

基于闸坝条件下的生态水文效应分析，考虑水资源优化配置需求，构建基于生态水文响应机制的闸控河流生态需水调控方法体系框架；构建考虑自然水流情势的闸坝生态调度多目标模型；以典型闸坝调控实验为基础，分析短期调控与长期调控对河流水量–水质–水生态造成的影响特征，采用已构建的闸控河流水量–水质–水生态相互作用量化模型，演算闸坝调控影响的演变特征，并构建闸坝生态调控模型，将其应用于典型闸坝进行优化调控。在典型闸坝上，以闸门不同开度的方式实施短期的闸坝调控实验，采集不同调控方式下，水量、水质、水生态的实验样本，分析短期调控对水量–水质–水生态造成的短期干扰特征；在典型闸坝上，分别在春、夏、秋、冬4个季度采集水量、水质、水生态样本，分析闸坝长期调控对水量–水质–水生态造成的累积影响特征；确定闸坝重点污染控制断面，以2005～2014年水量、水质数据为基础，结合已构建的闸控河流水量–水质–水生态相互作用量化模型，分析与演算闸坝调控影响下水量–水质–水生态演变规律；构建闸坝生态调控模型，结合工程与非工程措施，提出优化对策。采用多方案模拟技术方法，模拟不同闸坝控制情况下的河流生态需水调控方案，分析水域生态需水保障程度和调控效果。

（5）闸控河流综合管理保障体系研究

针对多闸坝影响下的河流水资源和水环境问题分析，结合闸控河流水资源管理、水污染治理和水生态修复保护的经验，基于河流适应性管理等理念，从水资源保障机制与生态环境保障机制构建等方面，提出闸控河流生态需水保障体系，对研究区生态需水管理提出方案措施，为河流水资源综合管理提供参考。

第 2 章　理论基础与关键技术

2.1　河流生态水文效应分析

2.1.1　河流生态水文系统及其特征

生态系统是在一定空间内由生物成分和非生物成分组成的一个生态学功能单元，包括大气、水、生物、土壤和岩石等，这些要素之间通过能量流动、物质循环和信息传递，与其外部环境之间相互联系、相互作用和相互制约，并保持自身的有序性和稳定性。生态系统的构成可分为非生物部分与生物部分，在生态学中，生物个体和群体所存在的生态环境称为“生境”，水在生境要素中是重要的生态因子，具有不可替代的重要作用，既是生物群落生命的载体，又是能量流动和物质循环的重要介质。生态系统具有服务功能和价值功能，其中，生态系统服务功能主要是指生态系统提供的人类生存自然条件及其效用。人类活动通过改变生境、生态系统结构和生物地球化学循环等方式对生态系统的服务功能产生影响，这些影响既包括人类合理开发和维护生态系统的积极影响，也包括水土资源的过度开发利用等。例如，水资源的开发利用对生态系统的水循环造成影响，进而导致水生生境受到破坏，生态系统服务功能下降，最终导致洪旱灾害加剧、湖泊湿地萎缩、水体环境恶化、水质污染严重、物种类型减少等诸多问题（郑华等，2003）。

生态系统与水文循环过程之间的关系发展和演变十分密切，人类在大规模开发利用水资源的同时，深刻影响着水文循环的天然属性，特别是对径流的形成条件、运动过程、耗散规律造成干扰，最终导致生态系统状况的改变（陈敏建，2007b）。人类活动对水文循环的影响主要包括两种途径：一是通过闸坝修建、农业灌溉等取水、用水和退水等活动使水量、水质的时空分布发生直接变化；二是在都市化建设、作物种植等活动中改变了流域下垫面状况及局地气候，进而对水文循环的相关要素造成影响（顾大辛和谭炳卿，1989）。水文要素在时空上的变化特征，决定和影响着后续水文循环的整个过程，由于生态系统和水文系统之间存在密切联系，人类对资源的不合理开发将会影响到生态和水文过程，增加了生态系统危机发生的风险。

河流生态系统的组成结构十分复杂，从生态系统服务的层次及功能方面考虑，可划分为 3 个层级（金鑫，2012）（图 2.1）：第一层级为河流廊道形态结构及水量、水质、水沙过程组成的河流廊道基本环境；第二层级为由底栖生物、浮游生物、鱼类及以河流为栖息地的鸟类、两栖动物等所构成的河流自然生态系统；第三层级为以人类取、耗、用、排等过程为主体的人类社会经济系统。

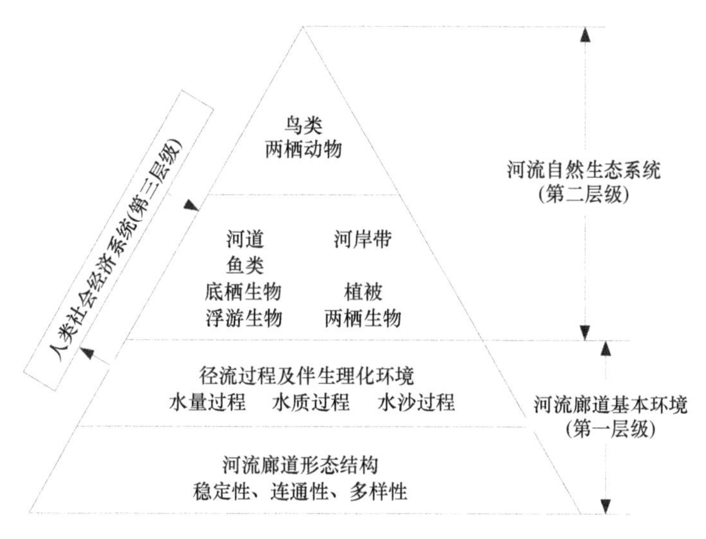

图 2.1 河流自然–社会经济复合系统

河流生态系统中的各生境要素通过水循环过程联系在一起，由河流地貌、水文、水环境、水生态几部分组成统一的结构和功能，在各要素相互作用下，在不同时空尺度上，各要素表现出不同的形式及生态功能。在水域生态系统中，河流形态、水文状况、水质情况等都是重要的生境要素，其中水文要素起决定性作用，造就了多样的河床地貌，共同构成水生生物赖以生存的空间。水文要素主要在景观和流域尺度上影响生态过程和系统的结构与功能，而河流地貌、水环境主要在河流廊道和河段这样相对较小的尺度上发挥作用。

河流生态系统同水文系统之间相互依存、相互影响，其中任意要素的改变都会引起对应系统的连锁反应，对河流系统整体造成影响。进行河流生态水文系统研究，需要重点关注生态过程与水文过程的结合，来揭示河流生态系统的变化机理和演化规律。河流结构、功能及其不同时空尺度下的动态变化特征，使得河流生态水文系统呈现出一定的特征（吴阿娜，2008）。

（1）系统性和整体性

整体性是生态水文系统结构的重要特征，基于河流形态等自然特征，河道、水生生物、河岸带等共同组成一个系统。河流生态系统包括陆域生态系统、湿地及沼泽生态系统等子系统，各子系统之间形成完整的水文循环过程。

（2）层级性与连续性

河流生态水文系统包括一系列不同级别的河流，这些河流具有各自的自然特性，河流结构特性不一，通过水力联系构成河流生态系统。由于河流研究具有特定的范围和尺度，针对未受干扰的河流，河流连续体的概念被提出。随着对河流生态系统认识的深入，Ward（1989）提出河流非连续性概念，并将河流生态系统描述为包括横向、纵向、垂向和时间分量的四维系统，横向和垂直范围包括地下水对河川径流水文要素和化学成分的影响，河流系统的时间尺度反映在河道形态的自然变化或人类活动干扰的影响均需要很长时间。

（3）开放性和复杂性

天然条件下的河流生态系统的环境要素形成了动态、平衡的开放系统，系统内部进行着连续的物质交换和能量循环。河流系统开放性特征表现为生态系统结构和功能复杂多样，水文现象的随机性和不确定性，以及人类活动的复杂性，使得河流生态水文系统的正负效应往往具有不可预测性。

（4）动态性与不确定性

河流是一个连续变化的动态系统，存在周期性的以及非周期性的变化，包括水生生物种群数量、水文循环等发生改变。由于外在环境的不确定性和动态变化性，河流生态系统同经济社会之间的动态关系存在不确定性。由此，在河流健康评估和水资源可持续管理中，需要加强对河流生态系统的动态监测，不断调整河流管理策略，以适应河流系统的动态变化和应对不确定因素的影响。

2.1.2　河流生态水文效应关键因素

生态效应指人为活动造成的环境污染和环境破坏引起生态系统结构和功能的变化，如人为活动排放出的各种污染物对大气环境、水体、土壤等造成污染所带来的生态问题。水文效应是指由于自然、地理等环境条件改变所引起的水文变化或水文响应，环境条件的变化包括自然和人为两个方面，人类活动如闸坝修建等对水文过程的影响范围和规模在不断增长，影响或干扰程度也越来越大，目前对水文效应的研究大多着重于人类活动对水文情势的影响。

水文要素及水文特征对生物循环过程及对生物群落和生态系统结构有着重要的影响。未受人类活动干扰的天然河流随着降水的年内变化，形成了径流量丰枯周期变化规律。水文情势主要指水文周期过程和来水时间，对于河流而言，水文情势是影响河流生态水文系统健康的主要因素。同时，生态系统随河流水情变化表现出显著的季节性特点，构成生态水文季节（丰华丽等，2007）。水文情势作为河流生态过程的主要驱动力，其自然状态下的季节性涨落过程与水质、泥沙、地下水、地貌及水生生物生活史的更替过程之间存在天然匹配的契合关系（Bunn and Arthington，2002）。

Poff 等（1997）学者的研究表明，河流水文情势中的流量、频率、历时、发生时间和变化率与生态环境是形成和维持水域生态系统完整性与多样性的 5 个关键因素。特定流量出现时间是水生生物进入新的生命周期的信号；流量出现频率的改变影响着河岸植被物种和群落；历时长短对生态系统产生一定的生存压力，影响着生物物种构成；变化率对河流生物物种影响显著。河流水文情势对河流生态系统的影响主要通过以下途径：一是改变栖息地的环境因子；二是形成自然扰动机制；三是作为河流物质能量流动的动力。因此，可以通过研究河流水文情势的变化情况，来分析河流生态系统的状况，通过研究水文指标与河流生态系统之间的相互关系，从生态水文角度研究河流生态水文系统的健康问题。Richter 等（1998）在总结分析水文情势变化对河流生态系统影响的基础上，建立了水文改变度的指标体系，为通过分析河流水文情势变化来了解河流水生态系统提供了方法。

2.1.3　闸控河流及其特征

河流的主要特征一般包括河流形态特征和水文特征。河流形态特征主要由河道形态和地质地貌结构所决定，水文特征主要由流域降水和下垫面（产流过程）、水系结构（汇流过程）决定。多闸坝河流由于水源补给结构、水利工程、河道清淤等众多人为因素，以及河流形态改变和水系结构变化等自然因素的影响，改变了原来自然河流的特征。闸坝的建设破坏了河流的廊道形态结构，改变了河流的天然径流过程，对径流变化伴生的理化环境造成影响。同自然河流相比，闸控河流的特征如表 2.1 所示。

表 2.1　闸控河流与自然河流特征比较

河流特征	分项	闸控河流	自然河流
形态特征	地貌	上游多为山区性河流，中下游多为平原河流	上游多为山区性河流，中下游多为平原河流
	河道断面	闸坝上下游区域多为规则性断面	上游河道断面多呈 V 形或 U 形，中下游断面形态多样
	河道几何形态	坝上游成库，坝下河道萎缩	水体蜿蜒曲折
水文特征	水位	水位呈阶梯状分布，坝前坝后差别大	水位呈现规律性变化，与降雨、横断面、流量等具有较强的相关关系
	流量	受人工调控，洪水坦化	基于降雨特征，呈现时空显著变化特征
	含沙量	含沙量较少，主要堆积在闸坝附近	由河流流经地区的水土保持情况决定

主要江河的中上游、人类活动干扰强烈的中小河流、受城市化影响程度高的河道，均具有明显的闸控河流（河段）特征。针对闸控河流水资源持续利用和水环境修复与保护问题，亟须从不同的学科角度，基于水文、水资源和水环境等多个方面，分析闸坝建设运行的生态效应机理，研究闸控河流水文情势的变化过程，确定闸坝对河流生态系统的影响，并针对河流水资源管理需求，研究复杂水资源系统条件下的闸坝科学调控理论与方法，实现闸控河流水资源的可持续利用。

闸坝工程的修建使原有的自然生态系统的组成和结构发生改变，表现为河流连通性破坏、径流过程改变、水体理化指标变化等，这些表现在生态水文系统中的响应就是闸坝工程的生态水文效应。

闸坝对河流生态环境的影响首先是截断天然河流的连续性，使河流人为地分为坝前部分和坝下部分。闸坝上游蓄水形成坝库和回水区，使河道被淹、水流变缓、泥沙淤积，影响兴利、防洪和环境条件，使水体的物理化学性质发生变化，水生生物的栖息地逐渐退化直至消亡；坝下部分的水流直接受闸坝泄流的控制，河流下游生态系统的水文、水力特性均受闸坝的运行方式影响，水生生物和栖息地环境发生变化。闸坝建设对河流生态系统生态水文效应的影响是一个连续变化的过程。闸坝建设首先引起流域生态系统中水文、水质和泥沙等非生物要素的变化，进而引起流域生态系统中初级生物要素和流域地形地貌的变化，前两者综合作用，最终引发高级动物如鱼类等的变化。

根据河流自然–社会经济复合系统的构成，对应于河流生态系统服务的层次及功能，闸坝的生态水文效应分为 3 个等级（Petts，1996）。第一级影响具体表现为：闸坝建成运行后，蓄水影响能量和物质流入下游河道及其有关的生态区域，对水文、泥沙、水质等非生物环境产生影响。水文影响包括由于水库灌溉、供水、发电防洪等引发的河道流量、水位以及地下水位的变化；水质影响多指库区或下游发生的盐度、溶解氧含量、氮含量、pH、水温、富营养化等指标的改变；水力学影响主要与泥沙有关，涉及河道内的泥沙淤积与运输问题。第二级影响表现为：闸坝存在导致的局部条件变化，引起闸坝影响范围内河流地貌、水生生物、岸边植被的变化等，具体表现在河段上下的联系被隔断，闸坝下游河段产生冲刷或淤积，河道断面形状产生改变，河床和河岸的物理特性如坡降、糙率等相应发生变化。受水文条件变化影响而产生改变的河流地形地貌表现为湿地环境消失，原有的栖息地环境和植被分布遭受破坏，同时，闸坝的防洪功能导致自然洪水过程发生改变，洪泛区内养分与物质循环被隔断，以致水体生物的生存环境变差。第三级影响主要表现为：河流中鱼类，以及河道环境下的鸟类、无脊椎动物等生物种类的变化。水文情势和水体的物理、化学条件变化使河道内生物的迁徙和栖息受到影响，进而其分布和数量发生显著变化，通常是种类减少，从而威胁其生存与繁衍。闸坝上下游的生态系统影响有一定的差别，一方面，闸上水域扩大，良好的生境促进种群发展；另一方面，闸下水域骤减，洪泛区变小，栖息地环境的变化和河道通路阻断，将引起生态物种数量的空间差异变化。

闸坝工程对河流生态系统有三级效应，一级效应的产生最为直接，对其他生态效应起到驱动作用；二级效应的产生基于一级效应的累积，敏感性次之；三级效应受前两级的综合影响，所需的时间最长，敏感性最弱。闸坝工程的生态水文三级效应之间互相影响、互相调节。各类效应的复杂性逐步增加，其中水文、水力学条件变化是根本原因（肖建红等，2006）。

河流生态水文系统的响应可以对应于闸坝影响下的水文、水环境和水生态效应。在河流范围内，单个或者多个闸坝工程的运行，使得河流水文情势长期改变，进而影响河流系统的物质迁移、能量循环过程，造成区域生态环境发生不可逆的变迁等。闸坝工程对河流生态水文系统的直接影响主要集中在河流水文情势和水质方面，而水质状况又随着不同水文情势条件的变化而发生变化，因此，水文情势变化情况是闸坝对河流生态水文系统干扰情况表征的关键指标。河流生态系统中，闸坝建设的生态效应是长期影响的结果，闸坝工程与生态环境、社会、经济三大系统之间的关系，决定了河流生态效应分析和评估需要考虑到诸多的影响因素。

闸坝工程的生态水文效应主要表现在闸坝的建设和运行对河流生态系统结构和功能产生的各种影响，包括闸坝建成之后对自然界的破坏和对生态修复两种效应的综合结果。闸坝的修建，显著提高了社会经济服务效益，主要表现在水能发电、社会供水、洪水调蓄的能力加强，有效调节了水资源分布不均和流量季节变化大所带来的一系列经济社会用水问题；另外，闸坝工程的建设运行使得河道形态改变，并产生水文效应、水环境效应和水生态效应等。河道形态改变主要表现为河流的非连续化、人工渠系化以及泥沙冲刷或淤积对河床的影响；水文效应包括对河流流量、流速、蒸发、下渗等水文要素的影响；水环境效应包括对水温、泥沙运移、水质过程以及河流纳污能力的影响等；水生态效应表现为水生生物的栖息地环境、群落结构和组成等发生变化。

由于闸坝的建设、运行和调度管理存在多个不同的阶段，闸坝对河流水文情势以及对河流生态系统的影响也具有阶段性，呈现动态性和变异性、系统性和两面性以及滞后性和累积性等特征（侯锐，2006）。

（1）动态性和变异性

河流生态系统状况受自然长期演化和人类活动干扰的共同影响，在空间和时间上持续演变。闸坝工程的生态效应具有时间上的动态性和空间上的变异性。时间上的动态性主要体现在闸坝的建设、运行，同经济社会的发展阶段、水资源开发利用技术和管理水平联系在一起，是一个不断发展的过程；空间上的变异性表现在不同区域的自然地理条件和社会经济发展程度存在差异，不同的河流、不同的位置的闸坝建设，所产生的河流生态水文效应也不相同，影响范围和影响程度存在区别，所影响的方面也各有侧重。

（2）系统性和两面性

闸坝工程建设的影响涉及流域或区域的社会—自然—生态的人类复合生态系统，各子系统之间相互联系和相互制约，构成具有生态系统功能和效用的整体。闸坝影响下的生态效应从对生态系统影响来看，有正面效应和负面效应，各类效应的产生和发展同人类活动的协调性紧密相关。

（3）滞后性和累积性

闸坝工程建设运行带来的多级生态水文效应是相互影响的过程，尤其是河流形态改变和生态系统退化等是多因素作用的结果，其发展过程中存在诸多不确定性，生态系统的反应过程决定了滞后效应的出现。闸坝工程生态效应的累积性表现为径流方面随着闸坝等工程建设及运行发生明显改变，水温受不同蓄水和泄流方式影响，进而对水生态系统的物质循环和能量流动过程、结构以及功能造成影响，水质方面伴随水文和生态过程发生变化，特别是梯级闸坝对水生生态系统产生的累积影响效应更为严重。

2.1.4　闸控河流生态水文效应量化方法

1. 生态水文分区

一般而言，流域生态水文系统具有地理位置的不重叠性，以及系统的整体性、相似性和差异性特征，并和人类干扰的强弱程度等有关，因此，在开展河流水环境研究及管理工作时，需要基于不同的区域特征，分析不同空间的水生态特征，选取主导因素开展河流生态系统相关研究。

针对我国不同区域的生态环境特征，为开展水利、生态和环境的管理与研究，我国先后出现一系列与水文、生态相关的分区方法。《中国水文区划》根据流域或地区的水文特征和自然地理条件划分为 11 个一级区、56 个二级区。傅伯杰等提出的《中国生态区划方案》，根据自然地域特点、生态系统类型、主要区域环境问题和人类活动状况等要素划分为 3 个一级区、13 个二级区、57 个三级区（杨爱民等，2008）。《水功能区划分标准》（GB/T50594—2010），依据人类对水域水功能需求和水质类型，划分为 4 类一级功能区，其中的开发利用区又分为 7 类二级功能区，用于水体环境的评价与管理。此外，先后完成了《全国重要江河湖泊水功能区划（2011—2030）》《全国生态功能区划》等，用以满足不同阶段和目标的水资源和水环境管理需求。

生态水文分区主要分析不同区域水文现象的形成、分布和变化规律；水生态分区适用于河流、湖泊等水生态系统的管理和环境评价。由于对生态系统认识和理解的角度与应用领域等方面的差异，各方对于生态区域的定义并不统一，但一致的关键点是均考虑到生物与环境之间的关系。河流生态水文分区，需要在考虑区域水文特征与水资源状况的同时注重河流作为生物栖息地的生态环境功能。从河道特征来看，一个景观河段具有特征类似的地貌特征，以及类似的岸边植被和生物栖息地条件，构成河道中尺度生境，其可作为河流水文效应分析的基础，通过建立一定的关系，将不同尺度河流生态水文问题联系起来。河流生态水文系统的分区，主要涉及水文与生态两个因素，同时考虑后续为生态系统管理而开展的生态调度研究。

2. 河流水文情势变化分析

水文过程是影响河流生态系统的控制性变量。河道生态系统的完整性需要通过河流水文情势的变化来维持，现实条件下，要完全恢复河流情势的天然状态是难以实现的，同时受当前科技水平的限制以及生态系统监测的不足，对于河流生态系统的演变过程还无法完全认识。当前研究中，研究者尝试通过计算与分析不同生态指标和水文指标间的关系，来确定河流生态系统受水文情势变化的情况。在实际应用中，难以将所有水文指标同生态指标进行关联分析，多数情况下是通过分析相关规律，得到简便可行的生态水文指标体系，通过分析水文指标和生态指标之间的关系，从而确定与生态最相关的水文指标。

大量研究表明，河流径流情势即流量、频率、历时、发生时间和变化率与河道生态系统之间存在密切的关系，基于相关认识，使得生态水文指标将闸坝工程建设运行和河道生态环境联系起来。Richter 等（1996）建立了水文改变度指标（indicators of hydrologic alteration，IHA）体系，用于评估生态水文变化过程。基于该指标体系，通过分析河流的日流量系列资料，计算具有生态意义的关键水文特征值，来评估河流水文情势变化状况及其对生态系统的影响（表 2.2）。

基于 IHA 指标体系，Richter 等于 1997 年提出水文变化范围法（range of variability approach，RAV），该方法通过分析水利工程建设前后水文指标的变化情况，对比天然和人工影响下的流量特征统计数据，来分析河流水文情势受闸坝等水利工程建设及运行的影响程度，并分析水文系统的变化程度以及对生态系统产生的影响。

为量化人类活动对各指标干扰的改变程度，采用水文改变度来进行定量评估，该方法体系中，Richter 定义水文指标改变程度值 σ_i 的计算公式为

表 2.2　IHA 指标参数

组别	IHA 指标	参数（33 个）
第 1 组	月均流量	各月流量均值或中值
第 2 组	年均极值	年均 1 天、3 天、7 天、30 天、90 天最小流量 年均 1 天、3 天、7 天、30 天、90 天最大流量 零流量日数 基流指数
第 3 组	年极值出现时间	年最小流量出现时间 年最大流量出现时间
第 4 组	高低流量频率与历时	每年低流量出现次数 每年低流量平均持续时间 每年高流量出现次数 每年高流量平均持续时间
第 5 组	流量变化率与频率	流量平均增加率 流量平均减少率 每年流量逆转次数

$$\sigma_i = \frac{f_{\text{observed}} - f_{\text{expected}}}{f_{\text{expected}}} \tag{2.1}$$

式中，σ_i 为第 i 个 IHA 指标的水文改变度；f_{observed} 为闸坝运行期第 i 个 IHA 指标于 RVA 阈值内的年数；f_{expected} 为闸坝运行期 IHA 指标预期落后于 RVA 阈值内的年数，其数值等于闸坝建设前的 IHA 落入 RVA 阈值内的比例 r 和水库建设后受影响总年数 n 的乘积，若设置 75%、25%的阈值范围，则 r 可取 50%。σ_i 为正值表示闸坝建设后流量呈增加趋势，为负值表示流量呈减少趋势。定义 σ_i 值的绝对值介于 0～33%时，属无或低度改变，33%～67%为中度改变，67%～100%为高度改变，由此量化的数据可用来判别 IHA 指标受闸坝建设与运行影响的程度。

3. 河流水环境效应分析

对河流水环境状况分析主要采用水质指标，包括氨氮、化学需氧量（COD）、总磷等要素，如果污染物的浓度超过水体的自净能力，在严重破坏水体使用功能的同时，将会对水体中鱼类、浮游动植物造成很大的影响。

闸坝的水环境效应分析主要是基于闸坝河道内的水质指标监测，进行水体污染状况的识别。通过常规的水质监测及分析、评价，可以对水质的时空变化状况进行了解，为水环境效应分析提供基础。当前，我国对地表水水质分析参照的基本标准为《地表水环境质量标准》(GB 3838—2002)。

在研究和应用实践中，针对很多情况下单因子评价法的不足，提出了污染指数法、模糊评价法、灰色系统评价法、层次分析法、人工神经网络法、水质标识指数法等。但是水质的分析和评价，往往只能初步反映河流水环境系统的状况，其结果只能反映水体在取样时的状况。水生生物的存在状况能够反映某一个时间段所研究水体的水质状况，近年来，在分析水质状况和水生生物关系的基础上，采用生态学方法，基于生物群落的监测分析，进行水环境长期受人类活动影响下的状况判别逐步成为水环境研究中常用的方法。

4. 河流水生态状况生物学评价

闸坝建设运行引起水文、水环境和水生态的变化。闸坝对水生态的影响，主要是通过水量、水质等因素的变化，通过累积作用影响水生生物的栖息地环境等。在水生态系统研究中，生物完整性指数（index of biotic integrity，IBI）被广泛应用，该指数用多个生物参数综合反映水体的生物学状况，可定量描述生物特性与人类活动影响之间的关系，适用于淡水生态系统监测与健康评价领域。IBI 最初的研究对象为鱼类，目前已包括底栖动物、浮游生物、附着生物等。常用的生物指数（biotic index，BI）包括浮游生物、底栖动物的多样性指数、丰富度指数、均匀度指数、污染耐受指数及以某一类生物的多寡进行水污染程度评价的生物指数。在具体应用中，要将指数评价与周围环境结合，运用多种指数进行综合评价。

2.2 河流水生态系统健康评价

2.2.1 闸控河流水生态健康的概念及内涵

目前，国内外学者已对河流健康的概念及内涵进行了多方位的理解和分析。部分学者从生态系统的角度出发，将河流健康等同于生态完整性，强调其生态系统结构及功能，该阶段提出的概念更注重河流的自然属性和河流自身的发展；还有部分学者则强调河流健康应该体现人类价值观的作用，强调河流健康必须依赖于社会系统的判断，考虑人类社会及经济需求等，该阶段的概念既强调河流的自然属性，又考虑河流的社会属性，主要体现河流的社会服务功能。但是，目前国内外没有形成统一的河流健康概念，更没有统一的河流水生态健康概念，在部分研究中甚至出现对二者概念的混淆。对此，在前人研究的基础上，结合闸控河流的水文效应特征，通过综合分析辨识相关概念，左其亭等（2015）提出闸控河流水生态健康概念：河流自身结构和各项功能均处于相对稳定状态，即河流具有充足水量，且保持天然流态和良好水质；具有良好的水生生物完整性和丰富的生物多样性；具有良好的河流连通性和天然的河岸栖息地环境，能够为实现河流社会服务功能提供基础。

河流水生态健康的概念及内涵，可从以下几个方面来认识。

（1）河流水量是河流水生态健康的基础

随着经济社会的发展和人口的增加，从河道中引水的量在逐渐增加，这在一定程度上造成河流径流量的减小，甚至出现断流现象。水流是河流存在的基础，而河流中适量的流量则是河流水生态健康的基础。

（2）河流水质影响和表征水生态健康程度

水污染是河流水生态健康的较大威胁，2014 年《中国环境状况公报》中的数据表明，十大流域的国控断面中劣Ⅴ类水质断面比例为 9.0%，而淮河流域劣Ⅴ类水质断面比例为14.9%。“劣Ⅴ类水”是指水质指标值低于《地表水环境质量标准》（GB 3838—2002）中Ⅴ类水标准的水体，这类水体已基本丧失使用功能，这样的河流或者河段的水生态健康程度比较低。因此，河流水质情况也是决定河流水生态健康程度的重要方面。

（3）水生生物的完整性和多样性是河流水生态健康的重要表现

水体是一个完整的生态系统，包括水中的溶解质、悬浮物、底泥和水生生物（微生物、浮游植物、浮游动物、底泥动物和鱼类等）。天然状态下的河流中各种生物处于一种平衡状态，遵循着适者生存的自然发展规律，但是现在的河流普遍受到人类活动的影响，人为地造成水生生物种类、密度及多样性的减少，甚至造成其灭绝。由此可见，水生生物的完整性和多样性是反映河流水生态健康程度的重要方面。

（4）良好的河流连通性和天然的河岸栖息地环境是河流水生态健康的重要保障

为了兴利、防洪等，全球各河流上修建众多的闸坝工程，这些工程改变着河流的天然流态，影响着河流的流量、水位及水质的时空变化，并且河道硬化工程进一步破坏水生生物的栖息地及繁衍环境，造成水生生物数量、种类的变化及生物多样性的降低，影响着河流的水生态健康。

2.2.2　闸控河流水生态健康评价指标体系构建

河流水生态健康状况的评价，就是通过某一地区的水生态健康影响因素量化该地区的河流水生态健康程度。随着人类生活水平的提高和对美好生存环境的需求，河流健康或水生态健康状况日益受到重视，但水生态状况达到什么程度才能够算是健康的水生态状况，用哪些指标来衡量，国内外尚未形成统一的标准。在量化过程中，由于具体区域的实际情况千差万别，若是没有一套明确的、清晰的评价指标体系作为尺度来衡量，则很难将河流水生态健康评价从理论层面发展成为一种实际工作中可操作的管理方式，以便更好地用于河流的调控与管理。

建立河流水生态健康评价指标体系具有重要意义，其是实现河流水生态健康发展的重要组成部分，也是评价或度量一个区域或河流水生态健康程度的重要手段。通过对河流水生态健康影响因素的定量监测、评价和调控，可以为河流水生态健康的全面发展提供科学依据。通过构建河流水生态健康评价指标体系，改变影响因素的状态，使水生态健康向好的方向发展。目前，我国的水生态问题还没有引起全社会的普遍关注，建立一套河流水生态健康的评价指标体系可以对政府和社会起到一个预警的作用。通过改变水生态健康的影响因素状态，如减小河流水体污染、增加河流水生生物多样性等，可提高河流水生态健康的程度，为人类生存和发展提供一个健康、美好的生存环境。建立河流水生态健康的评价指标体系，可为政府决策部门或河道管理部门决策或管理提供科学的依据。实现河流水生态的健康发展是一个全社会的行为，需要全体社会人员的广泛参与，同时也需要政府部门的组织和实施，还需要制定相关的政策和法规加以引导，如制定更为严格的排污和治污的政策和法规，减少排入河流中的污水量等。所以，建立具有可操作性的评价指标体系，对实现河流水生态健康的科学决策具有重要意义。客观的、可量化的指标体系可以帮助人们评价和认识目前河流的水生态健康程度，还可以帮助人们认识到改善哪些指标或者从哪些方面努力能够提高河流的水生态健康程度。

建立的河流水生态健康评价指标体系主要具有两个方面的功能：一是评价河流的水生态健康程度。通过客观的指标体系及研究区域的实测数据，可以对研究区的河流水生态健康程度进行评价，并划分出不同的健康等级。二是找出改善河流水生态健康程度的调控对策，基于对现状河流水生态健康程度的分析，通过预测发展趋势或者改变部分影响因素的指标数据，分析其对河流水生态健康的影响程度，从而找出在河流管理中改善水生态健康应该采取的调控对策。

在多指标综合评价中，构建合理的评价指标体系是科学评价的前提。闸控河流水生态健康受到诸多因子的影响，造成其评价过程较为复杂。为了尽可能准确地评价闸控河流的水生态健康程度，在对评价指标体系初步构建时，选择尽可能多的评价指标，为闸控河流水生态健康关键影响因子识别及指标体系构建提供基础支撑，具体构建流程如图 2.2 所示。

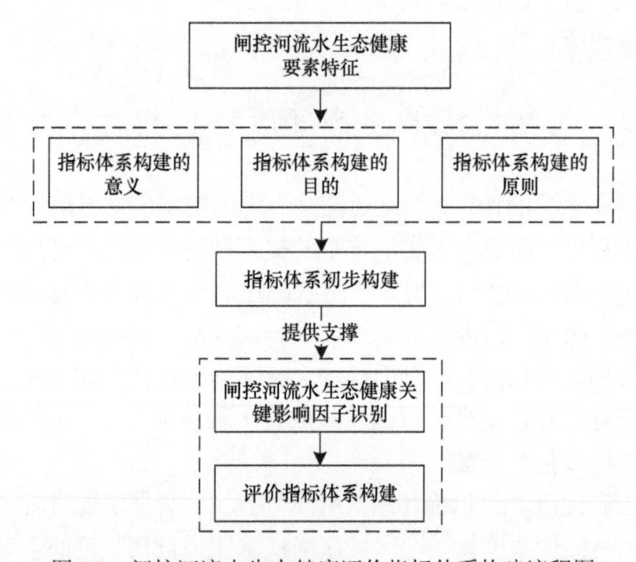

图 2.2　闸控河流水生态健康评价指标体系构建流程图

1. 指标体系构建原则

为了实现河流水生态健康程度评价，维持河流水生态健康发展，评价指标体系必须能客观、准确地反映河流的水生态健康状况，能够为政府决策、科学研究等提供河流水生态健康的现状、变化趋势及其变化原因。因此，构建评价指标体系应遵循以下原则。

（1）科学性和简明性原则

从河流的功能和属性出发，指标要有明确的概念，具有一定的科学内涵，符合河流水生态健康的概念和目标，能够客观反映水生态健康河流的基本特征。构建评价指标体系的目的在于对实现河流水生态健康进行实际指导，这就要求指标的含义应该简单明了和易于理解，构建出易被多数人所理解和接受的评价指标体系。

（2）完备性和代表性原则

指标体系要系统和全面，能够从河道结构、河流水质、河流生态系统、河道栖息地环境等不同角度表征河流水生态健康状况，并组成一个完整的体系，综合地反映河流水生态健康状况，但在考虑指标体系完备性的基础上，应选择具有代表性的指标。

（3）可获取性和可操作性原则

所选取的指标必须能够通过可靠的途径或方法获取，且是可量化的。选取的定量指标均能够通过国家统计部门发布的数据或者实验监测数据直接或间接地得到，且应尽量减少不易获取或量化的指标数量，以增加构建指标体系的可操作性。

（4）定量和定性相结合原则

在构建评价指标体系时，应尽量选择可量化的指标，以便能够较客观地反映河流的水生态健康程度。但是，有些指标是必须选择的，且其难以量化，这时只能采用定性指标进行描述。可针对定性指标制定相应等级，并采用打分法对其进行定量转化。

（5）整体性和层次性原则

评价指标体系是一个不可分割的整体，用该体系能够反映某河流的水生态健康程度。同时，为了使指标体系清晰明了，还应该具有一定的层次性。河流功能包括自然功能和社会功能，前者是后者的基础。对此，河流水生态健康应涵盖自然功能的全部内容，不仅要反映河流水环境健康，还要反映河流水生态系统健康。

（6）静态性和动态性原则

河流水生态健康是一个动态的发展过程，其评价过程不能只局限于过去、现状，还应该能够根据指标的变化情况考虑未来的发展趋势。对此，需要对建立的评价指标体系进行定期更新，以便显示其随时间的变化趋势。

2. 指标体系初步构建

依据评价指标体系的构建原则，构建易于操作、不需要太多专业知识的闸控河流水生态健康评价有效工具。通过借鉴国内外关于河流水生态健康的相关成果，结合提出的闸控河流水生态健康的概念、内涵及实际需求，确定该指标体系框架是一个由目标层、分类层和指标层 3 个层次构成的递阶层次结构，评价指标体系框架如图 2.3 所示。

1）第一层：目标层。即构建闸控河流水生态健康评价指标体系，维持其水生态健康，促进人水和谐。

2）第二层：分类层。该层能够进一步对目标层进行解释，根据闸控河流水生态健康的要素特征，结合对闸控河流水生态健康的内涵解读，确定相应的分类层。

河流水量是河流水生态健康的基础，其能够综合反映流域气候特征、河流地形地貌及人工设施干扰程度等，是水生生物生存和生长的重要载体。因此，在对目标层进行分

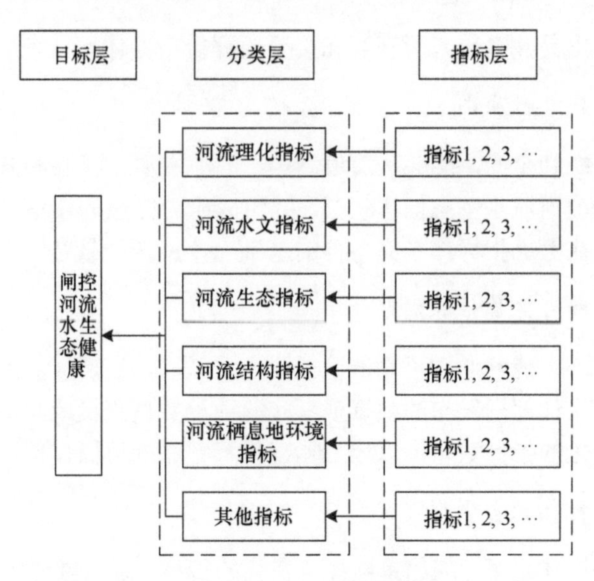

图 2.3　闸控河流水生态健康评价指标体系框架

类时，将河流水文指标作为一个分类层。

河流水质情况可通过水体中各种理化指标进行直接或间接反映，其是社会生产、生活和人类健康的重要保障，影响着水体的利用价值及水生生物的生存。因此，将河流理化指标作为一个分类层。

河流水生生物状况是河流水生态健康的表征，可以反映人类活动对河流胁迫或河流自然生态演变的累积效应，河流中生物完整性和生物多样性都是河流水生态健康的直观表现。

河流物理结构情况是人类物理重建活动的结果，直接表现为水体与河岸交换能力的强弱、栖息与洄游环境的好坏、河岸物理稳固及连通程度等方面。天然的河道上没有诸多水利工程的影响，其发展态势遵循着自然规律，但是，目前河道上修建的水利工程改变着水体理化指标的时空分布，影响着水生生物的生存和发展。因此，河流结构指标也是影响着河流水生态健康的重要方面。

河岸带是陆地与水生生态系统的交错地带，其具有生态脆弱性、生物多样性及人类活动影响剧烈等特点，而河流栖息地环境是其表现形式，影响着区域生物多样性、物质与能量交换、营养物质吸收等方面。良好的河流栖息地环境能够为水生生物提供必需的生存场所，也能够吸收水体中部分污染物，在一定程度上影响着河流的水生态健康程度。

一般情况下，河流理化指标、水文、生态、结构和河岸带是反映河流水生态健康的 5 个重要方面，但是不同河流水生态健康状况的影响因子也可能存在差别，这时可以根据河流的实际情况对分类层进行增补，以尽可能准确地反映拟评价河流的实际情况。

3）第三层：指标层。在分类层确定的基础上，依据指标筛选原则和因子识别方法，结合研究区的实际情况，依次确定各分类层相应的指标。

基于闸控河流水生态健康的概念、内涵及评价指标体系的构建原则，在综合国内外研究成果、专家意见和研究区域实际情况的基础上，结合构建的评估指标体系框架，将河流水生态健康评价指标体系分为目标层、分类层和指标层，每个层次选择能够反映该层次主要特征的要素作为评价指标，尽量避免指标的遗漏和重复。第一个层次是目标层，其是河流水生态健康，用河流水生态健康综合指数来定量反映河流的水生态健康状况；第二个层次是分类层，主要包括河流理化指标、河流生态指标、河流水文指标、河流结构指标、河流栖息地环境指标、地貌、生态功能、防洪安全、河流生境物理指标；第三个层次是指标层，其是对各分类层指标的细化，主要包括浮游植物多样性指数、浮游动物多样性指数、底栖动物多样性指数、鱼类完整性指数、微生物多样性指数、附着藻类指数、珍稀鱼类存活状况、外来物种威胁程度、粪大肠菌群数、底栖动物完整性指数、河流物理栖息地质量综合指数、河流生境多样性指标、河岸植被覆盖状况、宽深比指数、河岸带状况、水流缓急变化率、河岸稳定性、河床稳定性、河道护岸形式、河道渠化程度、流速、流量、生态流量满足程度、重要湿地保留率、水土流失率、水位变化、年净流量、最小流量保证率、平滩流量指标、河流纵向连通性、河流横向连通率、河流含沙量变化率、河道弯曲程度、河流形态多样性、河床底质、水利工程干扰、水系连通性、pH、总氮、总磷、溶解氧、五日生化需氧量、高锰酸盐指数、化学需氧量、氨氮、重金属、浊度、电导率、水温、水功能区水质达标率、富营养化指数、矿化度、透明度、总悬浮颗粒物、硫酸盐浓度。

2.2.3 水生态健康关键影响因子识别

初步建立的指标体系需要尽可能的全面，但是在实际评价工作中，初步构建的指标体系可能存在重复指标或不适用指标，这时就需要利用正确的、科学的指标筛选方法对初选指标进行进一步的筛选，使其兼具完备性和独立性。指标的筛选应遵循以下原则。

（1）独立性原则

初步建立的预选指标体系可能在某些方面存在一定程度的相关关系，从而使指标所反映的信息有所重叠或者重复，指标体系中高相关性的指标会影响评价结果的客观性。对此，需对指标间的相关性进行分析，对具有高度相关性的指标进行筛选，保留重要指标，删除次要指标，实现各指标间的独立性。

（2）灵敏性原则

在初步提出的预选指标中，可能存在一些对河流水生态健康影响不明显或不产生影响的指标，造成指标体系的冗余和增加评价时的工作量。因此，需要根据指标体系中的敏感指标，删除那些对评价结果不产生影响或相对不敏感的指标，实现指标体系的简明性。

目前，国内外学者针对评价指标筛选提出了一些方法，主要集中在数学方法上。根据指标筛选原则，在对预选指标进行筛选的过程中，可用的筛选方法较多，但基本上可以分为三大类：第一类是定性指标筛选方法；第二类是定量指标筛选方法；第三类是综合指标筛选方法。

定性指标筛选方法中，理论分析法、德尔菲法和频度统计法是较为常用的指标筛选方法。理论分析法是对研究对象的内涵、特征进行分析，选择重要的特征指标；德尔菲法是通过征询专家意见，对初选指标进行筛选；频度统计法是选择相关研究报告、论文中频度较高的评价指标。理论分析法和德尔菲法都需要凭借判断者或专家丰富的经验和相关的知识，而频度统计法则可以认为是根据专家们发表的文章或相关研究报告进行指标筛选，由于论文均经过作者撰写和专家评审，故可以认为该方法也是一种相对客观的专家评判法。这类方法的优点是简便易行，能够发挥各专家的作用，但其受评判专家专业、知识水平、经验等主观意识的影响较大。

定量指标筛选方法中，主成分分析法、广义方差极小法、最小均方差法和极小极大离差法、灰色关联度法、相关性分析法、偏最小二乘法都要求研究对象为量化数据或可量化数据，均需从指标的敏感性、特异性、代表性和独立性进行考虑及筛选。主成分分析法在筛选指标时仅依靠指标数值进行分析，受人为因素的影响较小，具有一定的客观性和可信度，但其对指标数值的要求较高，数据量越大指标筛选的结果越可靠；灰色关联度法在小样本、贫数据条件下也能够对指标进行筛选，并且其运算相对简单，但是这种方法在选取临界值时存在一定的争议；广义方差极小法、最小均方差法和极小极大离差法等方法在筛选指标之前需要考虑清楚指标的个数，且计算过程相对复杂；相关性分析法是指对两个或多个变量进行分析，并根据指标间的密切程度对指标进行筛选；偏最小二乘法中的回归系数可以用来筛选原始变量指标，去除一些冗余或影响不大的变量指标，但其需要的原始变量数据很大。

综合指标筛选方法中，层次分析法是定量与定性相结合的分析方法，可以将决策者的主观判断进行量化分析，但是，当两两比较的指标较多且相关性较强时，专家咨询就缺乏可靠性；神经网络法主要是通过分析自变量在一定范围变化时函数值相应变化的情况，利用变化大小来衡量指标的影响程度，进而对指标进行筛选。在指标筛选的过程中，也可以将定性指标筛选方法和定量指标筛选方法相结合进行运用。部分指标筛选方法之间的对比情况如表 2.3 所示。

表 2.3　部分指标筛选方法比较

指标筛选方法	优点	缺点	难点	分析方法
德尔菲法	专家主观判断	主观性强	专家选择难，实施步骤较为烦琐	定性分析
理论分析法	对研究对象的内涵、特征进行分析和综合，对指标无要求	需要专家主观判断，主观性较强	理论分析要求高	定性分析
频度统计法	统计已有研究成果	统计工作量大	已有成果的选择	定性分析
主成分分析法	量化结果可分析程度高	需要数据资料，且样本容量大	计算工作量大	定量分析
灰色关联度法	反映指标间关联程度，能剔除等价指标	需要数据资料，临界值难以确定	临界值的确定需要探讨	定量分析
相关性分析法	反映指标间的相关程度，能剔除相关性大的指标	需要数据资料	指标的合理剔除	定量分析
广义方差极小法	区分度表示指标特性	事先确定指标个数	计算复杂	定量分析
层次分析法	定量和定性相结合，将决策者的主观判断进行量化分析	需要专家判断	指标重要程度难以准确确定	综合分析
神经网络法	人为影响小，能够满足指标变化程度的要求	需要数据资料，且构建及调试模型复杂	计算过程复杂，需要专门的软件	综合分析

经过对各种指标筛选方法的综合分析，选择频度统计法（定性指标筛选方法）进行指标的初步筛选；结合闸控河流水生态健康的概念及内涵，利用理论分析法（定性指标筛选方法）对初选指标进行进一步的筛选；在此基础上，对筛选出的指标进行相关性分析（定量指标筛选方法），进一步删除指标中相关性较大的指标，尽量保证指标间的独立性，最终识别出所需的关键影响因子。

2.2.4　水生态健康评价方法及标准

1. 评价方法分类

水生态健康评价常用的方法可以分为单指标评价法和多指标综合评价法两大类，主要有指示生物法、预测模型方法、生物完整性指数、RCE 清单、溪流状况指数、鱼类生物完整性指数和评价指标体系法等。国内外河流水生态健康状况部分评价方法如表2.4 所示。

表 2.4　国内外河流水生态健康状况部分评价方法（陈豪，2016）

国家	评价方法	提出者及时间	所属类别	研究内容	优缺点
美国	生物完整性指数	Karr（1981）	多指标评价法	运用水域生物群落结构和功能，用12 项指标来评价河流水生态健康程度	运用较为广泛，但对分析人员专业性要求高
	岸边与河道环境细则	Petersen（1992）	多指标评价法	构建 16 个指标的指标体系，并将河流健康状况分为 5 个等级	能够快速评价河流健康状况，适用于小型河流的物理和生物状况
	快速生物监测协议	美国环保署（1989，1999）	多指标评价法	涵盖生境指标和生物指标的评价方法	提供的评价方法和标准较多，但对栖息地质量评价时，最佳状态的参照状态较难确定
英国	河流无脊椎动物预测和分类计划	Wright（1984）	单指标评价法	预测河流自然状态应存在的无脊椎动物，并与实际值比较，评价河流健康状况	预测某区域理论上应该存在的生物量，但结果具有片面性
英国	河流生态环境调查	Raven（1997）	多指标评价法	通过指标体系评价，判断现状与自然状态之间的差距	将生境指标与河流形态、生物组成相联系，但某些指标可能与生物之间的关系不明确，且部分评价数据为定性数据
澳大利亚	澳大利亚评价计划	Hart（2001）	单指标评价法	在评价数据采集和分析方面，对河流无脊椎动物预测和分类计划方法进行修改，比较适合于澳大利亚河流的水生态健康评价	与河流无脊椎动物预测和分类计划的优缺点类似
	溪流健康指数	Ladson（1999）	多指标评价法	将河流实际指标与参照点进行对比和评分，评分结果作为评价的综合指数，并将河流健康状况划分为健康、好、一般、差、较差 5 个等级	融合河流主要的表征因子，能够进行长期评价，但其较适合于 10～30km 受干扰历时较长的农村河流，且选择参照河流时主观性较大
南非	河流健康计划	Rowntree（1994）	多指标评价法	提供可供参考的评价指标体系和建立在等级基础上用于河流生物监测的框架	能够运用生物群落指标来反映外界干扰对河流系统的影响，但部分指标获取困难
中国	鱼类生物完整性指数	宋智刚（2010）	多指标评价法	将鱼类作为指示物种，求得IBI值，并将其分为健康、亚健康、一般、较差和极差 5 个等级	能够准确和完全反映系统健康状况与受干扰的强度，但是鱼类的移动能力强，对胁迫的耐受程度较低
	指标体系法	赵彦伟（2005）	多指标评价法	从影响河流水生态健康的因素出发，构建指标体系进行评价，并建立 5 个等级	指标选取时主观性较强，构建的指标体系很难统一

从表 2.4 中可以看出，国外对河流水生态健康评价的研究开展得较早，早在 20 世纪初德国学者 Kolkwita 和 Marsson 就提出了指示生物的概念（吴东浩等，2011），其主要是采用某种指示生物对河流的水生态情况进行评价。后来逐渐出现多指标评价方法，其中也形成了几种比较成熟的评价方法，如生物完整性指数、溪流健康指数和河流健康计划等。但是，这些方法的提出均具有一定的地域性，其使用范围也具有一定的局限性。国内对河流水生态健康评价采用单指标评价法的研究较少，多是采用指标体系评价法（多指标综合评价法）。虽说这类方法也有一定的不足，但其针对性强，一般能够满足所研究区域的需要。因此，构建以水生态健康综合指数为量化目标的指标体系。

2. 评价方法的构建

为了对闸控河流水生态健康程度进行评价，采用基于线性加权的综合指数法对河流水生态健康进行评价，构建河流水生态健康综合指数评价模型，具体评价步骤如下：

1）建立因素集$U=\{u_1,u_2,\cdots,u_i\}$，其中$u_1,u_2,\cdots,u_i$为识别出的关键影响因子，具体数据可由现场监测或其他方式获得。

2）构建单因子模糊评价集$I=\{I_1,I_2,\cdots,I_i\}$，基于获取的原始数据资料，利用数据归一化处理方法，对其进行归一化处理，进而得到相应的模糊评价集。在进行数据归一化处理时，将影响因子分为正向或逆向两种（即越大越优和越小越优两种），利用极值归一化方法对数据进行处理，具体计算公式为

$$\text{越大越优型：}\quad r_{ij}(x_i)=\begin{cases}1 & (x_i \geqslant x_{\max}) \\ \dfrac{x_i - x_{\min}}{x_{\max}-x_{\min}} & (x_{\min}<x_i<x_{\max}) \\ 0 & (x_i \leqslant x_{\min})\end{cases} \tag{2.2}$$

$$\text{越小越优型：}\quad r_{ij}(x_i)=\begin{cases}0 & (x_i \geqslant x_{\max}) \\ \dfrac{x_{\max} - x_i}{x_{\max}-x_{\min}} & (x_{\min}<x_i<x_{\max}) \\ 1 & (x_i \leqslant x_{\min})\end{cases} \tag{2.3}$$

式中，$x_{\max}$、$x_{\min}$分别为同类指标不同样本中最满意者、最不满意者（越小越满意或越大越满意）。

3）建立权重集$W=\{w_1,w_2,\cdots,w_i\}$，利用适宜的因子权重值计算方法进行确定。

4）计算水生态健康综合指数（water ecological health composite index，WEHCI），公式如下：

$$\text{WEHCI}=\sum_{i=1}^{n} W_i \cdot I_i \tag{2.4}$$

式中，WEHCI 为水生态健康综合指数，其范围为 0～1；W_i为评价指标在综合评价指标体系中的权重值，其范围为 0～1；I_i为评价指标归一化值，其范围为 0～1。

3. 评价标准

目前，在水生态健康评价中没有形成统一的评价标准分级方法。为此，参考国内外相关研究成果，结合前期研究成果，对比分析其他区域河流水生态健康的评价标准，建立闸控河流水生态健康评价标准，其分为“健康”“亚健康”“临界”“亚病态”“病态”5个等级，具体分级情况如表2.5所示。

表2.5 水生态健康状态分级情况（左其亭等，2015）

分级	水生态健康评价标准	健康状况
Ⅰ	0.8～1.0	健康
Ⅱ	0.6～0.8	亚健康
Ⅲ	0.4～0.6	临界
Ⅳ	0.2～0.4	亚病态
Ⅴ	0～0.2	病态

2.3 闸坝调控能力识别

2.3.1 闸坝调控能力内涵与定义

闸坝能快速、明显地改变河流水文过程，其运行方式对河流水质水量的影响的研究也逐步开展并不断深化，尤其是在对诸多水污染事故分析的过程中，闸坝调度所起的作用也越来越受到人们的关注。闸坝对河流水质、水量的影响作用不容忽视，闸坝的不同运行方式在改变河流天然径流状态的同时，也改变着河流的水量，伴随着河流水量以及水动力条件的变化，河流水体的纳污、自净能力也随之改变。但是，闸坝对河流水质水量的影响究竟是正面的还是负面的，能否通过闸坝调度达到改善河流水质的目的，闸坝调度可以多大程度地影响河流水质、水量，这些亟待解决的问题仍然需要进一步开展闸坝对河流水质水量影响作用的相关研究。从理论上讲，闸坝调度对河流水质水量的影响是长期以来难以彻底解决的水问题，通过给出含义明确、可以量化计算的闸坝调控能力，从闸坝调控能力的角度出发，以闸坝调控能力概念为基础，构建相关评价指标体系，提出易于操作的闸坝调控能力计算方式，搭建闸坝对河流水质水量调控能力的识别研究框架，为解决水问题尤其是河流水质问题提供新的思路。从实践方面来讲，对淮河流域内重点闸坝调控能力的计算与分析，可以为流域内重污染河流通过闸坝调度来改善水质进而避免水污染事故发生提供依据，同时对流域闸坝调控能力识别也可以为河流水资源保护和水污染联防工作提供支持。

为深入了解闸坝调控能力的概念，首先分析闸坝的水文、水环境效应。闸坝的水文效应主要包括闸坝对河流流量、流速、洪峰以及所影响范围内的蒸发、下渗等水文要素的影响，其中在径流方面，闸坝的存在使汛期洪峰值有所下降，延缓了洪峰出现的时间，枯水期则相对增大径流，保证了下游的生产生活用水。在流速方面，闸坝的存在会使水位、流量等有直接、明显的变化，如蓄水时则闸前水位抬高、流速降低，而闸下水位下降；放水时则闸上水位降低，闸下水位抬升、流速增加，并且这种变化随着闸门的开启而迅速变化。闸坝的水环境效应则主要表现在闸坝的存在而导致的河道天然径流状态的改变，进而导致河流污染负荷迁移转化及时空分布有所改变，如闸坝对河流水温、pH、泥沙输移、水质过程和水体纳污能力等的影响。以河流水质为例，闸坝的水环境效应主要表现在：水库蓄水后，闸前水位升高，流速减慢，有利于悬浮物沉降，同时水动力条件的改变也使得水体自净能力减弱；受闸门开启的影响，闸坝下游某河段的水质浓度在时间上有较大改变；而空间上则由于闸坝的拦蓄，以及集中泄水，污染物负荷容易不断蓄积而集中下泄，极易形成水污染事故，如汛前第一次开闸放水时引起的水污染事故。

在理解闸坝水文、水环境效应的基础上，可进一步理解闸坝对河流水质、水量的影响作用，进而形成对闸坝调控能力的认知。首先，结合相关研究背景及研究工作，闸坝调控能力更多的是指闸坝水环境效应中闸坝对河流水质的影响，即闸坝对河流水质的调控能力，其落脚点是闸坝调控对河流水质影响作用的描述，即调控能力的量纲应和水质的量纲相同或有联系。其次，闸坝对水质影响作用的基础仍是闸坝的水文效应，即以闸坝对河流径流状态、水位、流量的影响为基础，从调控能力的角度出发，闸坝调控能力是基于闸坝所能调度的水量而言，该部分水量主要包括闸前蓄水、上游来水、库区降水、地下水补给或库区渗漏等，实际上，库区降水最终会较直接地反映在闸前蓄水、上游来水的变化中，而地下水补给或库区渗漏等都发生得极为缓慢，在一般意义的闸坝调度过程中，可以忽略而不予考虑。最后，闸坝的运行会对河流水质造成连续的影响，在讨论闸坝调控能力时，不能只探求闸坝对河流水质影响的最终结果，还要考虑闸坝发挥作用所消耗的时间，即闸坝调控能力的大小是一个随着调度时间不同而有所变化的值，这从本质上考虑了不同调度时间内，上游来水、库区降水等对闸坝所能调度的水量的改变量。

综上所述，闸坝调控能力的定义可描述为：通过闸坝调度，利用闸坝蓄水及调度期间上游来水的某水质浓度与目标河段水质浓度之差，对目标河段水体水质进行改善的能力（regulation capacity of sluices and dams on water quality，R_C）（李来山，2012）。

2.3.2 闸坝调控能力评价指标体系

闸坝所拦蓄的可调度水量，主要是指闸前蓄水和上游来水，即在某一瞬间，闸坝闸前水位是一定的，此时必有一个闸坝闸前所拦蓄的水量，考虑到闸坝同时承担的其他供水用途，可得到闸坝用于调度的水位下限，结合闸坝的库容曲线，根据实际水位和可调度水位下限，求得此时闸前可用于调度的水量。闸坝调度需要一定的时间，而其间的上游来水量同样可作为闸坝的可调度水量。基于此，用于表征闸坝所拦蓄的可调度水量主要包括闸前水位、可调度水位下限和调度期间上游平均来水流量 3 个具体指标值。

根据闸坝调控能力的定义，主要利用闸坝可调度的水量对目标河段的水质进行改善，由于河流水质与水量关系密切，故闸坝调控能力可从水质、水量两方面加以表征，因此，闸坝可调度水量的水质直接影响调控能力的大小。同时，针对一定的目标河段和可调度水量水质，设定的水质目标也影响闸坝调控能力的大小，因此，水质指标具体包含三部分，闸前蓄水水质、上游来水水质以及所要达到的目标水质。

具体指标体系如图 2.4 所示。

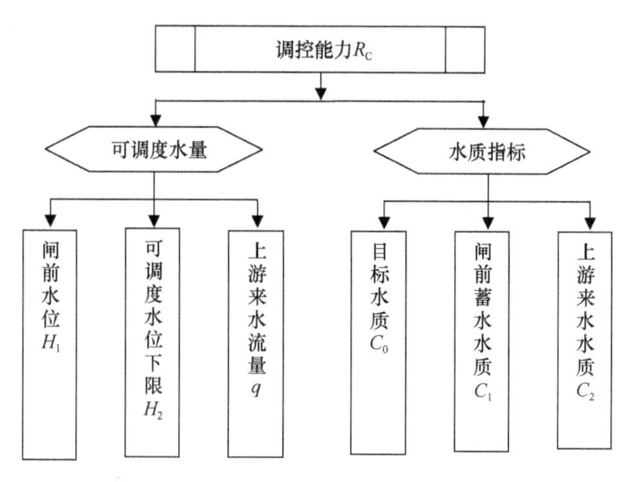

图 2.4 闸坝调控能力识别指标体系

由闸坝调控能力识别指标体系可看出，闸坝调控能力主要通过可调度水量和水质指标两方面内容来表达，其中可调度水量主要考虑水量对闸坝调控能力的影响，而水质指标则用以说明水质状况对闸坝调控能力的影响。在可调度水量中，有 3 个具体指标，即闸前水位 H_1、可调度水位下限 H_2、上游来水流量 q。闸前水位反映闸坝当前所蓄积的水量；可调度水位下限则表示闸坝可控制的水位下限，一般为水库的死水位或者闸门的底板高程，与闸前水位相结合即可算出当前闸坝所蓄积的可用于调度的水量；上游来水流量则可用于表示在一定时间内，闸坝所接受的入库流量。上游来水流量与调度时间相乘可得到调度期间内，新入库的上游来水量，与闸坝所蓄积的可调度水量一起，可得到闸坝的可调度水量。不过该指标体系中没有考虑在调度期间由降水所引起的可调度水量的增加，在实际应用中，调度期间发生的降水一般包括两部分，直接降落在闸坝库区水面的水量，可通过闸坝水位的改变来反映，降落在闸坝控制区域除库区水面以外的降水，则可通过上游来水流量的变化得以反映，因此，只要提高水文数据的监测密度，即可通过水位、上游来水流量来反映降水所引起的可调度水量的变化。在水质指标中，目标水质 C_0 为通过闸坝调度拟达到的水质状况，一般为Ⅲ类水或Ⅳ类水，在水污染事故等特殊事件中可适当放宽，采取Ⅴ类水作为水质目标。采取的水质目标不同时，一定量一定水质的水体所能容纳的污染物总量也不同，相应地影响到闸坝调控能力的大小。闸前蓄水水质 C_1 表示闸坝库区所蓄积水体某水质指标的平均水质状况，该部分水体即可调度水量中闸前水位 H_1 和可调度水位下限 H_2 共同确定的水体。上游来水水质 C_2 表示闸坝库区入库水体某水质指标的平均水质状况，该部分水体即调度期间新入库的上游来水量。在水质指标中，同样存在由调度期间降水而引起的闸坝调控能力的改变，其处理方法与可调度水量相同，只需对某水质指标进行加密监测即可。

闸坝调控能力识别指标体系的水质指标仅仅是某单一的水质指标，当同时考虑多种水质指标时，由于水体中对不同溶解质的容量不同，互相之间没有直接明显的影响，因此闸坝调控能力只考虑某单一水质指标，若要考虑多种不同的水质指标，可分别对不同的水质指标进行闸坝调控能力的表述、计算，然后结合实际情况，综合考虑以哪种水质指标的调控能力为主。

在上述识别指标体系中，以水量和水质为主，其他的诸如降水等气象因素则以水文监测、水环境监测加密的手段来间接反映，在实际应用中，最终仍反映到闸前水位 H_1、可调度水位下限 H_2、上游来水流量 q、目标水质 C_0、闸前蓄水水质 C_1、上游来水水质 C_2 中的某个指标。

具体而言，闸前水位 H_1、可调度水位下限 H_2 两项指标可通过各水文站点（或水位站）的水位监测数据直接获取；上游来水流量 q 可通过各水文站点（或流量站）的流量监测数据直接获取；目标水质 C_0 为实际情况下确定的拟达到的水质目标，需要综合考虑水文、水环境、调度需求等因素而确定；闸前蓄水水质 C_1 和上游来水水质 C_2 可通过各水文站点（或水质监测站）的水环境监测数据直接获取。目前，各流域、大江大河的国家级、省级及其他重点断面的监测数据，尤其是建设有固定站点的断面监测数据可在相关网站上获取，也可通过各流域、省市地区的水资源公报获取。

由于该识别指标体系对数据要求较高，而水文、水环境检测数据可能由于种种原因而造成缺失、错误等，因此可利用相关水文学知识进行数据的整编分析等。

2.3.3　闸坝调控能力计算方法

为了更直观地了解闸坝调控能力的大小，进而为了解不同地区间闸坝调控能力的分布、闸坝调度方案的决策等提供依据，需要在闸坝调控能力识别指标体系的基础上，提出闸坝调控能力具体的量化方法，因此，以识别指标体系为基础，主要考虑水质、水量两方面因素，提出闸坝调控能力的计算方法。

由闸坝调控能力的定义可知，调控能力即闸坝改善水质的能力，可进一步理解为通过不同的调度方式，使闸坝蓄积的水及调度期间的上游来水与目标河段的水体混合，对目标河段水体产生稀释作用，通过降低污染物浓度以达到改善水质的目的。为了便于计算，可把闸坝的调控能力理解为闸坝可调度的水体对目标河段污染物的削减能力，即通过目标水质与可调度水体水质之间的污染物浓度差，乘以可调度的水量，得出该部分可调度水体仍可容纳的污染物质量，并将其作为针对某水质指标的闸坝调控能力的大小，其计算可采用式（2.5）：

$$R_{\mathrm{C}}=100W\left(C_0-C_1\right)+0.0036q\Delta t\left(C_0-C_2\right) \tag{2.5}$$

式中，R_{C} 为闸坝调控能力，t，如果 $R_{\mathrm{C}}<0$，则定义 R_{C} 的值为 0；W 为闸坝已蓄积的可调度水量，$10^8\mathrm{m}^3$，可通过闸坝的库容曲线由 H_1 和 H_2 求得；q 为上游来水流量，m^3/s；Δt 为闸坝调度时间，h；C_0、C_1、C_2 分别为目标水质、闸前蓄水水质、上游来水水质对应的污染物质浓度，mg/L；100 和 0.0036 为单位换算系数。

可以看出，R_{C} 是一个范围为[0，+∞）的数值，表示该闸坝目前仍可容纳的污染物质量，当 R_C 值为 0 时，表示闸坝调度对目标河段水质没有影响甚至有负面影响；当 R_C 为正值且小于某水污染事件中的污染物质量时，表示闸坝调度可以对目标河段污染物进行部分削减，其值越接近于 0，表示削减的能力越小，调控能力也就越小，反之则表示调控能力越大；当 R_C 大于等于某水污染事件中的污染物质量时，表示闸坝调度可以使目标河段达到以目标水质为标准的全部污染物质的削减。

同时考虑多种水质指标时，可依次计算各水质指标的闸坝调控能力，结合实际情况，综合考虑以哪种水质指标的调控能力为主，或分别说明该调控能力是针对某水质指标。

在实际闸坝调控能力计算处理中，需要对闸坝调控能力计算公式的应用进行相应的调整。实际应用中的问题主要有两种情况：第一，调度期间上游来水量重复计算问题；第二，调度期间闸坝区间入流问题。

首先，所要进行闸坝调控能力计算的闸坝为串联关系，即闸坝处在同一河道上下游的不同位置，出现这种情况时，闸坝调控能力计算公式中的 q 会进行重复计算，使闸坝调控能力的计算结果偏大。为解决该问题，对调控能力计算公式的应用进行限制，当所计算闸坝处于所选闸坝的最外围，即位于河流上游时，按照原闸坝调控能力计算公式计算，当所计算闸坝处于所选闸坝的内围，即位于河流下游时，对闸坝调控能力计算公式进行修改，去掉 $0.0036q\Delta t(C_0-C_2)$ 部分，见式（2.5），即避免调度期间上游来水量的重复计算。

$$R_C=100W(C_0-C_1) \tag{2.6}$$

式中，各项所表达的意义同式（2.5）所述。

这样处理同样存在问题，即第二个问题，去掉 $0.0036q\Delta t(C_0-C_2)$ 之后，避免了对调度期间上游来水量的重复计算，但忽略了两闸坝间以支流来水为主的区间来水，计算得到的闸坝调控能力偏小。但对于区间支流来水的水量、水质数据获取问题，所采用的解决办法是，以实测数据或水动力、水质模型模拟结果为基础，若存在支流来水数据，则在该闸坝的调控能力计算中，采用公式（2.5）计算，但要去掉上游闸坝的来水量。若没有，则同问题一的解决方案一样，去掉公式后半部分 $0.0036q\Delta t(C_0-C_2)$。

2.3.4　闸坝调控能力应用途径

闸坝调控能力在利用闸坝解决水污染事故的研究中不是最终目标，而是起到承上启下的作用，大体上，闸坝调控能力的应用途径包括以下几方面。

（1）定量计算某单个闸坝对河流某水质指标的调控能力

根据闸坝调控能力的定义、评价指标及计算方法，可以对某单个闸坝进行历史水污染事故或情景模拟条件下的闸坝调控能力计算。用相应的水文水质数据，即可快速算出该闸坝在该条件下的调控能力，用于直观地反映该闸坝可以处理多大规模的污水团或水污染事故。在应对小规模的水污染事故或者在局部小范围内进行水质改善时，单个闸坝针对某水质指标的调控能力计算具有很好的指导意义。

（2）分析多闸坝调控能力的大小与分布，应对水污染事故

在较大的范围内，拥有的闸坝数量越多，形成的污水团或者发生的水污染事故规模可能越大，此时可以分析多闸坝调控能力的大小与分布，便于应对处理水污染事故。该工作的基础仍是单个闸坝的调控能力计算，在一定范围内，计算出所有闸坝的调控能力，即可大致了解该范围内闸坝的总体调控能力，闸坝的位置分布同时也反映了闸坝调控能力的分布，可针对不同的水污染发生地点，综合决策具体的应对措施。

若以实时数据为输入，则可实时地进行闸坝调控能力计算，计算结果可用于应对不同类型的突发性水污染事故，为相关决策提供数据支撑。

（3）分析多闸坝多年平均调控能力的大小与分布，制定多闸坝联合防污调度方案

以各闸坝多年平均数据作为输入，计算各闸坝多年平均调控能力，然后分析该系列闸坝调控能力的大小以及分布情况，可结合该系列闸坝所在流域河流水质状况，以闸坝群多年平均调控能力水平为基础，综合制定不同条件下的多闸坝联合防污调度方案，以期及时有效地应对不同的水污染事故，最大限度地发挥闸坝对河流水质、水量调控的积极作用。

2.4 闸控河流水质–水量模拟

2.4.1 闸坝对河流水质水量影响机理

基于闸坝调控影响实验与模拟，一方面分析研究河段由于闸门的存在而形成的复杂流速场对水质水量产生的重要影响，另一方面探讨水体流速变化引起污染物在气相、水相、固相、生物相之间相互迁移转化过程。

（1）流速场影响作用分析

在闸孔泄流的作用下，河流流速分布也受到影响，在闸坝前后形成了复杂的流场。前人曾做过大量关于河流、湖泊中船舶航行扰动水底沉积物的研究，特别是关于船舶尾部螺旋桨对于河流底泥扰动作用的相关研究成为环境工作者关心的问题。研究表明，流场变化引起底泥扰动的一些固有特性发生变化，这些特性包括流场变化引起的在河流底部的速度分布、底泥的扰动区域及其影响因素等。

（2）污染物多相态转化分析

污染物的转化是指随着介质条件的改变而使污染物的存在状态发生变化。按照一般的理解，在天然河流中，污染物进入水体后，由于悬浮泥沙和沉积底泥的存在，一部分溶解态污染物将被悬浮泥沙所吸附变成悬浮态污染物，一部分溶解态污染物直接被底泥吸附变成底泥相污染物，而且悬浮态污染物由于絮凝沉降等作用沉积于河底变成底泥相污染物，同时底泥中的污染物在一定的流速等水力条件下会再悬浮起来进入悬浮相，悬浮相污染物在一定的温度、pH 等水环境化学条件下又会从沙中解吸出来返回水相。同

时，在水体–沉积物界面中存在着底栖动物（主要包括水生寡毛类、软体动物和水生昆虫幼虫等）、着生生物（主要包括固着藻类等）和微生物（主要包括细菌、真菌和放线菌等）等，以及分布着水生维管束植物的根系和一些由死亡生物组成的有机碎屑。水体–沉积物界面生物层的生物过程会影响界面物理化学性质的改变，而改变的物理化学性质直接影响营养物质在该界面的交换和转化。因此，从更形象地理解污染物在河流中的迁移转化过程来说，可以将河流中的污染物划分成水相（溶解相）、固相、生物相。

沉积物和水体物质交换作用最重要的过程发生在水体–沉积物多相界面上，因此水体–沉积物多相界面是最重要的环境边界层。水体–沉积物界面是河流水体和沉积物固相组成的分界，除颗粒不整合外，水体–沉积物界面在密度、溶液化学组成、氧化还原电位、pH 以及生物活动性等方面具有明显的差别。进入沉积物的物质可能在水体–沉积物界面附近发生复杂的物质和能量转换，这些变化会影响自然循环中元素的最终归宿。界面上发生的主要反应包括吸附–解吸作用、沉淀–溶解作用、络合–解络作用、离子交换作用、氧化–还原作用以及生物降解、生物富集、金属甲基化等。沉积物中这些反应在沉积学中统称为早期成岩作用，早期成岩作用控制沉积物的形态空间分布埋藏和再迁移行为。

在河流生态系统水体–沉积物界面的研究中，有必要充分考虑生物相的存在。结合现有的研究，考虑河流水体的水体–沉积物多相界面结构模式，可得到如下认识：一是污染物相态转化主要集中在水体与底质之间，以及水体与水生生物之间两个层面；二是水相介质在污染物相态转化过程中起到纽带作用；三是在特定环境下，某些相态转化过程起到污染物降解的主导作用。

窦明等（2016a，2016b）结合槐店闸调度影响实验数据，对水质多相转化模型进行参数识别和验证，进而模拟不同相态水质成分的时空变化过程，结果表明，来水流量和闸门调度方式使闸上和闸下断面各相水质浓度发生变化，同时影响到藻类的生长和富集状态，闸门调度会改变闸上、闸下河段水质的主导反应机制，由于闸门调度增加了对水体的扰动，水体与外界的物质交换效果增强，在实验前期蓝藻数量的变化主要受水流的迁移作用影响，在后期闸上断面主要受闸门阻隔的影响，闸下断面主要受流速、流量和营养物质浓度改变等的综合影响。通过分析发现，水闸调控对水质多相转化的贡献率随着闸门调度方式的改变而变化，且水质转化表现出不同的主导反应机制；当闸门维持小开度放水时，吸附、沉降等作用的主导性显著增强，而闸门维持大开度放水时，解吸、再悬浮等作用主导性显著增强；不同反应之间的主导性强弱在闸门调控方式的改变下交替变化。

图 2.5 为污染物在水体–沉积物多相界面相互转化关系的示意图。

在关闸蓄水阶段（图 2.6），研究区域内的河道具有类似湖泊的特征，其污染物转化过程有以下特点：一是水体分层，表层处于好氧反应状态，深层处于厌氧反应状态；二是在表层水体中，污染物由水相向生物相的转化过程活跃；三是在水体–沉积物界面处，沉降起主导作用；四是整体效果是污染物由水相转化为生物相，再沉降到底泥中。

在开闸放水阶段（图 2.7），研究区域内污染物转化过程有以下特点：一是由于水体流动，加强大气向水体中的曝气作用，水体呈好氧反应状态；二是闸门出流对闸前底质

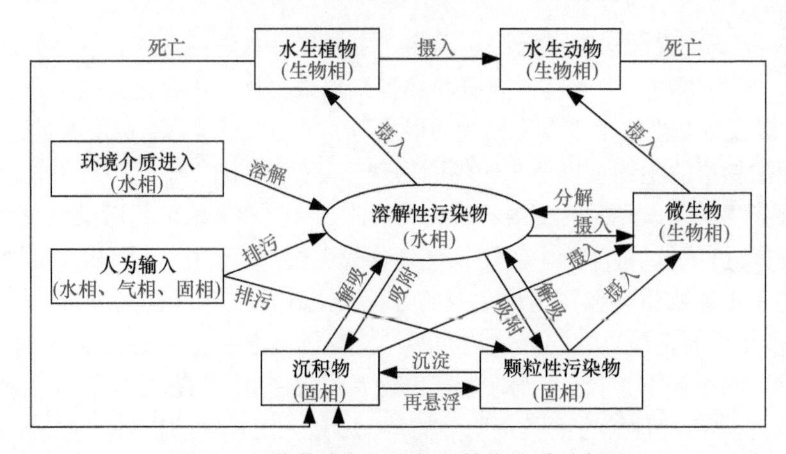

图 2.5　污染物多相界面相互转化关系示意图

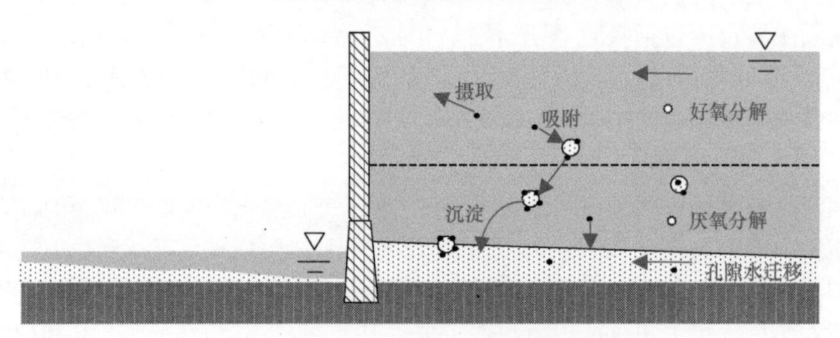

图 2.6　关闸蓄水过程中污染物相态转化

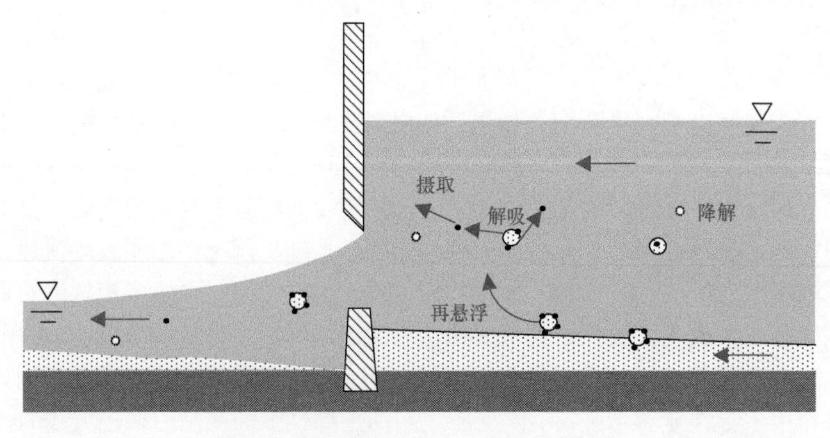

图 2.7　开闸泄水过程中污染物相态转化

搅动作用明显，底质中固相污染物的再悬浮作用明显；三是在闸下消力坎处，颗粒性污染物被打散溶解，在好氧菌作用下被吸收转化为生物相；四是整体效果为污染物由固相转化为水相，并再次进入生物相进行循环。

2.4.2　闸坝对河流水质水量影响模拟

河流水质模型是描述河道水体中的水质要素（生化需氧量、化学需氧量、悬浮物）

在周围环境因素（物理、化学、生物等）作用下随时间和空间变化的数学表达式，是进行河流水质模拟和水污染控制的有力工具。底泥–水质模型是以一般水质模型为基础，以底泥作为水质要素载体，并结合污染物在底泥中的各种迁移过程研究污染物迁移转化规律的综合模型。

污染物进入河流水体后，总的来说会受到两方面的作用：一方面是随着水体流动发生的迁移运动；另一方面是由于水文、物理、化学、生物、气候等多种因素影响而发生的稀释扩散及物理、化学、生物等方面的变化，从而引起浓度的变化。构建水质模型的关键问题在于如何将这些复杂因素之间的相互制约关系量化计算，这里首先假定污染物总量稳定不变，即在短时间内忽略水体中污染物发生物理、化学、生物变化过程的影响。在这一假定条件下，从水动力学角度进行污染物时空变化分析，最后再考虑其他方面的影响因素进行综合分析。

污染物在水体空间内的稀释扩散一般具有三维空间结构，但在实际计算中，只是在排污口附近或者河流水深特别深的地方，描述污染物浓度在水深方向上的时间变化时，才会使用三维水质数学模型，一般为了计算简单需要简化为二维或者一维结构。在实际河流中，一般采用二维水质数学模型就足以描述污染物在河流中的时空分布。对于中小河流的较长河段，当横向和垂向上的浓度梯度可以忽略时，用一维水质模型来描述污染物在水流方向上的浓度变化，即可得到满意的结果。实际河流并不完全是顺直的，如果在研究区域采用一维水质模型来模拟水质分布是欠妥的。

一般来说，环境介质的分布特征决定了污染物在其中的分布特征，要研究水质、水环境、污染物分布作用规律等问题，首先需要认识不同类型水体中流场的时空分布特性。在求解水质模型之前，首先需要对河道不同水体水文特征（如单元水体流速、流量、水位和断面面积）和流场时空分布规律进行定量的描述，依据研究对象的力学特性和物理特性，根据问题的复杂程度选择相应的水动力学模型模拟各类流场形态，建立相应的力学模型，即建立相应的河流水动力学模型。一般而言，水动力学模型的发展主要基于水力学理论的发展，所以水动力学模型比水质模型的物理基础更为扎实。

建立模型时，需要满足以下几方面的基本假定：①非黏性假定；②湍流流动假定；③不可压缩性假定；④布辛涅斯克假定。

对研究区域进行水环境数值模拟的整体思路如下：首先，根据闸坝结构、地形条件和水力条件，分析闸坝调度情景下的水动力学变化过程，进一步探讨由于研究区域流场影响引起的包括底泥污染物在内的污染物迁移转化过程，并结合相应的物理机制建立二维非稳态水动力学模型控制方程和污染物迁移转化控制方程，在上述所建立的水动力–污染物迁移模型中代入实测数据资料进行参数率定和检验，模拟上游不同来水水质、不同闸门调度情景与下游污染负荷变化三者之间的非线性关系。

上述闸坝调控影响模拟流程可概化为图 2.8。

闸坝作用影响下的水动力学模型的构建，将研究河段以闸门为分割点分为闸上、闸下两部分研究区域，在建立常规水动力学模型的基础上，以闸上干流断面作为闸上区域上边界，以闸上距离闸门最近的断面作为闸上区域下边界，以闸下消力坎断面作为闸下区域上边界，以闸下干流断面作为闸下区域下边界。根据研究区域的河道特征与水流条

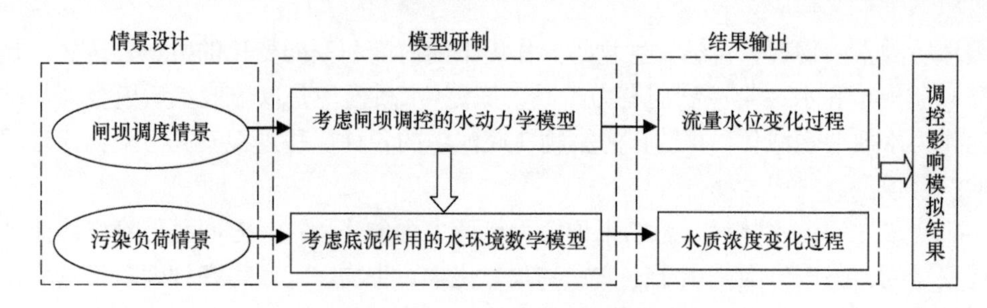

图 2.8　闸坝调控影响模拟流程

件，建立圣维南方程组，采用有限元法进行计算，包含底泥污染的水环境数学模型。为探究考虑底泥污染物在内的污染物在闸控河段的迁移转化过程，在考虑底泥的沉淀和再悬浮对水体污染物浓度的影响时，将底泥的沉淀和再悬浮引起的污染物增减量并入源汇项中进行概化处理，得到考虑底泥污染的污染物迁移转化模型控制方程。在模型中，底泥污染物的沉淀再悬浮过程引起的污染物吸附释放对水质影响进行了充分考虑，实现闸坝在各种调度情景下对水体产生扰动作用，进而影响水质水量过程的模拟。

2.5　闸控河流水资源-水生态和谐调控

2.5.1　闸控河流水生态健康和谐调控概述

闸坝的调控运行会对河流水生态系统产生作用，进而造成一定的影响。为了妥善解决闸坝引起的水生态问题，人类需要科学处理闸坝与水生态的关系，合理调整人类活动对河流的作用模式，因此，生态调控应运而生。生态调控的核心是在现行的水利工程调控中纳入河流生态因素，并给予足够的重视。闸坝生态调控通过调整、优化闸坝运行方式等手段，在满足人类生存、经济社会发展基本需求的同时，尽可能地维护河流水生态系统的健康，最大化缓解闸坝调控运行造成的负面影响，使河流生态环境得到补偿。

在进行河流水生态健康和谐调控时，参考笔者提出的和谐论理论体系，该理论是以辩证唯物主义“和谐”思想为基本指导思想，包括和谐评估与和谐调控两个主要技术方法，同时，其指出和谐调控是针对具体问题为了达到和谐状态而采取的具体调控措施。在对河流水生态健康程度进行调控计算时，基于河流水生态健康发展的和谐思想，充分考虑水文、水质、水生态、栖息地环境、连通情况等多方面的因素，以实现河流水生态健康的和谐发展为和谐思想的表现形式，这与和谐评估和和谐调控在本质上具有一致性。因此，将河流水生态健康综合指数作为调控的和谐目标，针对这个和谐目标需要采取不同的调控措施，使其达到一种较高的和谐状态，即改善河流水生态健康程度，更好地实现人水和谐发展和河流的社会服务功能。

河流闸坝调控研究多是研究闸坝对河流水量和水质的影响，如闸坝调控方式、污染物变化规律、水质模型、闸坝调控实验、调控实践等对水量和水质的影响。随着人们对生活质量要求的逐步提高，人们需要良好的水生态环境。因此，在水量-水质调控的基础上，应增加闸坝调控对水生态的影响，如数学模型、调控措施等。同时，目前常用的水动力水质模拟软件，如 MIKE、WASP 等，虽然能够较好地模拟水体水动力和水质参数的变化情况，也能够实现对水体中氮、磷和叶绿素等参数的模拟研究，但是尚不能对水体中水生生物的种类和密度进行模拟，且目前没有这方面的模拟软件，仍需要依靠数理统计方法进行相关参数的预测或模拟。对此，笔者等基于和谐论理论，构建以改善河流水生态健康程度为和谐目标，以闸坝蓄水量、闸坝水量平衡、闸坝水质、闸坝下泄流量等为约束条件，利用 MIKE 11 数值模拟软件，对河流水体水动力参数与污染物浓度变化情况进行模拟，并建立水体污染物浓度与生物多样性指数之间的定量关系，分不同情景模拟河流水生态健康程度的变化情况（陈豪，2016）。

2.5.2　闸坝生态调控的类型

生态调控是一项庞大而复杂的系统工程，涉及水文学、生态学、水资源学、系统科学等诸多学科的理论知识。依据水库生态调控的对象和目标，可将生态调控大体划分为 7 种类型。

1）基于生态需水的调控：通过闸坝调控保持河流流量满足最小生态流量，尽可能达到适中或最佳生态流量，以维持水生态环境的良性发展。

2）基于水文情势的调控：合理控制水库下泄流量和时间，模拟自然条件下的水文情势和特征，创造贴近自然的水文学和水力学条件，最大限度地降低闸坝对水生生物产卵、繁殖和生存生长的干扰。

3）基于泥沙的调控：闸坝的调控运行在一定程度上会降低水流流速，导致水流挟沙力的降低，使泥沙在库区不断沉降和淤积，对闸坝和河道产生负面作用。泥沙淤积不仅降低了水库的使用寿命和工程效益，还会在库区范围内引起复杂的生态环境问题。为了避免常规水库调控模式对下游河道造成的剧烈冲刷，同时遏制泥沙淤积，应当合理控制下泄流量，实施排沙等调控措施，缓解水库调控对下游河道的破坏，弱化调控产生的负面作用。

4）基于水质的调控：通过合理调整闸坝运行方式，可以适当增加水库下泄水量和库区水流流速，稀释水体污染物，加快污染物的输运和扩散速度，降低水体污染物浓度，减小水体污染与富营养化的风险。

5）基于环境因子的调控：水体环境受到诸多因子如营养盐、水温、水质、流速、流量、溶解氧、pH、透明度等的影响，闸坝作用会对这些环境因子产生一定的扰动，进而影响水生生物的生存和繁衍。为了满足闸坝下游水生动物的产卵、繁殖等需求，需要将环境因子作为生态调控的目标，根据水生生物生长的需求，采取恰当的措施进行调控。

6）基于水系连通性的调控：河流能够输运物质和能量，并为水生生物提供栖息空间与迁徙通道。然而，闸坝的调控运行改变了河流水系原有的连通性，产生了物理阻隔。因此，需要调整闸坝运行方式，缓解闸坝工程的分割与阻隔，增强河流水系整体连通性。

7）基于综合目的的调控：根据实际调控需求，综合考虑多方面的调控目标进行调控。目前，基于单一目标的生态调控学术研究比较充分，从理论到实践的转化也日趋成熟，但功能相对完善、目标更加多样化的综合调控尚处于萌芽阶段。

河流水体是人类社会发展的重要支撑，为了保障河流生态的健康，应当合理限制人类对河流的开发利用行为，因此人类在利用河流水体时，应当平衡开发与保护的关系，在考虑河流水生态系统的需要、保护河流生命、维持河流水体基本功能等前提下，有节制地进行开发，使河流水体能够长远、可持续地为人类社会服务。生态调控应遵循的基本原则主要有以下几点。

（1）安全性原则

生态调控要以维护人类的生存、抵御水旱灾害、保障人民群众的生命与财产安全为首要原则。

（2）实事求是的原则

经过自然环境和人类活动的共同作用，闸坝修建之后，河流水生态系统中新的动态平衡往往已经形成并稳定下来。试图通过人为干预来彻底逆转河流水生态系统的演变方向，完全恢复到原先生态系统结构和功能的设想不仅不够经济，在理论上也是不可行的。因此，在现状条件下，维持河流健康的最优方案，应当是在充分利用河流水生态系统自我调节能力的基础上，采取适当的闸坝调控手段，营造闸坝与河流水生态系统的良性互动，促进河流水生态系统的优化，改良河流水生态系统现状，从而尽可能地恢复到自然状况下生态系统的结构和功能。在河流水体的开发利用过程中，不能单纯地追求经济社会的高速发展，而要兼顾人文系统与自然系统的需求，达到流域经济社会发展和生态环境保护之间的协调。

（3）满足人类基本需求，兼顾河流生态需水，遵循“三生”用水共享原则

开发、利用和改造河流是修建闸坝的主要目的，水库的生态调控应当首先保障和满足人类生活的基本需求，在此基础上，还要兼顾河流生态需水，为河流生物创造更好的生存空间，并遵循“三生”用水共享，实现“三生”用水的互相补充和转化，使河流更好地为经济社会发展和人类生存服务。

（4）满足河流水生生物需求的原则

应当在考虑环境因子对水生生物影响的基础上，通过闸坝生态调控将环境因子控制在合理范围之内，满足水生生物（特别是珍贵稀有和生态价值重大的物种）的生存与繁衍需求。

（5）以河流生态健康为最终目标的原则

实行闸坝生态调控在满足人类经济社会发展的基本需求的同时，还应注重河流水生态系统的保护，以实现人水和谐相处与河流水生态健康发展。

2.5.3 调控体系与模型框架

基于和谐论的相关理念，构建包含和谐目标及约束条件的闸控河流水生态健康和谐

调控体系，利用水动力水质模拟软件 MIKE 11 进行水量和水质参数模拟，并依据实验监测结果，对水动力和水质模型参数进行率定及调整；利用该模型对不同情景下的水动力和水质参数进行模拟，在此基础上，利用 Canoco 生态排序分析软件和相关性分析软件构建水量和水质参数与生物多样性指数之间的定量关系，预测不同调控情景下生物多样性指数的变化趋势；结合水生态健康评价指标体系，对不同调控情景下的水生态健康程度进行评价，并给出和谐调控措施（图 2.9）。

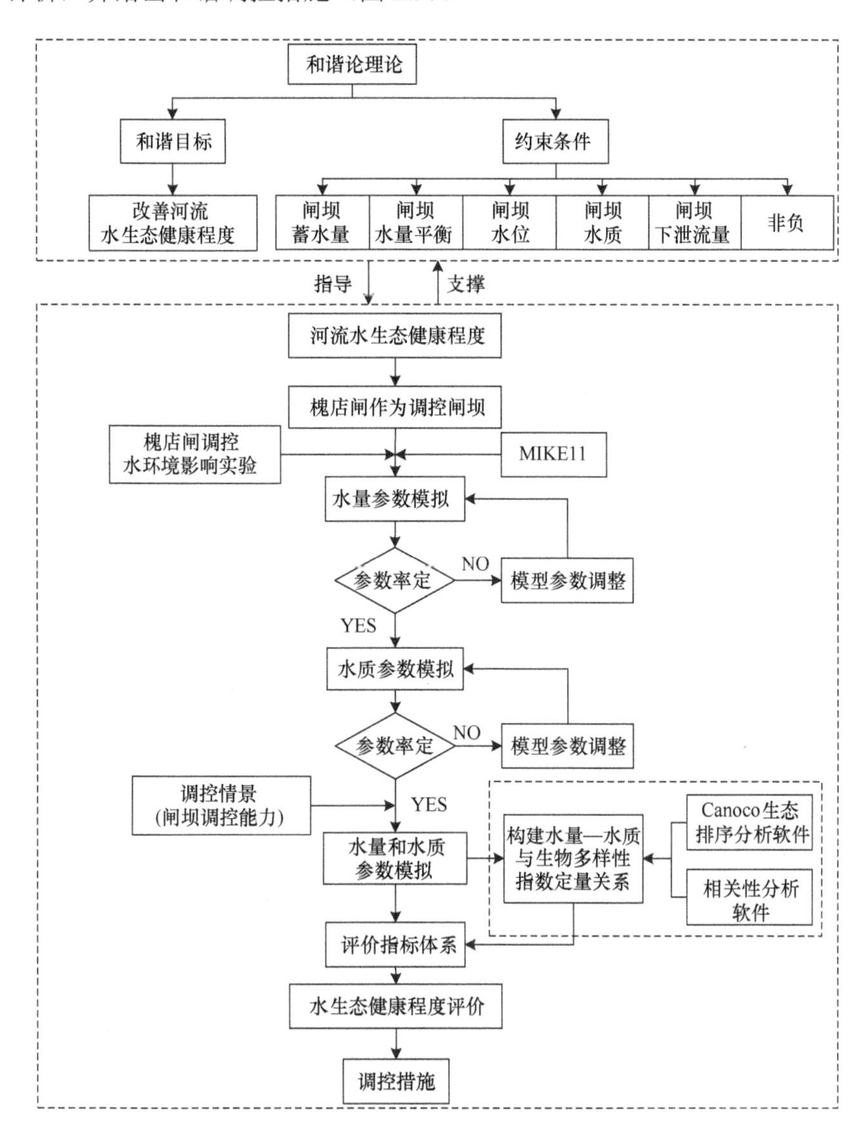

图 2.9　闸控河流水生态健康和谐调控体系及模型框架

第3章　沙颍河流域水生态系统状况调查

3.1　沙颍河流域概况

1. 区域位置

沙颍河发源于河南省登封市嵩山、淮河北侧，于颍上县沫河口汇入淮河，是淮河最大的支流。流域地理坐标为 112°45′E～113°15′E，34°20′N～34°34′N，范围涉及河南省郑州市、许昌市、汝州市、平顶山市、南阳市、漯河市、周口市和安徽省阜阳市等 40 个县（市），流域范围以北为黄河流域，以东为涡河流域，以西为伊洛河流域，以南为长江流域和洪河流域（图 3.1）。

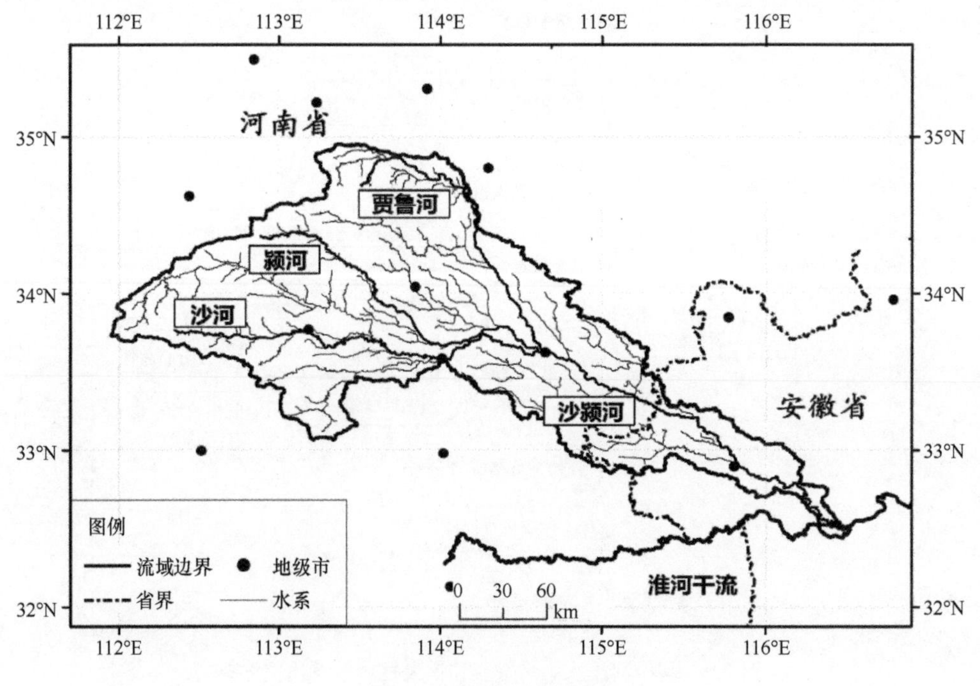

图 3.1　沙颍河流域范围

2. 水文气象

沙颍河流域属于北温带大陆性季风气候，气候变化受季风及地形特征的影响，流域内年平均气温为 14～16℃，降水由东南向西北逐渐递减，降水量变化梯度大，西部山丘区为800～1000mm，东部平原为700～900mm，年内分配很不均匀，呈明显的季节性，汛期（6～9 月）降水量占全年降水量的 65%左右，降水量年际变化很大，最大值可达最小值的5倍。

洪水主要受暴雨特征和地形特征影响，在汛期，由于东南暖湿气团内移，加之西部地形影响，流域内极易形成暴雨，为河南省暴雨中心地区之一，特别是沙颍河、漯河以西的沙河干流、北汝河、澧河3条河流上游是暴雨中心所在地，沙颍河的洪水也主要来自漯河以西。

3. 地形地貌

沙颍河流域地形总体态势为西高东低、南北高、中间低。以京广铁路为界，西边主要为山区和丘陵区，东边主要为平原区，山区向平原区过渡带有一个宽广的丘陵区，地面比降一般大于 1/3000。沙河干流、漯河以上山区海拔为 600～1500m，东南部平原海拔为 30～100m，至入淮口附近地面海拔仅为 22m 左右。

根据2012年沙颍河土壤类型统计资料分析，沙颍河流域的土壤类型以新成土为主，雏形土、淋溶土次之。新成土广泛分布在沙颍河流域，占流域面积的 46.74%，其中，石灰性冲积新成土为其主要亚类别，占流域面积的 39.96%。雏形土、淋溶土主要分布于沙颍河上游区域，面积分别占流域面积的 20.22%、17.96%，潜育土、变性土主要分布于沙颍河以南，面积分别占流域面积的 5.98%、8.32%，而其他类型土壤面积不到流域面积的 1%。沙颍河流域的土地利用类型在西部山地区以林地为主，占区域面积的83.92%左右；西部丘陵区以耕地为主，占区域面积的 56.6%；东部平原区以耕地为主，占区域面积的 76.24%，其次为占区域面积 20.35%的城乡工矿企业用地。

4. 社会经济

沙颍河流域地理位置优越，自然资源丰富，交通便利，经济社会发展程度高。根据河南、安徽两省相关地区的统计资料，2011 年，沙颍河流域范围内总人口约 3572 万人，耕地面积约 3180 万亩[①]。作为安徽、河南两省的主要农业产区，沙颍河流域是重要的粮、棉、油产地和能源基地，有丰富的煤炭资源，是我国重要的能源基地，工农业生产发展前景广阔。近年来流域内工业发展迅速，已形成较为完整的工业体系。随着以流域所在区为中心的中原经济区建设等区域经济发展战略的不断推进，沙颍河流域区域位置的重要性显著增强，经济社会发展水平也在快速发展和提高，对流域的水资源需求和水环境压力也将进一步增强。

3.2　流域水系结构及特征

沙颍河是淮河中游左岸的最大支流。从沙河发源地至入淮河口，河长 630km，流域面积 36651km^2，约占淮河流域总面积的 1/7。周口以上为沙颍河上游，河长 324km；周口至安徽阜阳为沙颍河中游，河长 174km；阜阳以下至沫河口（入淮河）为沙颍河下游。

① 1 亩≈666.7m^2。

沙颍河流域水系发育，河流众多，流域面积大于 1000km^2 的河流有 14 条，介于 100～1000km^2 的有 100 多条，主要支流有北汝河、澧河、沙河、贾鲁河、新运河、新蔡河、黑茨河、汾泉河等。

沙颍河流域上游面积宽广，支流众多，至安徽省界以下区域少有支流汇入，流域呈现带状，中下游长期受黄河南泛的影响，对相应支流河道地貌造成较大影响。沙颍河主要的一级支流有 8 条，从上至下左岸分别为北汝河、颍河、贾鲁河、新运河、新蔡河和黑茨河，右岸分别为澧河和汾泉河（表 3.1，图 3.2）。其中，黑茨河原是颍河的支流，于阜阳市茨河铺注入颍河。1980 年茨淮新河通水后，在茨河铺分洪闸下调尾入茨淮新河，改属茨淮新河水系，是茨淮新河左岸支流。

表 3.1　沙颍河流域支流概况

支流名称	发源地	汇入点	河长（km）	流域面积（km^2）
贾鲁河	新密市白寨镇	周口市	255.8	5896
颍河	登封市大金店镇	周口市	241.2	7348
北汝河	嵩县	襄城县	250.0	6080
澧河	方城县	漯河市区西	163.0	2787
汾泉河	郾城区	阜阳市城北	241.0	5222
新蔡河	淮阳县	沈丘县新安集	86.4	1030
新运河	太康县	淮阳县	58.7	1381
黑茨河	太康县	阜阳市茨河铺	185.0	2994

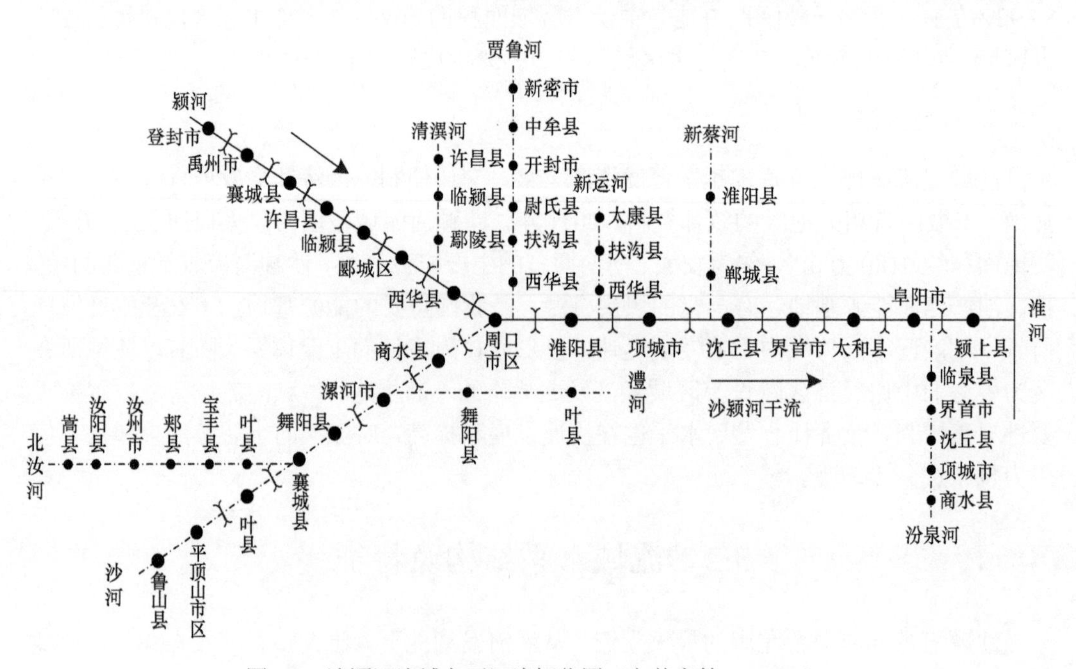

图 3.2　沙颍河流域主要河流概化图（左其亭等，2016a）

沙颍河受黄河南泛的长期影响，流域内洪涝灾害问题比较严重，为了防洪排涝，按照“蓄泄兼顾”的治理原则，在沙颍河上游建设昭平台、白龟山等大型水库以及常庄、尖岗等中型水库，在中游地区，以“拦蓄并重”的治理原则，从上至下建设有周口、沈丘、郑埠口、阜阳和颍上 5 个梯级水利枢纽，并于 2009 年建成太和县耿楼闸。根据相关统计分析，沙颍河流域在 20 世纪 60 年代以前闸坝分布稀少，之后闸坝数量增加迅速，根据 2016 年不完全统计数据，沙颍河已建成水利工程（闸坝、水库等）数量超过 115 座，其中包括白沙、昭平台、白龟山、孤石滩和燕山 5 座大型水库，其总库容达到 30.2 亿 m^3，另有 22 座中型水库以及许多小型水库，它们对减轻沙颍河下游洪水负担起了重要作用（表 3.2）。

表 3.2　沙颍河流域主要水库基本情况

水库	集水面积（km^2）	总库容（亿 m^3）	设计水位（m）					最大泄流量（m^3/s）
			死水位	正常蓄水位	设计水位	校核水位	汛限水位	
白沙水库	985	2.74	207.0	226.0	231.55	235.35	223.0	4830
白龟山水库	2740	9.22	97.5	103.0	106.19	109.56	101.0	3300
孤石滩水库	286	1.85	141.0	151.02	157.07	160.69	151.5	2610
燕山水库	1169	9.25	95.0	106.0	114.60	116.4	103.8	—
昭平台水库	1430	7.13	159.0	167.0	177.60	—	167.0	4680

为发展灌溉和改善通航条件，流域内修建了多座大型水利枢纽。目前，干流主要有 7 座闸：黄桥闸、周口闸、郑埠口闸、槐店闸、耿楼闸、阜阳闸和颍上闸（表 3.3）。

表 3.3　沙颍河流域主要闸坝基本情况

水闸	建成年份	设计水位（m）		校核水位（m）		设计流量（m^3/s）	最大泄流量（m^3/s）
		闸上	闸下	闸上	闸下		
黄桥闸	1981	53.00	—	—	—	1540	—
周口闸	1975	50.39	50.23	50.68	50.5	1520	3200
郑埠口闸	1998	45.58	45.38	—	—	3510	3870
槐店闸	1971	40.88	40.34	41.37	40.83	3200	3500
耿楼闸	2009	37.02	36.77	37.91	37.66	3910	4770
阜阳闸	1959	32.25	31.85	33.47	32.80	3000	3500
颍上闸	1981	29.01	28.76	—	—	4200	4200

沙颍河历史上是重要的行洪排涝、航运灌溉水道，也曾是南粮北运的主要通道，历史早期在颍河右岸有大量田地进行引水灌溉，后来因黄河泛滥，沙颍河的漕运及灌溉系统均被破坏。沙颍河上游受黄泛影响较小，周口以下干流则长期受到影响，特别是黄河夺淮，使得颍河北岸各支流淤塞严重，导致内涝灾害连年不断。

沙颍河地处淮北平原，河流较大的弯曲段较多，水流对弯曲河段冲蚀作用强烈，由于沙颍河河床、岸坡多为壤土、砂土，抗冲刷能力差，弯曲河段河岸淘蚀崩塌问题严重。通过修建堤防、险工护岸等工程对全线进行系统治理，如今沙颍河整体河势已经比较稳定，冲淤基本平衡。从周口水文站和界首水文站建站前后河道横断面变化情况可以看出，当前的河流断面整体形状保持稳定，由于相关区域河流渠道化、河床过水断面规则化以及岸坡的硬质化等，相对于天然条件下的河流水文状况，将会对水流的边界条件产生影响，引起河流水力因子改变，并可导致河流生态系统结构功能的变化。

3.3 流域水文状况分析

河流水文状况的变化受降水、蒸发、人类取用水等因素的综合影响。通过对沙颍河干流的漯河、周口、界首和阜阳4个水文站点1956～2012年实测月流量数据进行分析，各断面年均径流量变化趋势如图3.3所示。

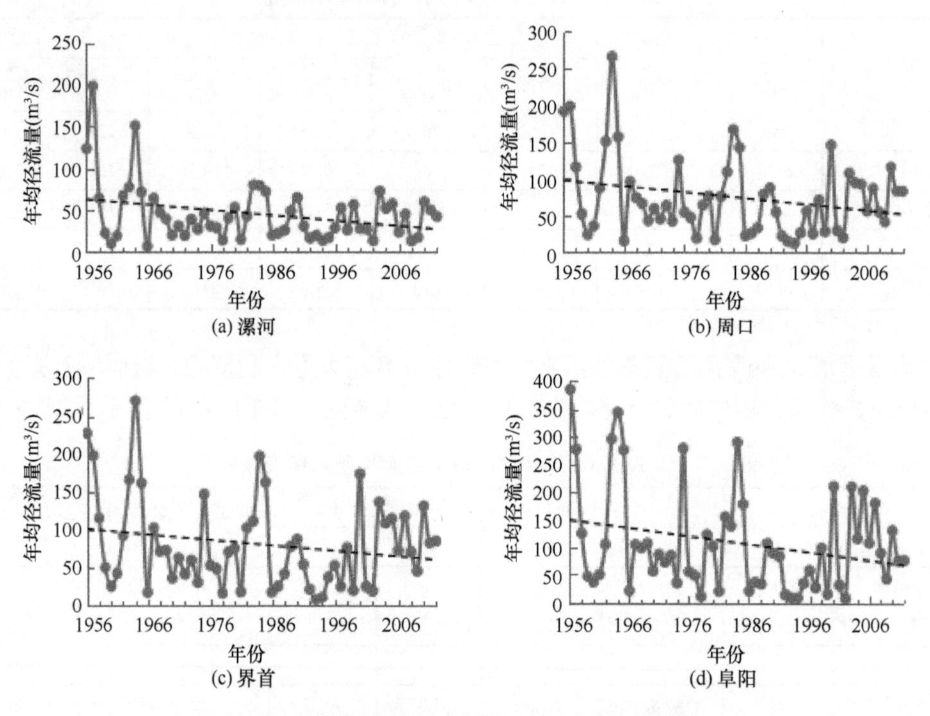

图3.3 沙颍河干流典型断面年均径流量变化图

从整体上看，4个水文站点的年均流量呈现减少的趋势，整体的丰、枯变化趋势基本相同。20世纪60年代以后，漯河水文站控制断面的流量主要来自于上游沙河，随着昭平台水库和白龟山水库的建设运行，流量主要受到两个水库工程的影响，漯河水文断面的径流量变化趋势呈现减少的趋势；周口水文站控制断面监测的为上游沙河和颍河的两个支流来水总量，同时受到周口闸的调节，水文断面年均径流量呈现减少趋势，周口闸下游贾鲁河汇入沙颍河干流，将对下游流量产生新的影响；界首水文站作为省界控制断面，其径流量的变化过程整体表现出减少的趋势，同时界首水文站上游临近的河道内闸坝工程为槐店闸，区间无其他支流汇入，结合槐店闸流量过程对比分析，其水量变化趋势和槐店闸的出流情况保持一致；阜阳站年均径流变化呈递减趋势，根据年均流量过程线，同时，沙颍河阜阳以下至淮河口无支流汇入，该水文断面的流量过程可基本反映整个河流的流量变化情况，即沙颍河多年平均径流量呈现递减趋势。

河流流量的丰枯周期性变化会对河流生态系统的特征和生物多样性产生决定性的

影响。径流年内分配不均匀系数 C_{vy} 通过计算月径流量与参照（多年平均）月径流量年内分配比例的差异程度，可以反映河流径流年内变化的剧烈程度，是河流生态功能表征的重要参数。

$$C_{vy}=\sqrt{\frac{\sum_{i=1}^{12}(\frac{K_i}{K}-1)^2}{12}} \tag{3.1}$$

式中，K_i 为各月径流量占年径流量的百分比；K 为各月平均径流量占全年径流量的百分比；C_{vy} 反映径流分配的不均匀程度，该值越大，表明各月径流量相差越悬殊，即年内分配越不均匀，该值越小则相反。

沙颍河主要水文站点的 C_{vy} 变化趋势如图 3.4 所示。

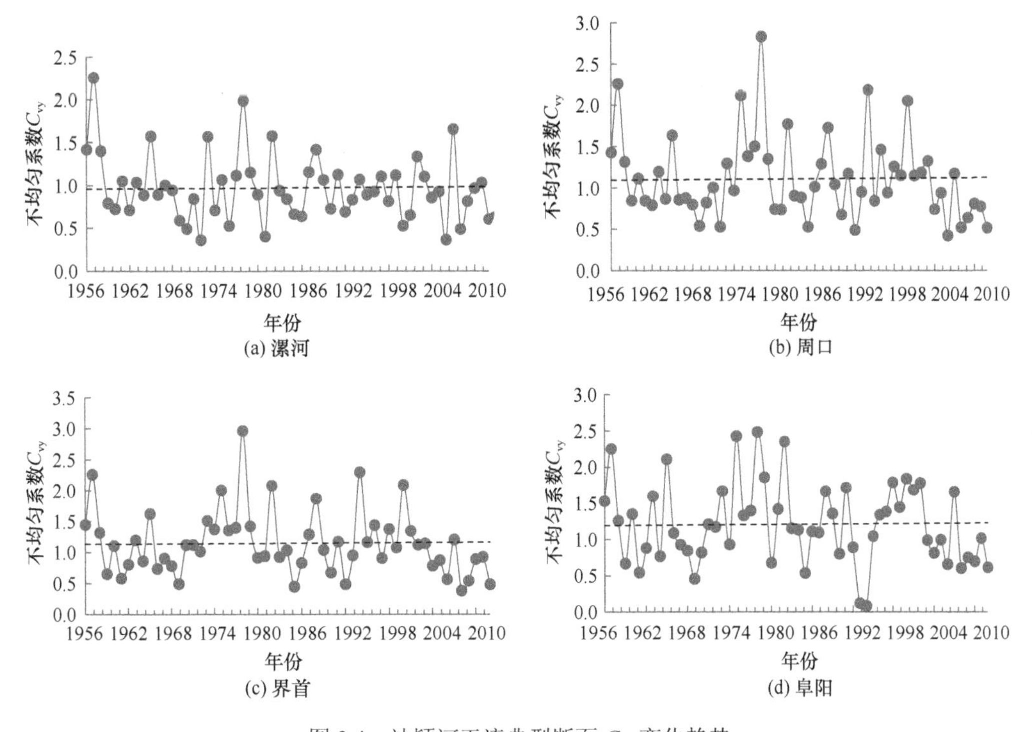

图 3.4　沙颍河干流典型断面 C_{vy} 变化趋势

从图 3.4 中可以看出，所选取的 4 个水文站点的 C_{vy} 变化趋势基本形同，大致可以反映出上下游的不均匀系数变化趋势呈现一致性。根据沙颍河流域的水资源开发和利用情况，可以认为是流域内大量闸坝等水利工程的建设，加强了对河流水量的调蓄作用，闸坝调控使得下泄流量呈现出相似的规律。

3.4　流域水质状况分析

沙颍河流域水质的恶化始于 20 世纪 70 年代，随后出现逐年恶化趋势。沙颍河流域经济社会发展程度高，污水处理率低，大量污水排入河道，加之河流水量大幅减少，河流稀释自净能力极弱，导致河水严重污染。自1995年开展大规模水污染防治工作以来，经过持续的综合治理，流域水质得到了一定的改善，但面临的水污染整体形势仍比较严峻。根据沙颍河1998～2011年的水质监测数据分析（图3.5），流域的水质总体评价均较差。水质良好、可以作为生活饮用水水源地的符合Ⅲ类以上水的比例不足33%，近50%的水质为Ⅴ类和劣Ⅴ类，属于严重污染水体，部分污染严重的二、三级支流已经不能达到农业用水要求，尤其在非汛期，Ⅴ类和劣Ⅴ类水质超过50%。

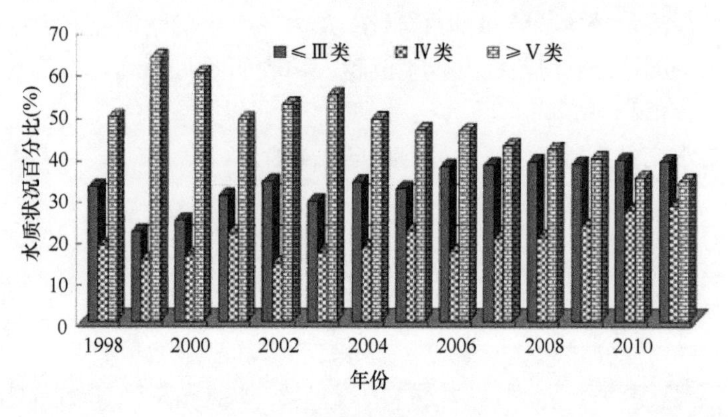

图3.5　沙颍河流域水质状况

根据2000～2011年《河南省环境状况公报》的综合分析，沙颍河流域水质主要超标项目为高锰酸盐指数、化学需氧量、氨氮等。从空间分布上看，各类污染总量负荷上游最大，其次为中游，下游各类污染负荷最小。从时段上来看，冬春季节河流水污染状况明显高于夏秋丰水季节。就流域整体而言，非汛期水质较汛期差，其中，沙河汛期水质较非汛期恶化明显；颍河在非汛期水质污染严重，汛期水质有较大改善；贾鲁河汛期与非汛期均被严重污染。

根据笔者研究团队在沙颍河2012～2016年开展的7次实验的监测数据，分析得到沙颍河水质在空间上的变化特征，如图3.6所示。

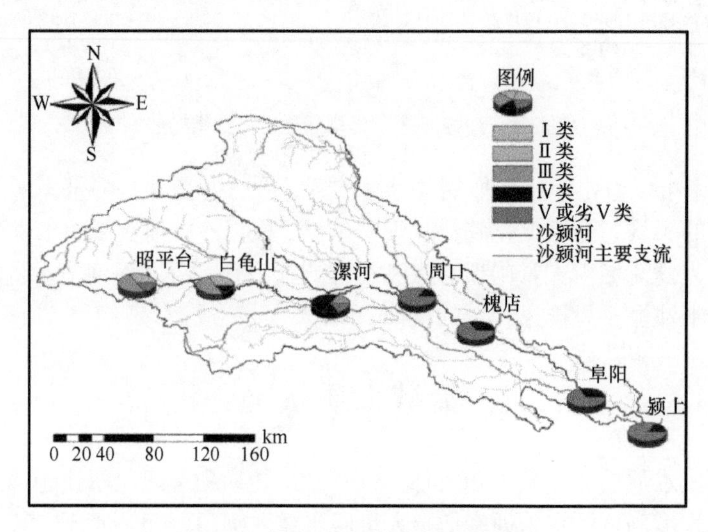

图3.6　沙颍河水质的空间变化特征

可以看出，在监测期间，沙颍河水质均未有Ⅰ类水质出现；沙颍河上游的昭平台、白龟山劣于Ⅲ类水质等级的样本百分比为 16.67%，漯河劣于Ⅲ类水质等级的样本百分比高达 80%以上，而沙颍河中、下游监测点，劣于Ⅲ类水质等级的样本百分比为 100%且处于Ⅴ或劣Ⅴ类水质的样本百分比超过 60%，周口、颍上甚至达到 83%。综合分析可知，沙颍河流域水质并不乐观，特别是中、下游河流水质在实验调查期间均处于重度污染，甚至严重污染状态，水质恶化严重。造成这样的现象是因为沙颍河两岸工厂林立，污染物大量排放，特别是中、下游区域污染物排放更为严重，加之繁多的闸坝运行与调控，阻隔了河流水体的自然流动性，削弱了河流水体的自净能力，最终导致沙颍河流域中、下游水质严重恶化。

3.5　流域水生态状况调查分析

沙颍河是淮河最大且污染最为严重的支流，其水环境和水生态状况直接影响着淮河干流的水生态健康状况。近年来，流域水资源管理和研究部门，以及多个专业的研究人员针对特定的管理和研究需求，在沙颍河流域范围内开展了水生态状况调查和研究工作。根据可查阅的相关研究成果分析，在流域内开展水生态调查的主要内容包括理化指标、浮游植物、浮游动物、底栖动物、河岸栖息地环境等。沙颍河流域的多项水生态调查相关研究成果均表明，沙颍河干支流的河道和相关水域污染问题严重，水生生物资源遭受严重破坏，部分河流环境因长期水质污染出现水生生物锐减或藻类繁多的现象。这些问题严重导致水生态系统失衡，生态功能下降，生物多样性遭受破坏，危及水生态安全和河流健康。同时，水利部淮河水利委员会公布的《淮河片水资源公报》以及淮河流域水资源保护局、中国科学院地理科学与资源研究所和南京大学等单位现场实验研究成果表明，沙颍河仍然存在着严重的水环境和水生态问题。

郑州大学水科学研究团队自 2012 年开始，同中国科学院地理科学与资源研究所合作，每年两次（夏季 7 月、冬季 12 月）持续在沙颍河流域开展水生态环境野外调查实验，为相关研究提供数据和积累资料。截至 2016 年，共实施了 7 次调查实验，共获得 49 组实验数据。选择人类活动影响较弱的沙颍河上游和影响剧烈的沙颍河中下游开展水生态调查实验，为了使实验监测断面的布置科学、合理，结合《水环境监测规范》（SL 219—2013）与实地勘测情况，确定在沙颍河流域共设置 7 个监测断面进行采样，监测断面从沙颍河上游到下游依次为：昭平台、白龟山、漯河、周口、槐店、阜阳、颍上。监测断面分布情况如图 3.7 所示。

以沙颍河流域 2012～2016 年实施的水生态环境调查实验为基础，收集浮游植物、浮游动物、底栖动物的物种、密度数据，分析浮游植物、浮游动物、底栖动物的物种组成、密度水平及其空间变化特征。

1. 浮游植物分布特征

在 2012～2016 年共 7 次对沙颍河水生态进行调查实验期间，发现沙颍河流域浮游植物共 8 门 88 属 255 种，其中硅藻门为 21 属 113 种，占总种数的 44.31%；绿藻门为

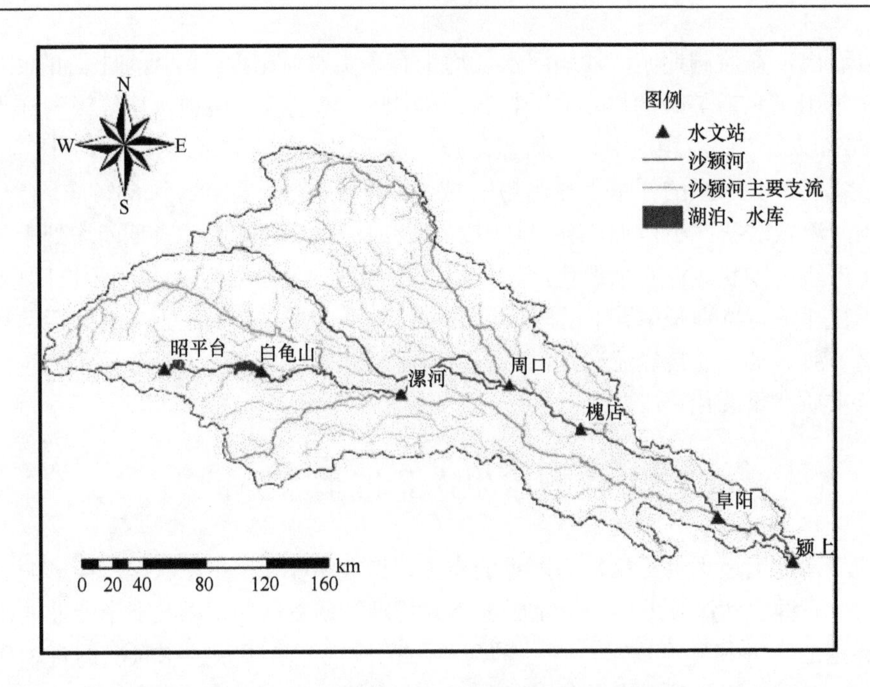

图 3.7　沙颍河水生态环境实验采样点分布图

38 属 90 种，占总种数的 35.29%；蓝藻门为 13 属 22 种，占总种数的 8.63%；硅藻门、绿藻门以及蓝藻门的种类数之和占总种数的 88.24%，是沙颍河流域主要的浮游植物种类。金藻门、隐藻门、甲藻门、黄藻门、裸藻门出现的属种相对较少，种类数之和仅占总种数的 11.76%。沙颍河浮游植物种类组成百分比如图 3.8 所示。

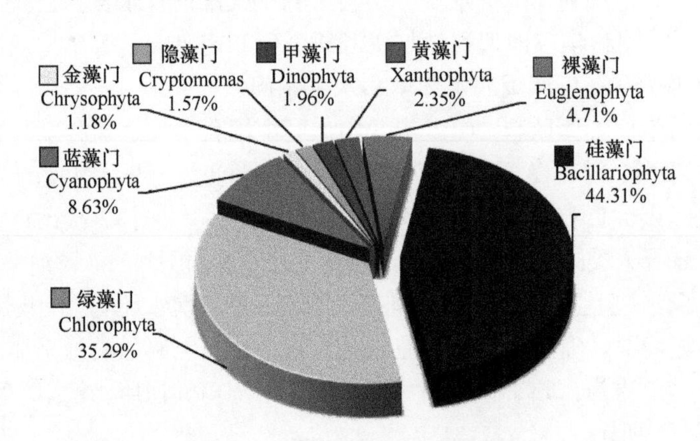

图 3.8　沙颍河浮游植物种类组成

图 3.9 呈现了沙颍河浮游植物种类时空分布特征，可以看出，沙颍河中、下游监测点的浮游植物种类数普遍高于上游监测点，槐店浮游植物种类数最多，周口次之；硅藻门、绿藻门普遍分布于各监测点且种类数较多，种类数之和占总种数的 70%以上，蓝藻门、隐藻门、裸藻门、甲藻门虽普遍分布于空间各监测点，但种类数相对较少，种类数之和不超过总种数的 20%，黄藻门多分布于下游监测点，金藻门多分布于上游监测点，种类数均很低且二者种类数之和低于总种数的 5%；绿藻门、蓝藻门、裸藻门、硅藻门

种类数的空间差异较大，而其他藻类的种类空间差异并不明显，因此，绿藻门、蓝藻门、裸藻门、硅藻门是造成沙颍河浮游植物种类空间分布差异的主要原因。

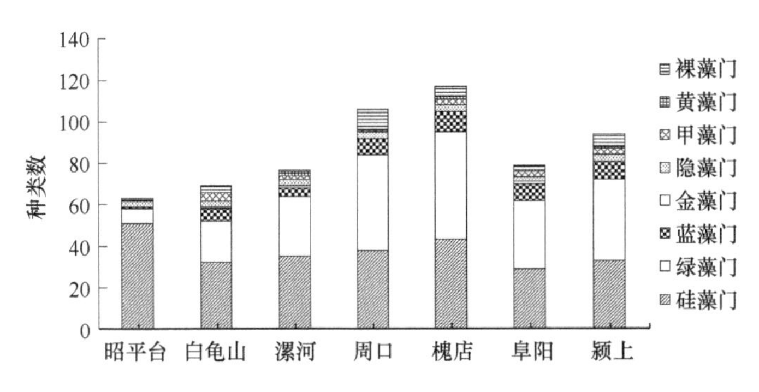

图 3.9　沙颍河浮游植物种类时空分布特征

2. 浮游动物分布特征

在 2012～2016 年共 7 次对沙颍河水生态进行调查实验期间，发现沙颍河流域浮游动物共 4 门 74 属 116 种，其中原生动物为 20 属 25 种，占总种数的 21.55%；轮虫为 23 属 46 种，占总种数的 39.66%；枝角类为 14 属 23 种，占总种数的 19.83%；桡足类为 17 属 22 种，占总种数的 18.97%。轮虫的种类数最多，是沙颍河浮游动物的主要组成物种。沙颍河浮游动物种类组成百分比如图 3.10 所示。

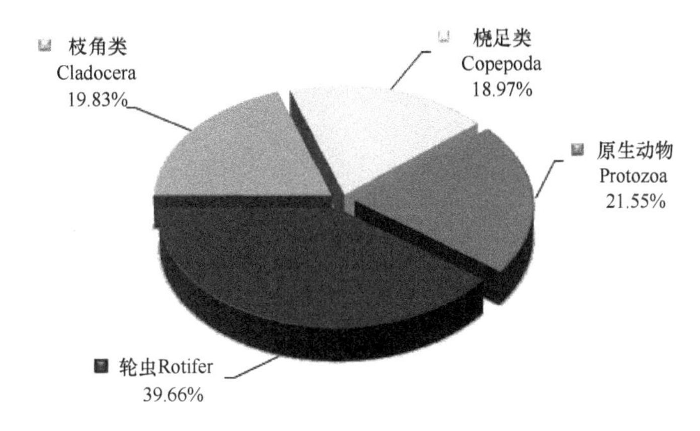

图 3.10　沙颍河浮游动物种类组成

图 3.11 呈现了沙颍河浮游动物种类空间分布特征，可以看出，原生动物、轮虫、枝角类、桡足类均广泛分布于沙颍河各监测点中。轮虫种类数在沙颍河各监测点中均占有较大比例，且沿着河流上游至下游，呈现出逐渐减小的特征；原生动物种类数在中游的周口监测点种类数最少，并以周口为拐点，呈现出从河流上游到中游显著减少，而从中游到下游逐渐增加的特征；枝角类、桡足类浮游动物种类数在各监测点的差异变化并不是明显。从总种类数来看，位于中、下游监测点的浮游动物总种类数均低于上游监测点的值，且从河流上游至下游，浮游动物总种类数呈现出逐渐减少的特征。

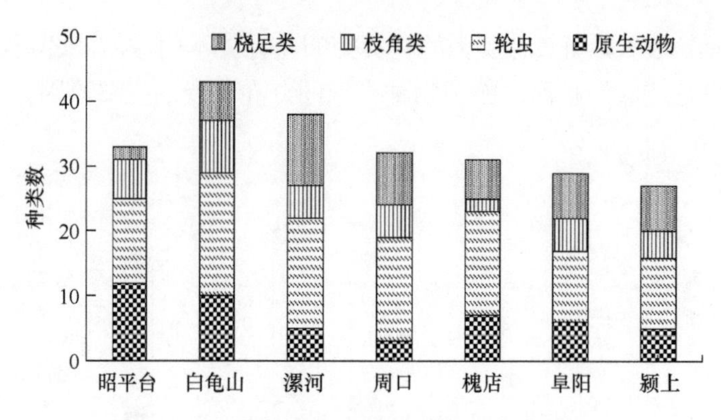

图 3.11　沙颍河浮游动物种类空间分布特征

3. 底栖动物分布特征

在 2012～2016 年共 7 次对沙颍河水生态进行调查实验期间，发现沙颍河流域底栖动物 7 纲 64 种，其中腹足纲 10 种，占总种数的 15.63%；昆虫纲 38 种，占总种数的 59.38%；寡毛纲 7 种，占总种数的 10.94%；双壳纲 5 种，占总种数的 7.81%；软甲纲、涡虫纲、辐鳍鱼纲的种类数相对较少，种类数之和仅占总种数的 6.25%。可以明显看出，昆虫纲是沙颍河流域主要的底栖动物种类。沙颍河底栖动物种类组成百分比如图 3.12 所示。

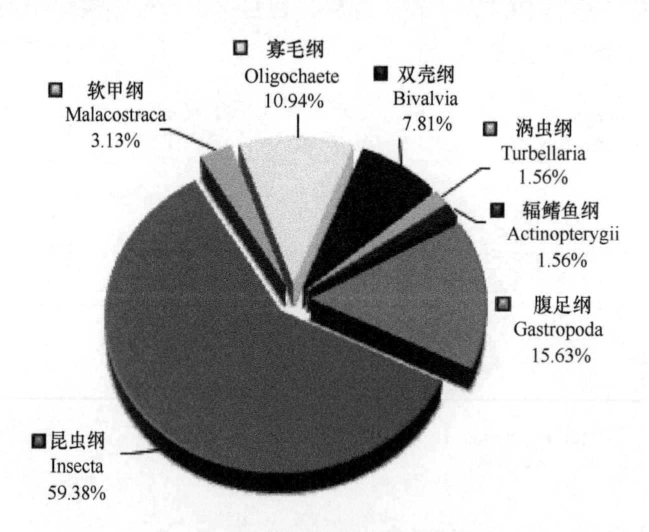

图 3.12　沙颍河底栖动物种类组成

图 3.13 呈现了沙颍河底栖动物种类空间分布特征，可以看出，底栖动物中的腹足纲、昆虫纲、软甲纲、寡毛纲均分布于空间各监测点中，多栖息在水质清洁的流水中的双壳纲、涡虫纲、辐鳍鱼纲仅分布在沙颍河上游监测点；耐污性强的寡毛纲种类数在沙颍河中游的周口，下游的槐店、阜阳均高于上游监测点的值，耐污性弱的昆虫纲种类数在沙颍河上游监测点均高于中、下游监测点的值；底栖动物种类数从上游到下游呈现出显著减少的趋势。综合分析可以看出，沙颍河中、下游水质劣于上游区域水质，与水质评价结果一致。

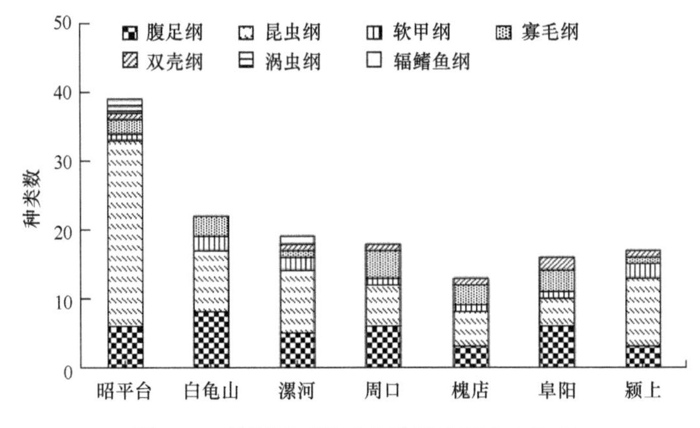

图 3.13　沙颍河底栖动物种类空间分布特征

3.6　流域水生态系统问题分析

1. 水资源开发利用程度高

根据流域内河南、安徽两省的统计资料分析，沙颍河流域多年平均水资源量为 94.51 亿 m^3。流域内水资源开发利用程度高，特别是城市地区的水资源负载指数基本上在 20 以上，进一步开发的潜力很小，其中郑州、平顶山和漯河 3 个城市的水资源状况尤显紧张。根据沙颍河流域历年水资源统计资料分析，其用水总量总体呈现增长趋势，增长速率趋缓，供用水结构变化较大。沙颍河作为区域内主要的地表水水源，除了要承担常规的生活、生产和工业供水功能外，还要保障流域的防洪安全和除涝任务，以及水污染防治和环境修复的重任，此外，随着对沙颍河航运开发利用程度的加大，还要尽可能考虑航运要求。

目前，沙颍河流域工业化、城市化的步伐很快，随着经济发展、人口增长和生活水平的提高，流域内水资源紧张的形势将更加严重，对其进一步开发利用的需求也不断提高。根据流域的水资源管理状况，沙颍河的水资源和水环境管理目标首先是保障流域防洪安全，此外提供区域农业发展的灌溉用水，支撑流域的水环境和水生态安全，同时要服务于航运、城乡供水、岸线开发、综合利用等。

沙颍河流域经济社会发展程度高，人均水资源占有量少，降水年际和年内变化大，进一步加剧了水资源利用难度。大量闸坝等水利工程设施建设造成对水资源的高度开发，而粗放的利用方式加剧了用水紧张。生态环境用水的挤占，导致河流生态基流严重不足，河流污染物的稀释能力和自净能力严重不足。通过对沙颍河流域水质问题的分析表明，生活污水和工业废水入河排污是该河段水质污染的根本原因。针对沙颍河水质污染现状，亟须以水域纳污能力为前提，按照最严格水资源管理需求，以闸坝工程为手段，通过水资源调控，控制水质目标、改善河流环境。

2. 水污染和水环境问题突出

沙颍河流域经济社会发展程度高，造成水资源短缺且水污染严重，同时因闸坝众多，河道径流高度人工控制造成水环境问题突出。流域水污染始于20世纪70年代，80年代以后，随着流域经济发展迅速，废、污水的集中排放远超河流纳污能力，水污染问题凸显，90年代后流域水质进一步恶化，水体功能和生态环境遭受严重破坏，水污染事故时有发生。近年来，国家投入大量人力物力进行了多个阶段的水污染综合整理，流域水质状况有了明显改善，污染物浓度值总体上向好的趋势转化。

沙颍河水环境问题的主要原因是废污水超量超标排放，受闸坝蓄水时间以及流量大小的影响，沙颍河的污染季节性波动较大，水质的年际变化与降水量关系密切，尤其是在水污染事件的发生阶段表现突出。枯水季节，由于河流径流量较小，闸坝考虑区间用水经常关闭，污水长期积蓄极易构成污水团，集中下泄过程中造成沿河大面积突发性污染，对下游区域的用水带来了严重影响。

3. 水资源系统内容复杂，管理工作具有长期性和艰巨性

沙颍河流域内闸坝设施众多，严重干扰和破坏河流健康状况。闸坝设施承担着灌溉、防洪、水污染防治、航运等任务，引发水资源和水环境问题的同时，因改变河流形态结构、干扰河流水文情势、破坏生物栖息环境，河流健康严重受损。沙颍河流域长时间受水利工程建设的影响大，闸坝建设和运行期间对下游生态考虑较少，对河流生态造成了长期持续的扰动，已使得沙颍河区域河流生态系统发生明显退化。

流域内闸坝破坏了河流水系的自然连通性，加之其他人为干扰，除了对水量和水质影响外，对生态系统影响严重。现阶段，沙颍河流域针对生态环境问题所进行的闸坝运行和管理主要是在保护防洪安全的基础上，对突发水污染事件进行防治，虽在部分时段向下游河道放水，兼有生态环境效益，但尚无明确的生态任务及生态调度规程，缺乏明确的调度目标及规则。以资源环境压力大、闸坝众多为典型特征的沙颍河流域水资源和水环境问题的产生、发展和解决是一个长期的过程。流域的水生态环境受多种因素共同作用，近年来，沙颍河得到全面综合治理，但随农业现代化、工业化、城镇化而来的人水争地、水土流失、水体污染问题越发突出，水生态环境日趋恶化，洪涝频发，污水困扰，构成了流域经济社会发展难以破解的难题。流域治水管理亟须贯彻生态水利的新思路，以流域为单元，统筹兼顾，实现水量、水质和水生态的综合平衡，使流域防洪建设、水资源开发利用、湿地开发、河流水质净化、河流水生态改善相结合，充分发挥河道管理的综合功能。

沙颍河流域在地理位置上处于南北气候交错带，天然基流缺失，河道上众多闸坝等水利设施对水生态环境影响极大。近年来，经过大规模持续治理，流域水质得到了一定的改善，部分河段已具备进行水生态修复的条件，但流域水生态环境问题还需要通过长期的水资源管理进行解决。河流生态系统修复是一个逐步改善的过程，管理工作具有长期性和艰巨性，需要在经济社会发展的不同阶段，明确河流水问题产生的根本原因，遵循水环境治理科学规律，采取有效的技术和管理措施，实现河流水生态修复和水环境改善及水资源可持续利用。

第 4 章　闸控河流水文生态效应分析与评价

4.1　闸控河流水文生态相互作用机理

4.1.1　水量–水质相互作用

水体污染物主要以悬浮态、溶解态、胶体状态存在，其随着水流运动而在河流中发生着迁移与转化，然而，水质的改变也会反作用于水量，影响水量的水文特性与水动力特征。迁移作用是污染物在河流水体中随着时间的改变发生空间位置的变化，转化作用是污染物在河流水体中随着介质条件的改变其存在状态发生变化的过程，迁移和转化往往相互交织、同时发生，影响着河流水体中污染物的“去向”和“归宿”，引起水质的变化，从而改变水体的水文与水动力属性，进而导致水量特征的变化，产生对应的作用效应（王超和汪德爟，1996）。在闸坝运行与调控影响下，水量–水质的相互作用影响变得尤为复杂。

较之自然状态下的水量–水质相互作用，闸坝的调控运行使河流水量属性长期处于频繁变化和剧烈波动之中。闸控河流中闸坝的调控运行会引起水流条件的频繁、不规则改变，打破了自然河流中污染物在气–液–固相及水体–悬浮物–底泥介质中的分布与平衡。在闸坝调控影响下，水体中污染物发生化学反应的条件不断改变，影响了污染物在河流中吸附–解吸、氧化还原、络合/螯合及水解等化学作用的速率与途径（Bushaw，1996），导致闸控河流水体中污染物在空间与时间分布上存在显著的异质性。

4.1.2　水量–水生态相互作用

河流水生态系统中栖息着众多生物群落，生物群落之间及其与水环境之间相互作用，维持着稳定的物质循环与能量流动。河流的水文、水力学条件一方面直接作用于河流水生动植物的生理状态和行为，产生即时的效应；另一方面间接作用于河流生物生命过程，并通过影响和改变河流栖息地等方式，对河流生态系统造成潜在而长远的影响。反过来，水生生物也反作用于水流，使水流结构和河槽糙率等发生变化，进而影响水流流速和泥沙沉积状况，改变河流生境。

适宜的水力条件是水生生物生存的重要保障，水生生物的生长过程对水流的动态变化存在着一定的响应关系。河道内流量、流速等水动力条件作用于水生生物生命过程的各个环节（金小伟等，2017）。闸坝修建与运行破坏了河流纵向的连续性，改变了原有河流自然的水文特征，水流和河床泥沙的相互作用导致了河床的冲淤变化，在一定程度上塑造了河道的形态和尺寸，形成了分布不一的浅滩和深槽栖息地，营造了各异的水流和河床基质条件，不仅构成了水生动植物多样的生境类型（张又等，2017），也维持了栖息地的自然演替。自然条件下水生生物种群会随着河流的演变而不断更新演化，然而在闸控河流中，闸坝调控作用造成了径流的调平，也改变了水流条件与河道冲淤条件，破坏了水生生物生存、繁殖所需的特殊生境，从而导致水生生物物种锐减，甚至绝迹。同时，闸坝的物理阻隔也阻碍了不同水域水生生物群体之间的遗传交流，对种群的遗传多样性造成威胁。

4.1.3 水质–水生态相互作用

河流水质与水生态系统之间表现出紧密的、错综复杂的相互作用与关系。在水生态系统中，各种生物、化学、物理因素组成了关系复杂、相互依赖的统一整体，水体中各种化学元素与化合物在不同层次、不同大小的水生态系统中，沿着特定的途径从环境中进入生物体，再从生物体中进入环境，不断进行着物质循环（氧循环、碳循环、氮循环、磷循环等），其间伴随着能量流动，达到一个稳定的动态平衡。

人类活动修筑的水库或闸坝工程对河流物质循环的影响作用主要表现在两个方面：物质的输入和输出过程。水库或闸坝直接改变了自然状态下的河流水文、水动力过程，进而改变了河流物质的“输移–沉积”模式，同时也影响到了河流物质的生物地球化学过程（Patel et al.，1999）。在物理因素方面，闸坝调控影响水体表面与大气的物质交换、水体中的物质输移以及河流底部的沉积物经水流冲刷再次进入水体的过程；在生物地球化学过程方面，闸坝影响物质的矿化与分解，以及物质在食物链或食物网中的传递与转化过程。闸坝的调控运行对河流干扰程度加剧，纵向弱化了物质的流通性，剧烈改变了物质的组成及“源/汇”性质等，显著影响着物质循环过程。

4.1.4 水量–水质–水生态相互作用

完善的河流水生态系统必须具备动态性、开放性和连续性等诸多要素，才能恰当地扮演其生态地位并充分地发挥其生态作用。自然河流水生态系统拥有统一的生物群落与生境、整体的结构以及独特的自我调整和修复功能，水量–水质–水生态存在着相对的平衡。闸坝的修建与运行打破了河流的纵向连续性，在满足人类需求的同时，也在时间和空间上对河流水量–水质–水生态产生重叠而复杂的影响，而且其影响作用往往存在滞后性与累积性。

闸坝主要通过控制泄流方式来对水量–水质–水生态施加作用，以不同的调控目标来开展闸坝调控，必然会产生不同的效果。从系统演化的角度，水量–水质–水生态的相互竞争、合作与协调作用决定了河流水生态系统的演进方向。从响应与反馈机制的角度，自然河流水体在经历了长期的演变过程后，水量–水质–水生态形成了稳定、平衡的响应与反馈机制。然而，闸坝的建设与调控，改变了河流水量–水质–水生态的联动作用特征，打破了三者之间稳定而平衡的相互作用过程。

闸控河流中，河流水量–水质–水生态在闸坝调控影响下产生了联动作用与累积响应，最终导致水生态环境发生改变：稳定的生态系统能够发挥一定的缓冲作用，将水生态环境的恶化趋势缓解或遏制在临界点之前，维护河流水生态系统的良性发展；脆弱的水生态系统，临界状态往往易被突破，河流水生态系统缓冲与抵御能力差或丧失，恶化趋势愈演愈烈。河流水生态环境的改变反作用于河流水体的物理、化学、生物作用过程，进而对河流的水量、水质、水生态属性产生影响，最终导致闸坝运行与调控以及人类活动方式的反馈调整。

4.2　闸坝运行的水文效应分析

4.2.1　闸坝运行对水文情势的影响

为研究闸坝建设对沙颍河水文情势的演变规律，分析沙颍河水文情势的分布规律和受人类影响的程度，根据沙颍河流域水文站点布设及资料获取情况、控制性闸坝建设运行及区域经济社会发展取用水状况，选取沙颍河干流上的漯河、周口、界首、阜阳 4 个典型断面作为沙颍河流域水文情势变化分析的控制断面。漯河断面为水文测站断面，将漯河水文站作为沙颍河上游沙河的主要控制站，来水情况主要受到昭平台水库和白龟山水库的影响；周口断面位于沙河和颍河的交汇点以及周口闸下，可基本反映沙颍河上游的水文状况；界首断面是沙颍河干流在河南、安徽两省的省界断面，上游距离槐店闸 37km，区间无支流汇入，其水文过程可以反映槐店闸以上区域的变化情况；沙颍河干流在阜阳闸以上有泉河汇入，阜阳以下无大的支流汇入，下游的颍上闸是干流最后一座闸坝，受资料限制，本研究对以阜阳闸的水文资料为基础进行分析，近似反映整个沙颍河流域的水文变化状况。

将 4 个站点 1956～2012 年的日径流数据作为基础数据，考虑断面及闸坝工程的整体建设情况，选取 1975 年为人类活动干扰划分年。基于 IHA/RVA 方法，对各断面在闸坝建设前后的水文改变度指标进行统计分析。相关指标计算结果如表 4.1 和表 4.2 所示。

以周口闸断面的日流量资料为基础，以周口闸建设完成时间 1975 年为基准，将流量过程分为近自然条件下及受闸坝影响的两个时段，通过 IHA 方法进行计算，得到闸坝建设前后两个时期相应的水位改变度指标。通过河流水文情势改变度 33 个指标的计算结果可以看出，有接近 20%的指标数量发生了程度较高的改变。

1. 月均流量变化

图 4.1 反映了闸坝建设前后两个时期，周口水文断面 1 月和 7 月的月平均流量年际变化情况，由图 4.1 中结果可以看出，7 月的月平均流量呈现上升趋势，1 月的月平均流量呈现下降趋势。该流量指标的增长，对于河流系统中鱼类的生长具有明显的条件改善作用。

表 4.1　周口断面水文改变度指标统计分析

IHA 指标	闸坝影响前（1956～1975 年）				闸坝影响后（1976～2012 年）				RVA		水文改变度
	均值	方差	极小值	极大值	均值	方差	极小值	极大值	下限	上限	σ_i
1 月平均流量	36.9	0.72	1.5	103.2	30.8	0.94	0.0	125.5	10.3	63.5	–0.23
2 月平均流量	37.3	0.93	1.3	147.4	28.1	1.08	0.1	103.0	2.6	72.1	–0.05
3 月平均流量	38.7	0.51	11.6	78.6	34.8	1.03	0.1	117.0	18.9	58.4	–0.58
4 月平均流量	94.3	1.78	16.1	768.9	34.2	0.79	0.4	98.8	24.2	262.2	–0.19
5 月平均流量	99.1	1.21	20.3	532.3	57.6	1.44	0.2	480.1	26.3	218.5	–0.09
6 月平均流量	99.7	1.78	0.4	779.3	70.4	1.11	0.3	263.7	12.3	277.2	0.16
7 月平均流量	299.6	1.30	16.4	1514.0	209.8	1.12	7.8	1313.0	59.1	690.0	0.31
8 月平均流量	310.1	1.19	8.5	1291.0	203.1	0.96	12.0	1002.0	89.7	678.0	0.08
9 月平均流量	178.1	1.19	1.2	957.2	148.0	1.20	0.3	728.8	68.3	390.3	–0.13
10 月平均流量	131.7	1.40	2.1	871.8	105.1	1.45	0.5	634.3	46.9	316.3	–0.38
11 月平均流量	81.6	0.84	1.9	327.9	65.4	1.06	0.2	322.6	13.1	150.1	–0.24
12 月平均流量	50.0	0.80	1.5	140.1	46.3	0.94	0.2	194.8	9.9	90.0	0.08
1 天最小流量	6.0	1.48	0.0	34.0	1.0	1.30	0.0	4.4	0.4	14.7	–0.33
3 天最小流量	7.1	1.45	0.0	38.7	2.3	1.63	0.0	15.3	0.5	17.4	–0.14
7 天最小流量	8.6	1.43	0.0	44.7	3.9	1.80	0.0	33.9	0.6	20.8	–0.07
30 天最小流量	14.6	1.03	0.3	50.8	8.8	1.61	0.0	74.5	1.4	29.6	0.08
90 天最小流量	27.1	0.68	2.9	60.2	16.6	1.08	0.1	86.8	8.6	45.7	–0.21
1 天最大流量	1701.0	0.55	298.0	3160.0	1184.0	0.68	123.0	2830.0	763.3	2638.0	–0.05
3 天最大流量	1446.0	0.62	278.0	2980.0	1004.0	0.74	123.0	2747.0	549.5	2343.0	–0.01
7 天最大流量	1143.0	0.75	224.7	2800.0	726.6	0.75	94.7	2374.0	288.2	1998.0	0.00
30 天最大流量	590.4	0.80	90.7	1639.0	383.5	0.81	57.3	1494.0	117.4	1063.0	0.20
90 天最大流量	309.5	0.75	37.7	793.9	225.4	0.77	38.6	696.2	77.1	541.8	0.04
断流天数	0.5	3.10	0.0	5.0	2.1	3.05	0.0	33.0	0.0	1.8	–0.10
基流指数	0.1	0.93	0.0	0.1	0.0	1.58	0.0	0.3	0.0	0.1	–0.01
极小流量发生时间	151.0	0.25	14.0	357.0	81.6	0.24	4.0	355.0	58.6	243.4	–0.25
极大流量发生时间	202.9	0.11	114.0	274.0	214.4	0.10	78.0	281.0	162.2	243.6	–0.03
低脉冲次数	7.1	0.74	0.0	18.0	13.5	0.52	1.0	32.0	1.8	12.4	–0.42
低脉冲持续时间	12.2	0.56	2.0	31.1	17.0	1.93	1.8	196.0	5.3	19.0	0.04
高脉冲次数	3.0	0.74	0.0	7.0	3.4	0.84	0.0	9.0	0.8	5.1	–0.36
高脉冲持续时间	6.5	0.92	1.0	21.0	3.7	0.57	1.0	11.0	2.0	12.5	0.04
流量平均增加率	45.0	0.69	7.1	133.3	37.6	0.62	10.4	103.0	14.0	76.0	–0.05
流量平均减少率	–23.7	–0.58	–64.3	–3.9	–29.8	–0.60	–74.1	–7.9	–37.6	–9.9	–0.22
逆转次数	108.2	0.15	82.0	139.0	109.8	0.22	6.0	149.0	91.6	124.9	0.04

表 4.2　各选取站点水文改变度指标统计分析

IHA 指标	漯河			界首			阜阳		
	RVA（L）	RVA（H）	σ	RVA（L）	RVA（H）	σ	RVA（L）	RVA（H）	σ
1 月平均流量	7.0	37.3	0.16	10.9	67.2	–0.14	15.9	78.2	–0.23
2 月平均流量	7.2	33.6	–0.17	6.9	60.2	–0.19	8.5	78.5	–0.07
3 月平均流量	8.6	37.7	–0.09	13.8	61.7	–0.54	13.5	83.1	–0.56
4 月平均流量	16.6	191.3	–0.03	24.9	283.1	–0.15	26.8	348.5	–0.03
5 月平均流量	15.6	156.8	0.04	29.8	226.5	–0.17	34.3	300.9	–0.14
6 月平均流量	5.9	206.4	0.27	10.8	307.2	0.21	26.5	500.5	–0.21
7 月平均流量	33.3	576.4	0.29	69.8	732.9	0.22	106	1032.0	0.00
8 月平均流量	32.6	438.1	0.17	72.6	753.1	0.17	91.9	1113.0	0.04
9 月平均流量	34.9	262.5	–0.21	74.0	384.4	–0.29	95.3	451.2	–0.25
10 月平均流量	32.8	201.0	–0.58	49.7	319.3	–0.42	59.0	378.6	0.38
11 月平均流量	10.5	86.6	–0.24	12.8	157.6	–0.27	15.9	192.8	–0.36
12 月平均流量	6.2	57.6	0.05	7.1	94.5	–0.12	12.7	125.5	–0.06
1 天最小流量	0.4	7.1	0.18	0.3	16.9	–0.46	0.0	27.1	0.25
3 天最小流量	0.6	8.9	0.08	0.4	18.3	–0.46	0.0	28.6	0.25
7 天最小流量	0.7	12.0	0.22	0.5	21.0	–0.12	0.0	29.5	0.25
30 天最小流量	2.0	19.2	0.57	1.0	30.0	–0.21	1.5	36.7	0.18
90 天最小流量	5.2	29.3	0.53	7.8	47.7	–0.38	5.1	61.6	0.08
1 天最大流量	533.0	2564.0	–0.09	756.4	2680.0	–0.16	864	2882	0.13
3 天最大流量	335.4	2188.0	0.04	610.1	2497.0	–0.16	731	2803	0.24
7 天最大流量	343.5	1714.0	–0.10	339.6	2165.0	0.13	464	2561	0.35
30 天最大流量	124.1	812.7	0.08	129.7	1139.0	0.04	138	1620.0	0.16
90 天最大流量	33.8	389.1	0.11	77.0	581.1	–0.10	93.0	831.7	0.16
断流天数	0.0	0.0	–0.30	0.0	22.7	–0.24	0.0	47.4	–0.27
基流指数	0.0	0.1	–0.34	0.0	0.1	–0.08	0.0	0.1	0.27
极小流量发生时间	40.0	217.8	–0.17	32.8	158.7	–0.15	42.8	210.2	–0.32
极大流量发生时间	176.7	247.8	0.04	162.6	244.0	–0.03	160.4	247.5	0.20
低脉冲次数	1.7	13.3	–0.19	1.3	15.3	0.22	0.9	6.8	–0.88
低脉冲持续时间	5.6	26.4	0.29	8.3	31.5	–0.36	10.3	38.3	–0.54
高脉冲次数	0.1	7.2	0.08	0.4	5.0	–0.38	0.5	5.4	–0.15
高脉冲持续时间	2.2	10.8	0.08	3.2	14.4	–0.04	3.3	20.6	–0.14
流量平均增加率	11.1	75.6	–0.10	17.5	77.8	–0.11	21.0	73.7	–0.04
流量平均减少率	–35.2	–6.7	0.04	–39.8	–11.2	–0.17	–45.2	–14.0	–0.34
逆转次数	81.1	105.9	–0.71	49.3	116.7	–0.27	44.6	80.3	–0.54

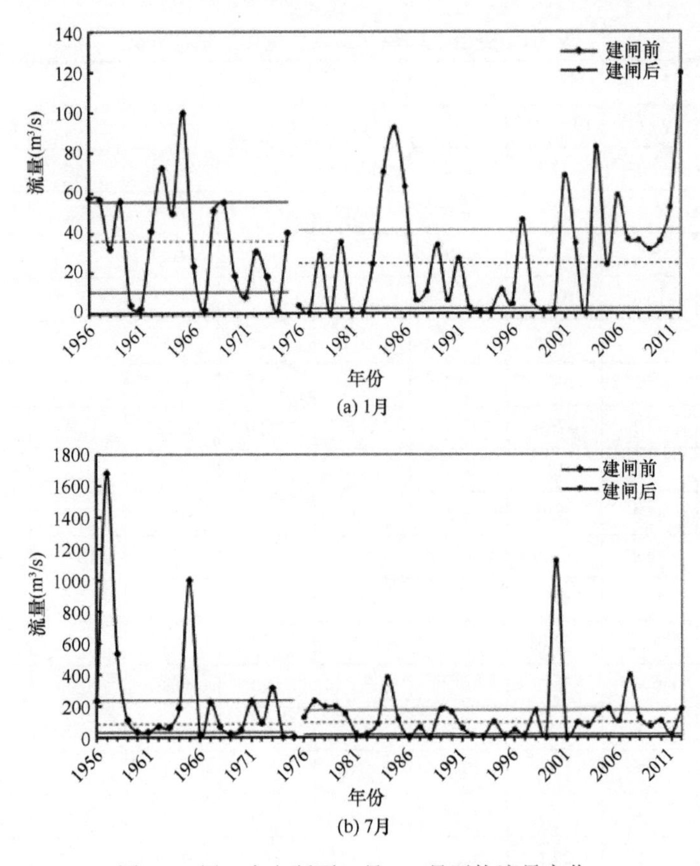

图 4.1　周口水文断面 1 月、7 月平均流量变化

2. 年极端流量变化

图 4.2 为周口水文断面的 3 天最大流量、90 天最小流量年际变化趋势。可以看出，该断面的年极端流量整体呈现下降的趋势。根据闸坝河流的特征，可以表明闸坝的建设对年极端流量产生了重要影响。闸坝的拦蓄引水，使得河流整体流量减少，同时，闸坝的调蓄作用使得洪峰下降、极大流量出现的频率减小。

3. 年极端流量发生时间

图 4.3 为周口水文断面年极端流量在各年度内发生时间的结果，可以看出，在周口闸建设运行前后期间，在该水文站点的年极端流量中，极值发生的时间波动比较大。根据流量过程的年内分布情况，极小流量主要集中发生在 11 月至次年 2 月；流量的极大值出现时间主要集中在 7～9 月。

4. 高低流量出现次数及延时

图 4.4 为周口水文站低流量的变化趋势图，从图中可以看出，该站点低流量出现的次数在闸坝建设后呈现上升趋势，低流量出现的平均历时也有所增长。该水文站点的高流量平均历时则出现降低的趋势，出现的次数略有上升。河流中的高低流量对于生态系统而言，主要是构造河流的生境，其对于河流生态系统的演变具有重要的影响。

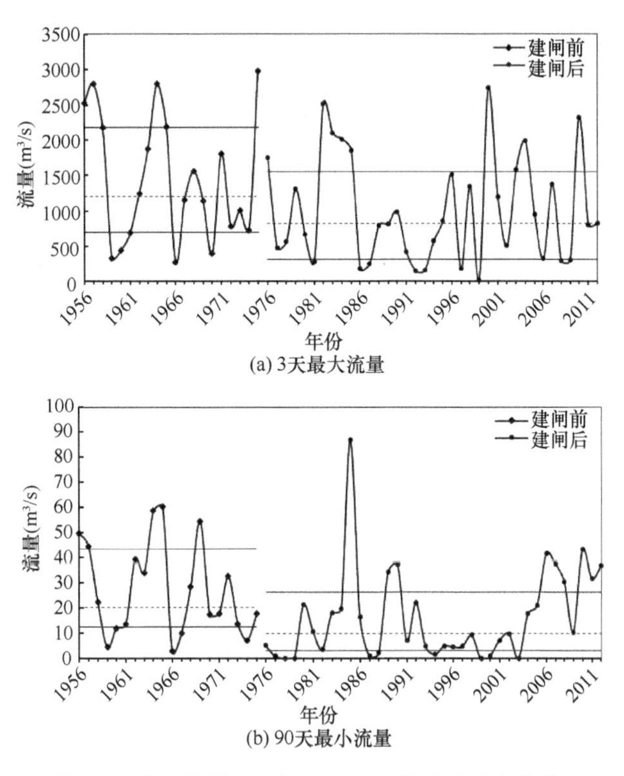

(a) 3天最大流量

(b) 90天最小流量

图 4.2　周口断面 3 天最大、90 天最小流量变化图

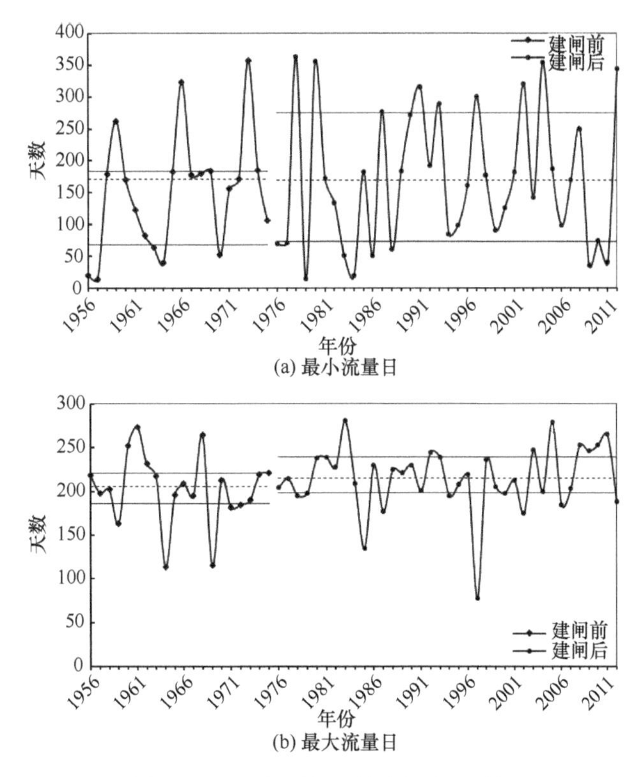

(a) 最小流量日

(b) 最大流量日

图 4.3　周口断面年极端流量出现时间

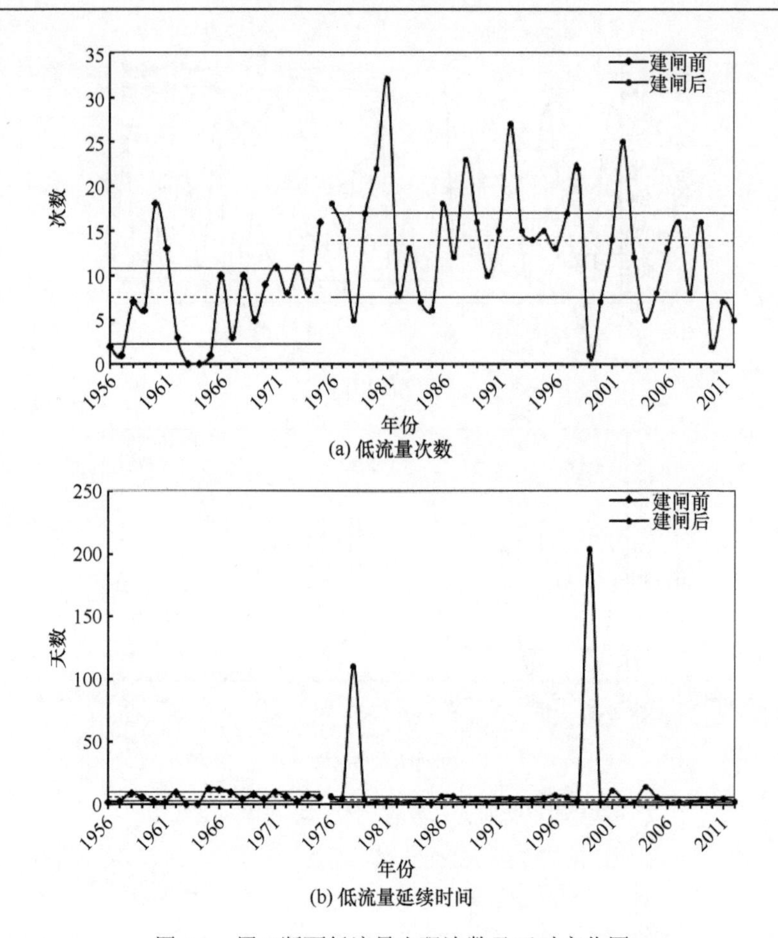

图 4.4 周口断面低流量出现次数及延时变化图

5. 流量变化率及频率

图 4.5 为周口水文断面的流量变化率及逆转次数分析图，从图中可以看出，闸坝建设前后，流量的平均减少率变化不明显，流量的平均增加率略微有上升趋势。1965 年的流量平均增加率达到最大值，1999 年的流量平均减少率为最低。流量逆转次数每年均有所改变，其中，1989～1999 年的逆转次数波动最大，可以看出这一时期内的河道流量极不稳定。

通过对周口水文断面水文情势的变化分析可以看出，周口断面的月均流量、极端流量、高低流量出现次数及延时等水文指标均有变化，这些变化的产生主要同闸坝的修建具有重要的关系。

6. 水文情势变化的关键因子识别

基于闸坝影响的水文情势变化的关键因子识别，对 4 个水文断面的水文指标改变度进行综合分析，将 4 个站点的水文指标改变度绝对值加和平均，按照各水文指标整体改变度大小进行排序，得到 4 个典型闸坝的水文改变度因子排序，如图 4.6 所示。

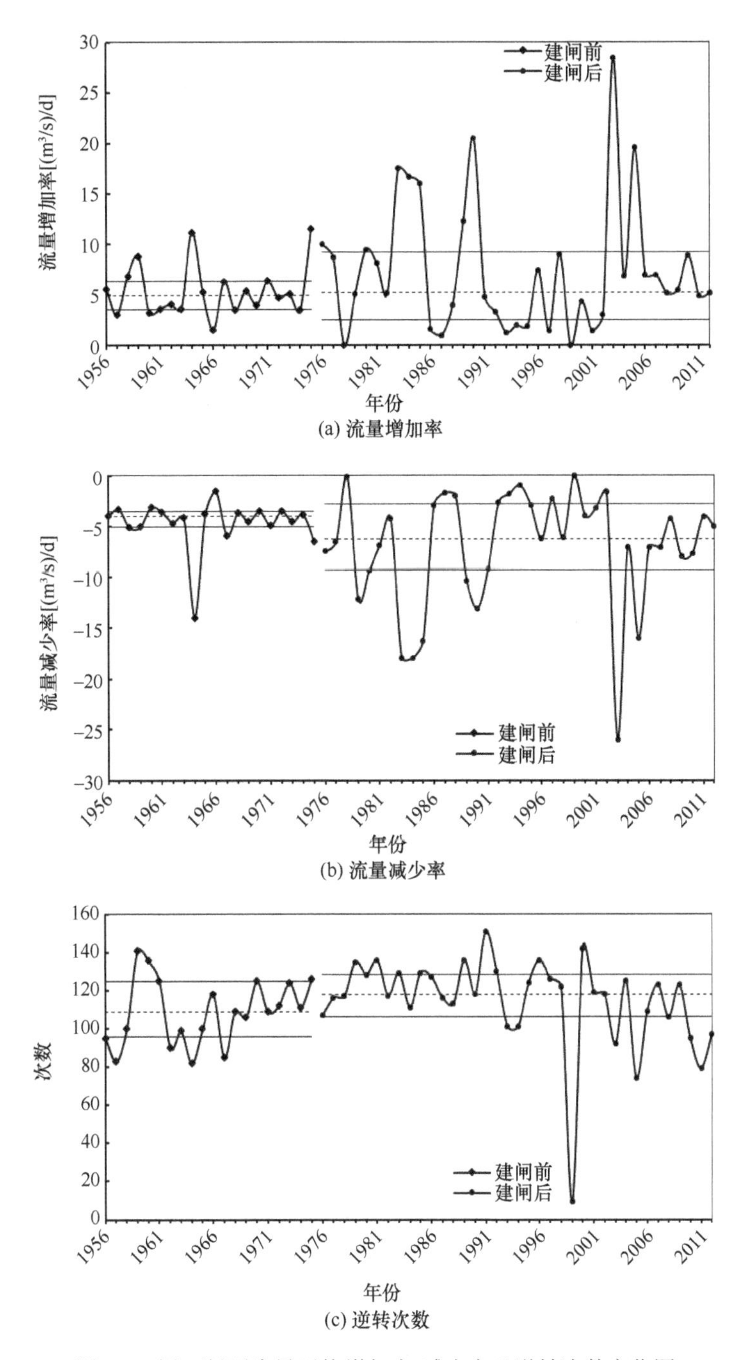

图 4.5　周口断面流量平均增加率/减少率及逆转次数变化图

水文改变度排序在前的指标分别为 3 月平均流量、10 月平均流量、低脉冲次数、逆转次数、低脉冲持续时间、1 天最小流量等，这些指标可以作为沙颍河流域整体水文情势变化分析的依据，在河流生态系统健康状况评估中可以作为参考，在河流生态需水配置中，对这些指标及其影响进行重点分析。

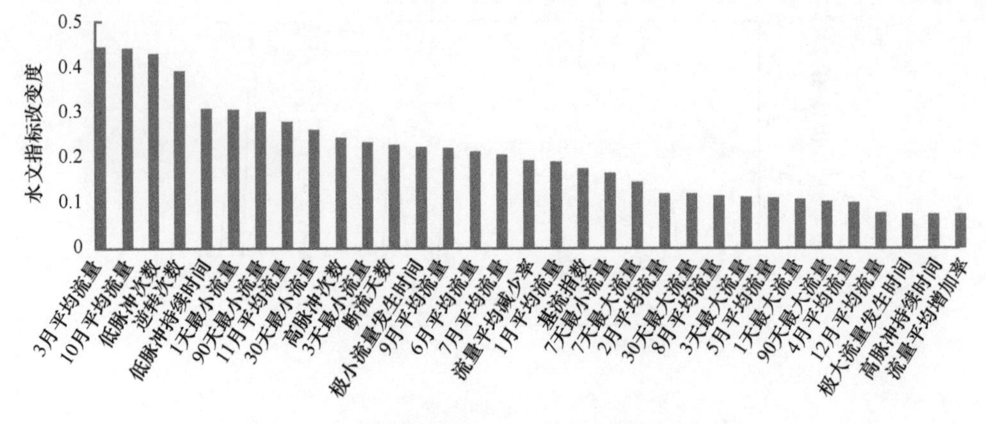

图 4.6　沙颍河典型断面水文指标改变度均值排序

4.2.2　闸坝运行的水环境效应分析

在沙颍河流域，近年来针对闸坝对河流水环境的影响，相关研究人员开展了多项研究，通过建立水质模型等方式，进行了不同类型闸坝、不同调控方式下的河流水质变化分析和模拟。已有的研究成果表明，水闸的存在及其不同的调控方式加剧了河流中污染物迁移转化过程的复杂性，影响着污染物浓度的时空分布（郑保强等，2012；左其亭等，2010）。闸坝对河流水质的影响主要表现在两方面：一是闸坝的修建和调度引起河道流量、流速的变化，导致污染物生物化学转化过程发生改变，并进一步引起水体水质浓度的改变；二是闸坝的调蓄作用使得上游蓄水量增加的同时，污染物同样聚集而形成高浓度污染团，在闸门急剧开启的条件下，极易形成下游污染带，造成突发性水污染事件，严重破坏河流生态环境。在搜集的 2001～2011 年水质监测数据的基础上，选取阜阳闸上、闸下的水质监测数据为例，对闸坝影响下的河流水质变化情况进行分析。

图 4.7 是阜阳闸闸上和闸下监测断面氨氮和高锰酸盐指数的年际变化情况。可以看出，闸上、闸下氨氮和高锰酸盐指数的年际变化趋势基本一致，出现了两个周期。闸上氨氮从 2001 年的 3.9mg/L 增加 2003 年的 7.5mg/L，接着浓度下降，从 2004 年起水质又开始恶化，到 2006 年达到最大值，2006 年以后水质逐渐好转，阜阳闸闸下的氨氮变化趋势和闸上一致。闸上高锰酸盐指数和氨氮的变化趋势一样，以 2005 年为界限，

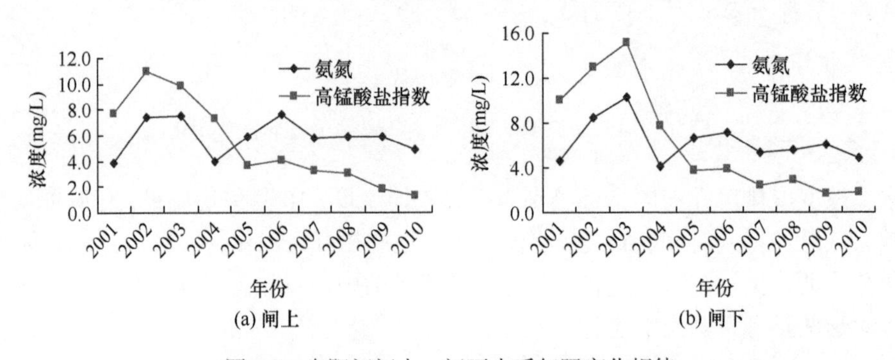

图 4.7　阜阳闸闸上、闸下水质年际变化规律

开始相对平稳的持续减少。总体上来看，2006 年之后阜阳闸闸上和闸下的污染物浓度在下降，水质在逐年好转。

图 4.8 为阜阳闸闸上、闸下的氨氮和高锰酸盐指数浓度同一时期的对比分析变化状况。可以看出，2004 年之前闸上和闸下相差较大，闸上普遍低于闸下，2004 年以后闸上和闸下浓度基本相当。

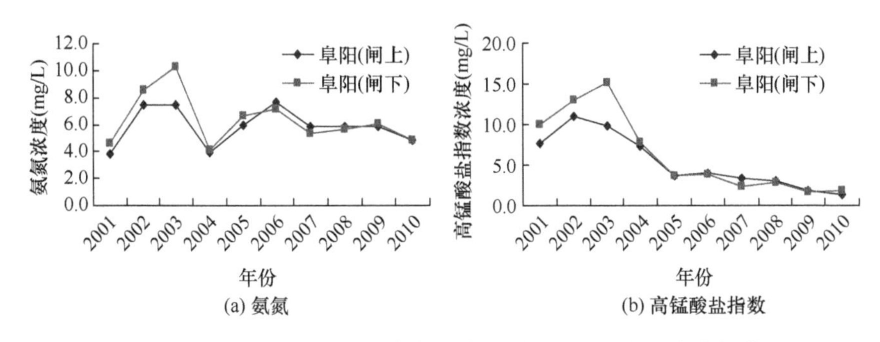

图 4.8　阜阳闸闸上、闸下氨氮、高锰酸盐指数的年际变化规律

图 4.9 是为阜阳闸闸上和闸下的水体污染物氨氮和高锰酸盐指数浓度的年内变化趋势。可以看出，氨氮浓度在非汛期 1 月较低，在 2 月浓度值达到峰值，2～5 月浓度降低，6 月浓度出现增加的趋势，随着上游的来水，浓度值不断下降，到每年 8 月，浓度值降为年内低值，一直维持到 11 月，12 月浓度值又有所增加。除了 12 月阜阳闸闸上的氨氮浓度都要低于闸下，说明闸上的水质好于闸下。高锰酸盐指数浓度在非汛期 1～3 月较高，4 月浓度值达到峰值，主要是由枯水季节污染物在闸上积聚导致。对于阜阳闸闸上和闸下，在非汛期闸下的高锰酸盐指数浓度要高于闸上，在汛期，由于闸门的开启，闸上和闸下的浓度基本相当。根据阜阳闸运行的实际情况及水质变化状况，可以初步判定闸坝条件下的水体污染物浓度值受到闸坝调控以及区域来水量的双重影响。

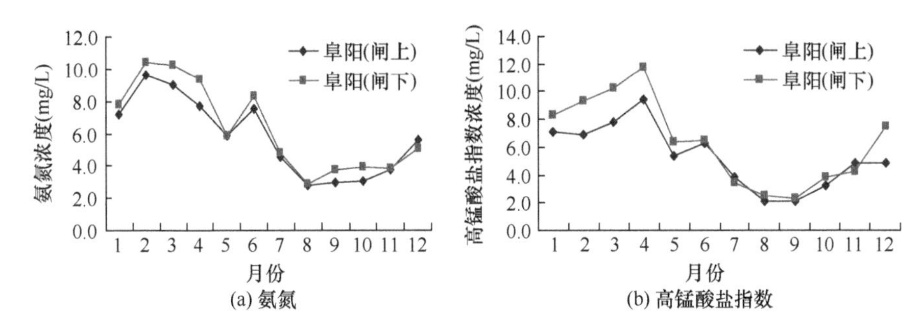

图 4.9　阜阳闸闸上、闸下氨氮、高锰酸盐指数的月平均浓度年内变化规律

沙颍河流域水污染问题除了与污染物过度排放有关外，过多闸坝的建设对水环境的影响也是不可忽视的。结合在沙颍河流域所开展的课题研究的前期成果，针对沙颍河流域闸坝的水文影响，从河流纳污能力的改变情况和河流水质的变化情况两个方面，可以归纳出闸坝运行同河流水环境之间的关系主要包括以下几个方面。

（1）闸坝对河流水质的影响与水文情势密切相关

闸坝调蓄，闸坝群的联合调度使河流流量流速均发生了很大的变化。闸坝上游蓄水，水量大，纳污能力强，水质变好；闸坝下游闸开，流速大、流量大；闸关闭时，则流速小、流量小。沙颍河流域过多闸坝的建设改变了水的时空分布，河流的水文情势被人为改变（左其亭等，2015）。

（2）闸坝对河流水质的影响具有典型的河段特征

由于闸坝调蓄作用，河流的天然流量过程被改变，同无闸坝条件相比较，河道内流量和流速均减小，使得污染物的降解系数相应变低，不利于水质改善。水质恶化是由污染物的超标排放和闸坝拦蓄作用共同造成的。但对于闸上污水团蓄积量比较大的闸坝，闸坝对污水有拦蓄作用，闸上污水对闸下水体的影响比无闸时要小，闸的存在可减轻闸下水质恶化。对比分析闸坝对河流水质的影响，可以看出，闸坝的存在有助于改善河流水质，降低污染物浓度。由此，在水环境治理和水污染防治中，在源头地区，需增大闸坝下泄流量，清水下泄稀释下游水质浓度；在污染比较严重的地区，则需要增大闸坝下泄流量，使水体流动性增强，降解负荷增多。

（3）闸坝调度方式对河流水质变化具有显著影响

通过在沙颍河干流槐店闸开展闸坝调控现场实验，研究结果表明，不同的闸门启闭方式，对于闸下区域的污染物时空分布具有明显的影响（陈豪等，2014；米庆彬等，2014）。闸门开度大、开启个数多，则闸坝的下泄流量大、水流对底泥的扰动大，闸后断面水体污染物浓度较大，污染物综合消减率小；闸门开度由小变大或者由大变小的情况下，会造成流速的明显波动；少量闸门的集中下泄同闸门全开相比，对水体中污染物浓度的影响更为明显。根据相关实验的模拟结果，无闸坝条件下水流的流速明显变快，底泥的再悬浮量增加，污染物从上游向下游的迁移量也增加，从而使河流水体中污染物浓度增加，并且无闸时污染物综合消减率比有闸时要小。

4.3　闸控河流水生态系统健康评价

4.3.1　流域水生态调查

沙颍河流域的水环境和水生态状况直接影响着淮河干流的水生态健康状况。同时，水利部淮河水利委员会公布的《淮河片水资源公报》以及淮河流域水资源保护局、中国科学院地理科学与资源研究所和南京大学等单位现场实验研究成果表明，沙颍河仍然存在着严重的水环境和水生态问题。从 2012 年 12 月开始，每年 7 月和 12 月笔者研究团队和中国科学院研究团队共同对淮河流域中上游 10 个水生态监测断面进行实地调查。通过实验获得的监测数据可用于分析淮河流域水库、水闸和河流等不同水体的水环境和水生态变化特征；探讨流域“闸坝调控–径流–环境–河流生态系统”之间的作用关系；

对比分析闸坝调控对流域水环境和水生态系统变化的影响。设置的沙颍河干流上的7个监测断面分别为昭平台水库（D1）、白龟山水库（D2）、漯河市区（D3）、周口闸（D4）、槐店闸（D5）、阜阳闸（D6）、颍上闸（D7），此外，为进一步分析及对比相关数据，同时对淮河干流的临淮岗闸（D8）、鲁台子水文站（D9）、蚌埠闸（D10）共3个监测点进行了相关水生态调查和数据分析工作。10个监测断面分布情况如图4.10所示。

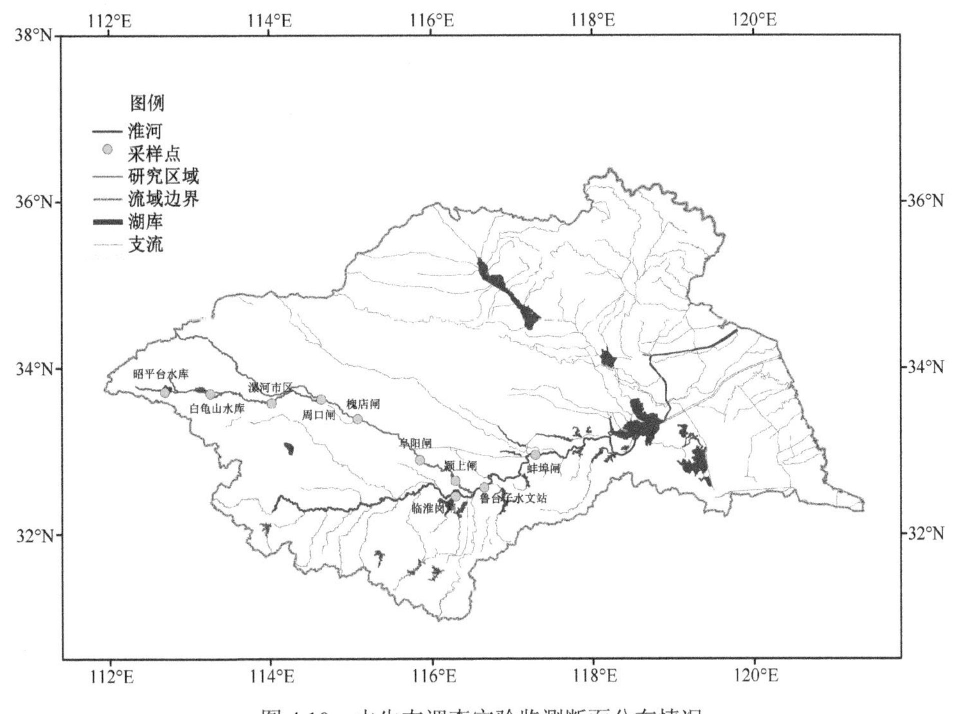

图4.10　水生态调查实验监测断面分布情况

水生态调查实验主要从水体理化指标、水生生物指标和河岸栖息地环境3个方面开展实验研究。

1. 水体理化指标

水体理化指标的获取主要分为现场监测和实验室检测两种途径。现场监测主要是利用HACH HQ 30d和Hydrolab DS5水质和藻类监测仪器，获取各监测断面的水温（T）、pH、溶解氧（DO）、氧化还原电位（ORP）、电导率（EC）、叶绿素a（Chl a）和藻类（PCY）7个指标。同时，用聚乙烯水壶采集1000mL河水，送回实验室检测氨氮（NH_4-N）、高锰酸盐指数（COD_{Mn}）、化学需氧量（COD_{Cr}）、五日生化需氧量（BOD_5）、总磷（TP）、总氮（TN）等指标，参照《地表水和污水监测技术规范》（HJ/T 91—2002）和《水和废水监测分析方法》（第四版）中规定的A类检测方法。

水体理化指标部分结果如表4.3所示。

2. 水生生物指标

1）浮游植物。用有机玻璃采水器在0～2m层采集1000mL水样，并立即加入1.5%

表 4.3　水体理化指标监测结果

序号	理化指标	5 次实验	
		范围	均值±SD
1	T（℃）	6.2～33.9	17.5-10.3
2	pH	6.53～9.69	8.20-0.46
3	DO（mg/L）	2.04～18.44	10.16-3.10
4	NH_4-N（mg/L）	0.05～2.86	0.55-0.59
5	COD_{Mn}（mg/L）	0.80～5.41	3.24-1.22
6	COD_{Cr}（mg/L）	10.00～23.10	13.43-3.52
7	TP（mg/L）	0.016～0.428	0.127-0.099
8	TN（mg/L）	0.50～8.96	3.28-2.04
9	ORP（mv）	39.4～430.1	175.7-93.7
10	EC（μs/cm）	159.4～1358	694-318
11	Chl a（μg/L）	0.10～27.67	7.69-6.25

体积鲁哥氏液固定。水样沉淀 48h 后，用虹吸管吸去上清液，浓缩至 30mL，同时加入 3mL 甲醛溶液保存。定量检测时，取均匀样品 0.1mL，注入 0.1mL 计数框内，在 400 倍显微镜下观察计数，每瓶计数 2 片，取其平均值，两次计数结果与其平均值之差应不大于±15%。样品采集参照《水环境监测规范》(SL 219—2013)；样品浓缩、固定和保存参照国家环境保护局（1993）编写的《水生生物监测手册》。浮游植物总密度值变化情况如表 4.4 所示。

表 4.4　浮游植物总密度值变化情况　　（单位：个/L）

监测断面	5 次实验	
	变化范围	均值±SD
D1	30000～462632	209053±146907
D2	182500～5887679	1990352±2203630
D3	124500～3644736	1276668±1232747
D4	236500～8947368	4343302±2971690
D5	126500～11521884	3450793±4141043
D6	433000～2804425	1614749±980010
D7	198000～2507847	1105474±809345
D8	16000～1092000	359000±379000
D9	92000～1090000	484000±404000
D10	132000～447000	225000±114000

2）浮游动物。用有机玻璃采水器采水，经 25 号生物网（200 目）过滤 50～100L 水样，取得 50～100mL 的样品，并立刻用甲醛溶液（样品量的 5%）进行固定。用计数框对浮游动物进行计数。计数时，先将浓缩水样充分摇匀后，用吸管吸出 1mL 样品，置于 1mL 计数框内，在 100 倍显微镜下全片计数，得到每升水样中浮游动物的数量。样品采集参照《水环境监测规范》(SL 219—2013)；样品浓缩、固定和保存参照《水生生物监测手册》。浮游动物总密度值变化情况如表 4.5 所示。

表 4.5　浮游动物总密度值变化情况　　（单位：个/L）

监测断面	5 次实验	
	变化范围	均值±SD
D1	1～6.5	3.2±2.0
D2	3～35.1	13.6±12.5
D3	6.5～30	17.2±8.7
D4	0.6～97.5	39.9±37.7
D5	2～376.8	91.9±144.6
D6	3～418.8	90.7±164.1
D7	2～109.8	32.8±41.4
D8	1～28.5	10.3±9.6
D9	0～54.6	21.0±21.8
D10	3～48.6	16.6±16.5

3）底栖动物。运用开口面积为 29cm×19cm 的抓斗式采集器，或者 D 型网（底边长 30cm）采集长度 10～20m 以获取泥样，并用 60 目筛选器以清水洗涤，直到底泥冲净为止，随即将标本挑出放入 75%的酒精溶液中固定，带回实验室称重（湿重）分析鉴定。样品采集参照《水环境监测规范》（SL 219—2013）；样品浓缩、固定和保存参照《水生生物监测手册》。底栖动物总密度值变化情况如表 4.6 所示。

表 4.6　底栖动物总密度值变化情况　　（单位：个/m^2）

监测断面	5 次实验	
	变化范围	均值±SD
D1	21.4～108.4	50.0±31.4
D2	8.2～131.4	55.2±48.0
D3	3.2～62.4	18.3±22.4
D4	5～34.4	14.9±11.7
D5	0.8～63.4	15.6±24.1
D6	0.4～6.2	3.7±1.9
D7	0.4～75.6	24.2±29.6
D8	0.8～16.8	8.7±5.7
D9	1.2～26.8	11.9±9.5
D10	0～42.4	17.7±16.4

3. 河岸栖息地环境

用底质、栖息地环境复杂性、流速和深度结合、堤岸稳定性、河道变化、河水水量状况、植被多样性、水质状况、人类活动强度和河岸边土壤利用类型 10 个参数对栖息地环境质量进行评价，每个参数分值为 20 分，每个参数根据质量状况的优劣程度分为 4 个级别，其分值范围分别为 16～20（好）、11～15（较好）、6～10（一般）和 1～5（差）。根据实际情况和评价标准对各参数进行打分，然后累计求和得到河流栖息地质量指数（habitat quality index，HQI）。该数值越大表明该处河流栖息地环境质量越好（表 4.7）。

表 4.7　各监测断面 HQI 值

监测断面	2012.12	2013.7	2013.12	2014.7	2014.12
D1	165	153	140	112	131
D2	130	154	82	93	133
D3	95	106	68	118	121
D4	126	116	100	73	129
D5	140	101	82	108	115
D6	140	116	112	113	114
D7	110	135	136	138	125
D8	141	103	139	141	124
D9	135	110	126	146	108
D10	170	128	115	140	131

从 2012 年 12 月开始，通过开展现场实地调查、室内样品检测和相关数据收集，结合沙颍河河流现状和收集资料情况，对 2012～2014 年沙颍河冬季和夏季水生态健康情况进行评价。同时，利用识别出来的 11 个关键影响因子（TN、TP、DO、BOD_5、COD_{Cr}、P-SWDI、Z-SWDI、B-SWDI、Q、RC、HQI）作为沙颍河水生态健康的评价指标。在提出闸控河流水生态健康概念和内涵的基础上，利用识别出的河流水生态健康关键影响因子，构建评价指标体系，并确定出各关键影响因子的指标值，为后续评价工作的开展提供基础，关键影响因子识别方法及构建的指标体系具有普适性，也可应用于其他闸控河流。

4.3.2　水生态健康关键影响因子识别

依据闸控河流水生态健康初步评价指标体系，结合优选的因子识别方法，分别对分类层及对应的指标进行识别，最终得到闸控河流水生态健康关键影响因子，可为评价指标体系构建提供支撑。关键影响因子的识别过程如图 4.11 所示。

1. 频度统计法初选指标

从中国知网（http://www.cnki.net/）中以主题“河流水生态健康”和“河流生态健康”进行文献搜索，共查得 746 篇研究论文，但是文章中含评价指标体系的文献仅 126 篇。根据所查的文献资料，利用频度统计法分别从分类层和指标层进行指标筛选和体系构建。首先，对分类层进行筛选。已有文献中出现的分类层分别有“河流理化指标、河流生态指标、河流水文指标、河流结构指标、河流栖息地环境指标、地貌指标、生态功能指标、防洪安全指标和河流生境物理指标”，各分类层指标出现的次数情况如图 4.12 所示。

从已有统计文献中选择出现次数大于 10 次的分类层指标作为分类层指标。从图 4.12 可以看出，筛选的分类层指标为河流理化指标、河流生态指标、河流水文指标、河流结构指标和河流栖息地环境指标。

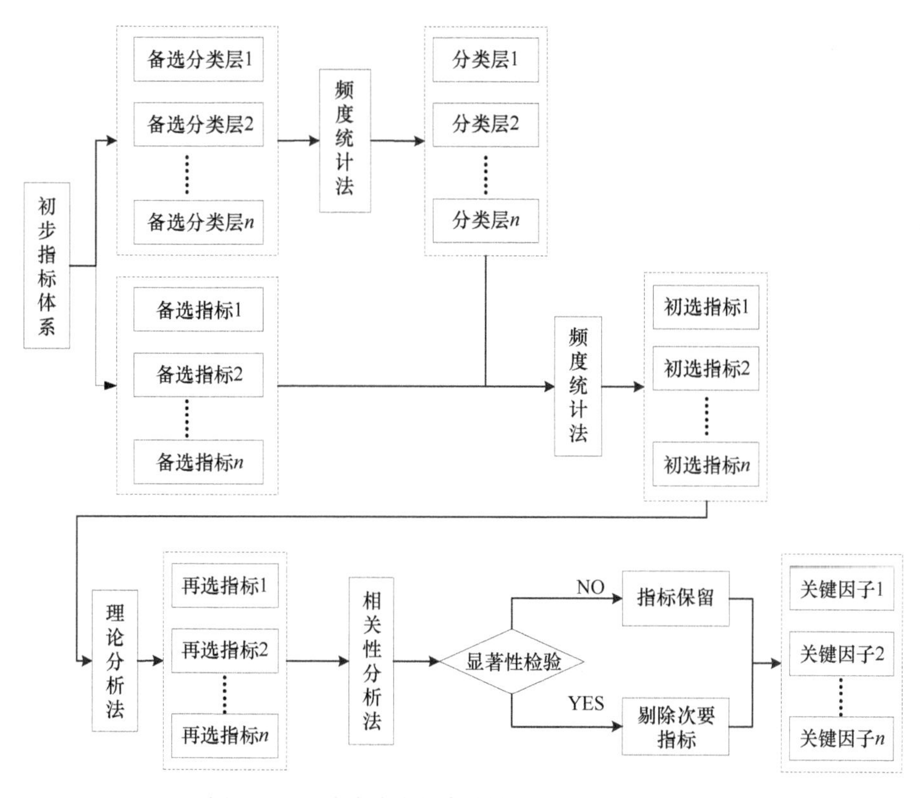

图 4.11　河流水生态健康关键影响因子识别流程图

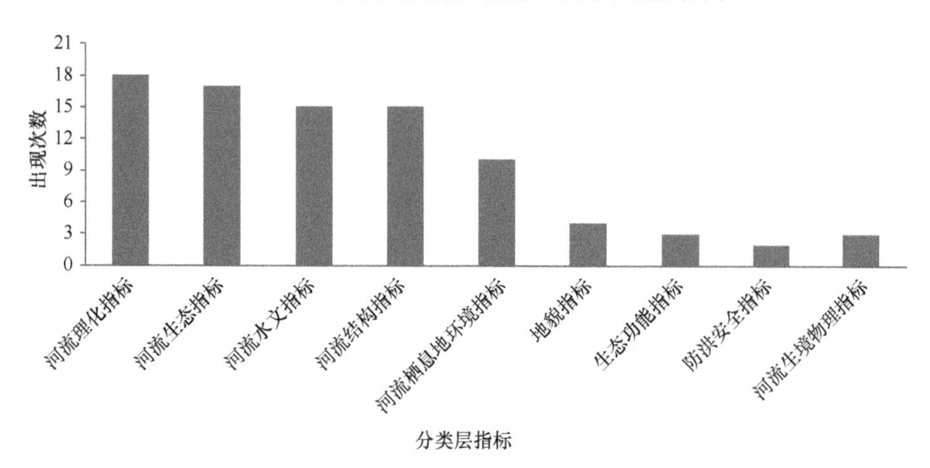

图 4.12　分类层指标出现次数情况

根据统计文献（126 篇文献）对出现的指标层指标进行统计，共得到 55 个与河流水生态健康相关的指标，各指标出现的次数如图 4.13 所示。在作图时为了便于显示，对 55 个指标进行了编号，分别用 1～55 的数字进行表示，其代表的指标分别为浮游植物多样性指数、浮游动物多样性指数、底栖动物多样性指数、鱼类完整性指数、微生物多样性指数、附着藻类指数、珍稀鱼类存活状况、外来物种威胁程度、粪大肠菌群数、底栖动物完整性指数、河流物理栖息地质量综合指数、河流生境多样性指标、河岸植被覆盖状况、宽深比指数、河岸带状况、水流缓急变化率、河岸稳定性、河床稳定性、河道护岸形式、河道渠化程度、流速、流量、生态流量满足程度、重要湿地保留率、水土流失率、水位变化、年净流量、最小流量保证率、平滩流量指标、河流纵向连通性、河流横向连通率、河流含沙量变化率、河道弯曲程度、河流形态多样性、河床底质、水利工程干扰、水系连通性、pH、总氮、总磷、溶解氧、五日生化需氧量、高锰酸盐指数、化学需氧量、氨氮、重金属、浊度、电导率、水温、水功能区水质达标率、富营养化指数、矿化度、透明度、总悬浮颗粒物、硫酸盐浓度。

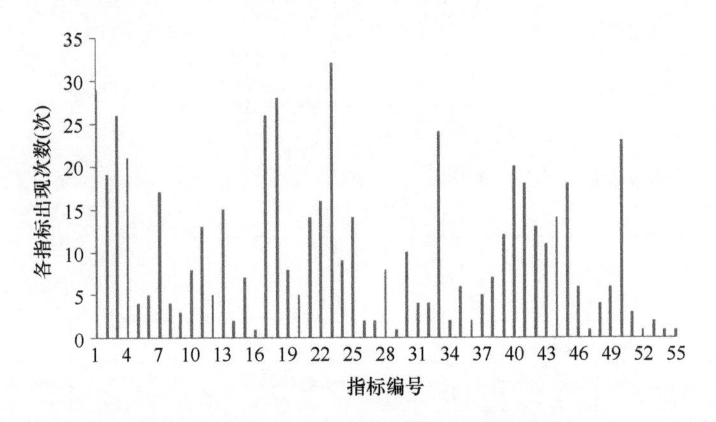

图 4.13　各指标在统计文献中出现的次数

依据图 4.13 中所统计的各指标出现的次数，选择出现次数 10 次以上的指标作为初选指标，主要有 23 个指标：浮游植物多样性指数、浮游动物多样性指数、底栖动物多样性指数、鱼类完整性指数、珍稀鱼类存活状况、河流物理栖息地质量综合指数、河岸植被覆盖状况、河岸稳定性、河床稳定性、流速、流量、生态流量满足程度、水土流失率、河流纵向连通性、河道弯曲程度、总氮、总磷、溶解氧、五日生化需氧量、高锰酸盐指数、化学需氧量、氨氮和水功能区水质达标率。其中，分类层河流理化指标包含总氮、总磷、溶解氧、五日生化需氧量、高锰酸盐指数、化学需氧量、氨氮和水功能区水质达标率；分类层河流生态指标包含浮游植物多样性指数、浮游动物多样性指数、底栖动物多样性指数、鱼类完整性指数、珍稀鱼类存活状况；分类层河流水文指标包括流速、流量、生态流量满足程度、水土流失率；分类层河流结构指标应包含河流纵向连通性、河道弯曲程度；分类层河流栖息地环境指标包括河流物理栖息地质量综合指数、河岸植被覆盖状况、河岸稳定性、河床稳定性。

2. 理论分析法再筛选指标

根据研究区域实际情况及闸控河流水生态健康概念，对初步筛选的指标进行理论分析，对指标进行进一步的筛选。

1）分类层河流理化指标筛选。总氮、总磷、溶解氧、五日生化需氧量、高锰酸盐指数、化学需氧量和氨氮从不同角度反映河流水质状况，其浓度值大小直接影响着水体水质的好坏；水功能区水质达标率可以反映水体中污染物满足水功能区划目标值的程度，其常采用全指标和双指标评价方法，但这两种评价方法都是采用对最差项目赋全权的方法进行评价，又称一票否决法，这种方法主要考虑最差的水体污染物，不能很好地反映河流水质的综合情况，也不能全面表达水体的水生态健康情况。对此，在分类层河流理化指标中选择总氮、总磷、溶解氧、五日生化需氧量、高锰酸盐指数、化学需氧量和氨氮作为评价指标。

2）分类层河流生态指标筛选。浮游植物、浮游动物、底栖动物和鱼类是水体中主要的水生生物，其种类、密度及分布等情况在一定程度上能够反映河流的水质和水生态状况。因此，这些指标在河流水生态健康评价指标体系中多有运用。但是，在开展淮河中上游水生态调查实验时，通过对当地渔民走访发现，由于水体污染、过度捕捞，淮河中上游河流中的鱼类数量与种类都大量减少，且鱼类移动性强，对环境胁迫的耐受程度低，故不选择鱼类完整性指数作为评价指标；同时，淮河流域有200多种鱼类，主要为平原区鱼类，如鲤鱼、鲫鱼、青鱼、草鱼、鲢鱼、鳙鱼、银鲴、鳊鱼、鲂鱼、鲇鱼、鲌鱼等，但是没有珍稀鱼类，故珍稀鱼类存活状况指标不适合于淮河流域水生态健康评价。对此，在分类层河流生态指标中选择浮游植物多样性指数、浮游动物多样性指数和底栖动物多样性指数作为评价指标。

3）分类层河流水文指标筛选。河流水文条件是河流存在的基础，为水生生物生存提供必要的场所，是河流水生态健康评价的重要方面。河道水流流速会影响水生生物的生存和迁移情况，但是，对于一个监测断面不同位置的水流流速也不相同，不便于获取河道断面的实测流速，故在水文计算中多采用断面平均流速，而断面平均流速是河道断面流量与断面面积之商，故在指标选择时不选择流速作为评价指标，而选择流量作为评价指标；生态流量满足程度能够反映河流流量满足最小生态流量的程度，是通过对比河流某时间点或某时间段的流量与河流最小生态流量的大小，来判断是否满足河流绝大多数水生生物所需要的条件。为了判断该指标在拟构建的指标体系中是否存在变化，对实验期间各监测断面的多年平均流量与最小生态流量进行对比，判断各监测断面的生态流量满足程度，在分析过程中主要参考相关研究成果，其余数据按照Tennant法进行估算，具体情况如表4.8所示。从表4.8中可以看出，10个监测断面均能够满足最小生态流量的需求，故该指标在计算过程中不会变化，应舍去该指标。同时，研究区域内的河道两岸多是平原区，且具有成熟的河道工程，水土流失情况不严重，因此，水土流失率这个指标不适合本研究区域的水生态健康评价。对此，在分类层河流水文指标中选择各断面的流量作为评价指标。

表4.8　实验中各监测断面的生态流量满足程度

监测断面	多年平均流量（m^3/s）	最小生态流量（m^3/s）	生态流量满足程度
D1	4.79	0.48	满足
D2	16.04	0.63	满足
D3	57.48	8.16	满足
D4	98.58	10.03	满足
D5	94.48	8.72	满足
D6	136.55	12.21	满足
D7	149.9	10.22	满足
D8	322	20.15	满足
D9	646.38	44.44	满足
D10	743.82	52.35	满足

4）分类层河流结构指标筛选。淮河流域建有众多的闸坝工程，破坏了河流的纵向连通性，改变了河流水体中污染物的时空分布规律。同时，为了保证河流沿岸用水需求，多数闸坝在枯水期基本关闭，这就导致排入河道的工业废水和生活污水在闸坝前大量集聚，当汛期首次开闸泄洪时，势必会严重影响下游河道的水生态健康程度，因此，河流纵向连通性是影响淮河流域水生态健康程度的一个重要指标。弯弯曲曲的河道能够降低水流流速，且天然的河岸在洪水来临时能通过水体渗透和两岸河畔树林的储水起到调蓄洪水的作用，由此可见，河道弯曲程度在抵御洪水和发挥河道的社会功能方面发挥着重要的作用，但是，对河流水生态健康的影响较小，故不选择河道弯曲程度作为评价指标。对此，在分类层河流结构指标中选择河流纵向连通性作为本研究区河流水生态健康的评价指标，并用河流纵向连通性对其进行量化。

5）分类层河流栖息地环境指标筛选。栖息地环境能够为水生生物生长、繁殖等提供所需的生存场所，直接影响着河流水生生物的生存和发展。河流物理栖息地质量综合指数是反映河流形态和河岸栖息地环境等因素的一个综合指标，可以包括河岸植被覆盖状况、河岸稳定性和河床稳定性 3 个指标的评价内容。因此，在分类层河流栖息地环境指标中选择河流物理栖息地质量综合指数作为评价指标。

综上所述，通过频度统计法和理论分析法识别出的指标为总氮（TN）、总磷（TP）、溶解氧（DO）、五日生化需氧量（BOD_5）、高锰酸盐指数（COD_{Mn}）、化学需氧量（COD_{Cr}）、氨氮（NH_3-N）、浮游植物多样性指数（Shannon-Wiener diversity index of phytoplankton，P-SWDI）、浮游动物多样性指数（Shannon-Wiener diversity index of zooplankton，Z-SWDI）、底栖动物多样性指数（Shannon-Wiener diversity index of benthos，B-SWDI）、流量（Q）、河流纵向连通性（rivers connectivity，RC）、河流物理栖息地质量综合指数（habitat quality index，HQI）。

3. 相关性分析终选指标

在利用频度统计法和理论分析法筛选出指标的基础上，利用相关性分析法对各指标间的相关性进行分析，依据分析结果，从中选取相对独立且重要的指标作为评价指标。在分析各指标相关性之前，针对不同分类层所选择的指标，对其内在影响机理进行分析，利用 5 次实验数据对影响作用较大的指标进行相关性分析。

（1）指标间内在影响机理研究

河流理化指标分类层筛选出的指标为 TN、TP、DO、BOD_5、COD_{Mn}、COD_{Cr}、NH_3-N。其中，DO 是指溶解在水中的分子态氧，水体中氧的含量主要与空气中氧的分压、大气压力和水温有着密切的关系，也与水体中藻类、有机和无机还原性物质含量有关，是评价河流水质的重要指标之一；COD_{Cr} 和 COD_{Mn} 均表示氧化剂处理水样时所消耗氧化剂的量，能够反映水体中还原性物质和有机物污染的程度，只是二者在处理水样时所用的氧化剂不同，前者是以重铬酸钾为氧化剂，后者是以高锰酸钾为氧化剂，同时，两者相比，前者的氧化程度更彻底，更能够反映水体实际的需氧量；BOD_5 能够反映水体中有机物的含量；在水体中，磷几乎都是以各种磷酸盐的形式存在，水体中磷元素的总体含量称为 TP，其含量的多少是造成水体富营养化的重要指标；TN 包括水体中的有机氮和各种无机氮化物，氨氮是水中以游离氨（NH_3）和铵离子（NH_4^+）形式存在于水中，是 TN 的一部分，水体中 TN 含量超标时，易使水体出现富营养化状态，TN 是衡量水体水质的重要指标，而 NH_3-N 也是水体富营养化的影响指标，同时其对鱼类及某些水生生物有毒害作用。对此，在河流理化指标分类层中分别选择 TN 和 NH_4-N、COD_{Mn} 和 COD_{Cr} 进行相关性分析。

河流生态指标分类层筛选出的指标为 P-SWDI、Z-SWDI 和 B-SWDI。淡水河流中，浮游植物多是指藻类，其多以单细胞、群体或者丝状体的形式存在，是河流生态系统中最重要的初级生产者。水体中的浮游动物主要以比它们更小的动植物为食，但主要还是浮游植物。底栖动物是指栖息生活在水体底部淤泥内或者石块、砾石的表面或其间隙中，以及附着在水生植物之间的肉眼可见的水生无脊椎动物，其多以藻类、浮游动物或其他底栖动物为食。三者在一定程度上均能够反映水体的水质情况，但前两者抵抗水体流动性的能力较弱，受到河流水流的影响较大；底栖动物移动能力差，受水流影响小，能够较为客观地反映水体环境的变化。由此可见，三者在一定程度上存在一定的相关关系，故选择三者进行相关性分析。

由于河流水文指标分类层、河流结构指标分类层和河流栖息地环境指标分类层各自只包含 1 个指标，分别为 Q、RC 和 HQI。同时，根据闸控河流水生态健康的概念和内涵，这 3 类指标是河流水生态健康不可缺少的影响因素，故不对这 3 个分类层的指标进行相关性分析，而直接作为终选指标。

（2）相关性分析所需数据

为了尽可能准确地得到指标间的相关程度，选择 5 次实验的实验数据进行相关性分析。从 2012 年 12 月开始，截至 2014 年 12 月，共开展 5 次水生态现场调查实验，获取水体中部分理化指标（pH、DO、NH_3-N、COD_{Mn}、COD_{Cr}、BOD_5、TP 和 TN）随时间的变化情况，其中相关性分析方法中所需的水体理化指标参数（TN、NH_3-N、COD_{Mn} 和 COD_{Cr}）情况如图 4.19～图 4.22 所示。

a. 总氮（TN）

TN 是水中各种形态无机氮和有机氮的总量，其可用来表示水体受营养物质污染的程度。5 次实验中各监测断面 TN 浓度值变化较大，总体上呈现出沙颍河上游含量低、中下游含量高、淮河干流含量较高的趋势（图 4.14），这主要是由于沙颍河中下游及淮河干流接纳的生活污水和农田退水要多于沙颍河上游，而这些水体中通常富含氮元素。参考《地表水环境质量标准》（GB 3838—2002）的Ⅲ类水标准值（1mg/L），如图 4.14 中虚线所示，5 次实验中多数监测断面的 TN 浓度值均大于规范中规定的Ⅲ类水标准值，只有沙颍河上游的昭平台水库和白龟山水库两个监测断面的部分实验浓度值小于Ⅲ类水标准值。由此可见，TN 是研究区域内主要的水体污染物。

b. 氨氮（NH_3-N）

水体中的氨氮主要来源于生活污水和工业废水等含氮有机物的初始污染，其受到微生物的作用，会分解成亚硝酸盐氮，该物质是一种强致癌物质，长期饮用会对身体

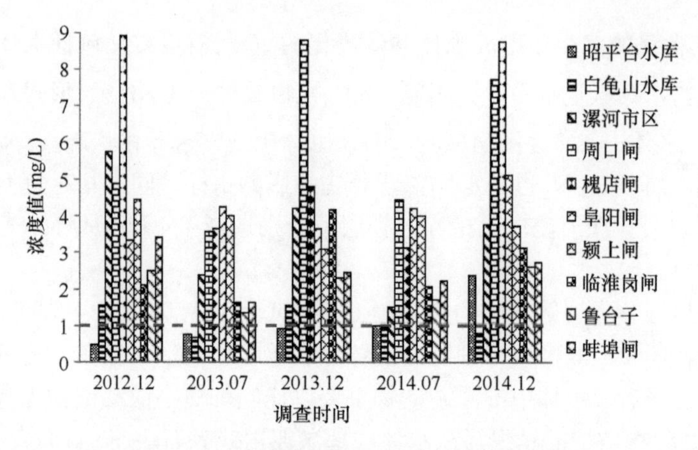

图 4.14　各监测断面 TN 随时间的变化情况

产生极为不利的影响，而水体中氨氮浓度的高低是衡量水体水质好坏的一个重要指标。大多数实验中各监测断面的氨氮浓度均在 1mg/L 以下（图 4.15），能够达到地表水水体III类水的标准［《地表水环境质量标准》(GB 3838—2002)，图中虚线所示］。但是，第 1 次实验和第 3 次实验中的周口闸和槐店闸监测断面，其浓度值要大于III类水的标准。同时，第 2 次和第 4 次实验中虽然浓度值能够满足III类水标准，但周口闸和槐店闸两个监测断面的浓度值也要大于其余各断面的浓度值，分析其原因是这两个监测断面位于沙颍河中下游，人口较为集中，其接纳大量的生活污水和工业废水，致使氨氮的浓度较高。

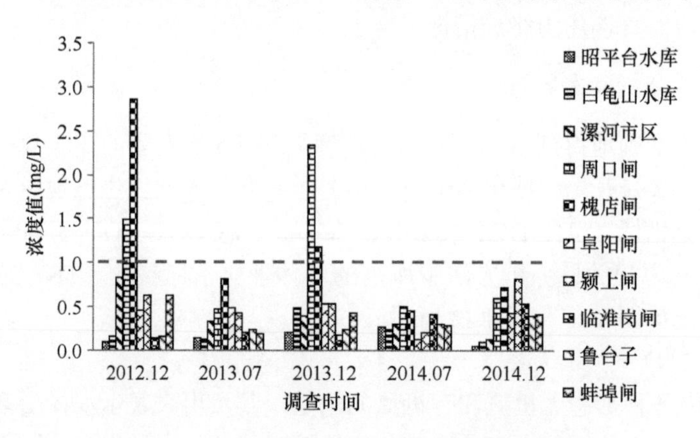

图 4.15　各监测断面 NH_4-N 随时间的变化情况

c. 高锰酸盐指数（COD_{Mn}）

COD_{Mn} 是反映水体中有机及无机可氧化物质污染的常用指标，也是水质评价中的重要指标。不同时间各监测断面之间 COD_{Mn} 浓度值相差较大，最大值出现在第 2 次实验的槐店闸监测断面，具体变化如图 4.16 所示。整体上，沙颍河上游的 COD_{Mn} 浓度值要低于沙颍河中下游和淮河干流各监测断面，主要是上游受到人类活动的影响较小，水体中排入的生活、农业和工业污水较少。依据《地表水环境质量标准》(GB 3838—2002) 的III类水标准值（6mg/L），如图中虚线所示，5 次实验中 COD_{Mn} 浓度值均小于规范中规定的III类水标准值。

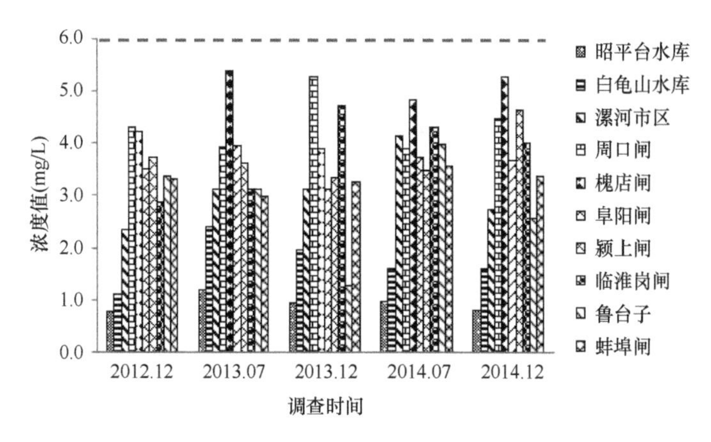

图 4.16　各监测断面 COD_{Mn} 随时间的变化情况

d. 化学需氧量（COD_{Cr}）

COD_{Cr} 是反映水体中有机及无机可氧化物质污染的常用指标，也是水质评价中的重要指标。与 COD_{Mn} 相比，该指标能够将水体中绝大多数有机物进行氧化，氧化率高。第 1 次（2012.12）和第 4 次实验（2014.07）中各监测断面 COD_{Cr} 浓度值相差较大，最大值出现在第 1 次实验的槐店闸监测断面，具体结果如图 4.17 所示。但受到检测方法的制约，部分断面只能采用检测方法中规定的最小值（10mg/L），而这些未准确检测出浓度值的断面，其水质均能够满足 I 类水要求[《地表水环境质量标准》(GB 3838—2002)]。同时，依据III类水标准值（20mg/L）可以看出（图中虚线所示），5 次实验中多数监测断面的 COD_{Cr} 浓度值小于规定的III类水标准值，而第 1 次实验的槐店闸监测断面以及第 4 次实验的漯河市区和槐店闸监测断面不能满足地表水III类水要求。

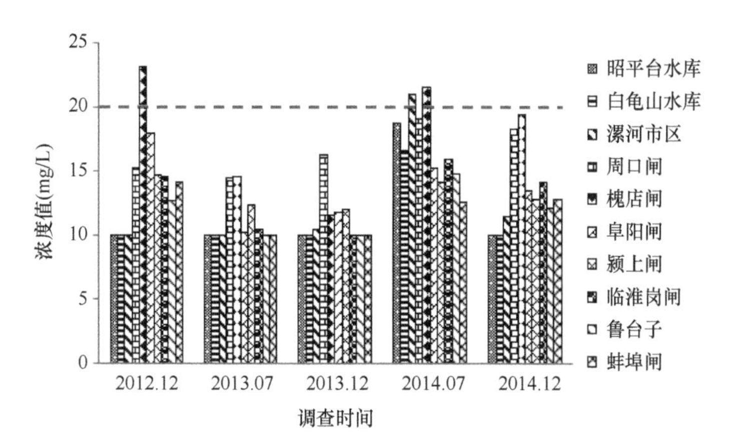

图 4.17　各监测断面 COD_{Cr} 随时间的变化情况

P-SWDI、Z-SWDI 和 B-SWDI 采用 Shannon-Wiener 指数进行计算。Shannon-Wiener 多样性指数适用于浮游植物、浮游动物和底栖动物 3 类生物，采用式（4.1）计算：

$$H = -\sum_{i=1}^{S}(N_i/N)\log_2\left(N_i/N\right) \tag{4.1}$$

式中，N_i 为第 i 种个体密度；N 为样本中所有个体的密度；S 为物种数。$H<1.0$ 时表示水

体为严重污染；1.0≤H<2.0 时表示水体为重度污染；2.0≤H<3.0 时表示水体为中度污染；H≥3.0 时表示水体为清洁水体。

当收集的物种数目越多时，多样性指数越大；种类间个体分配越均匀，多样性也会增加。多样性指数值越大，表明水体水质越好。

（3）各指标间相关程度分析

利用 SPSS 19.0 统计软件完成各指标间的相关程度分析，具体参数设置如下：由于每次实验中只有 10 个监测断面，很难保证数据的正态分布，故选用 Spearman 相关分析方法对各指标进行相关性检验；选择双边检验作为显著性检验的方式；选择指标间相关系数显著性标注，如相关系数在 0.05 显著性水平上不为 0 时，右上角用“*”标注其比较显著，相关系数在 0.01 显著性水平上不为 0 时，右上角用“**”标注其非常显著；最终，根据各指标间输出的相关系数大小及其显著性水平，来判断各指标间的相关程度，具体结果如表 4.9～表 4.11 所示。

表 4.9 NH_4-N 与 TN 之间的相关性分析

	NH_4-N	TN
NH_4-N	1.000	
TN	0.682^{**}	1.000

表 4.10 COD_{Cr} 与 COD_{Mn} 之间的相关性分析

	COD_{Cr}	COD_{Mn}
COD_{Cr}	1.000	
COD_{Mn}	0.648^{**}	1.000

表 4.11 P-SWDI、Z-SWDI 和 B-SWDI 之间的相关性分析

	P-SWDI	Z-SWDI	B-SWDI
P-SWDI	1.000		
Z-SWDI	0.208	1.000	
B-SWDI	0.159	−0.003	1.000

从表 4.9～表 4.11 中可以看出，NH_4-N 与 TN 之间具有较强的相关性，相关系数达到 0.682，且显著水平为非常显著，因此，在构建评价指标体系时，对二者进行取舍，由于 NH_4-N 包含于 TN，故舍去 NH_4-N 这个指标；COD_{Cr} 与 COD_{Mn} 之间的相关性也较强，相关系数为 0.648，显著水平也为非常显著，由于 COD_{Cr} 更能够全面反映水体的实际需氧量和水体的实际污染情况，故舍去 COD_{Mn} 这个指标；P-SWDI、Z-SWDI 和 B-SWDI 三者之间没有明显的相关性，相关性系数均较低，其最大的相关系数仅为 0.208，且显著性为不显著，故在构建指标体系时，3 个指标均保留。

4.3.3 水生态健康评价指标体系构建

通过频度统计法、理论分析法和相关性分析法最终得到闸控河流水生态健康关键影响因子，分别为总氮（TN）、总磷（TP）、溶解氧（DO）、五日生化需氧量（BOD_5）、化学需氧量（COD_{Cr}）、浮游植物多样性指数（P-SWDI）、浮游动物多样性指数（Z-SWDI）、底栖动物多样性指数（B-SWDI）、流量（Q）、河流纵向连通性（RC）、河流物理栖息地质量综合指数（HQI）。依据指标体系的构建原则，构建基于关键影响因子的闸控河流水生态健康评价指标体系，如图 4.18 所示。

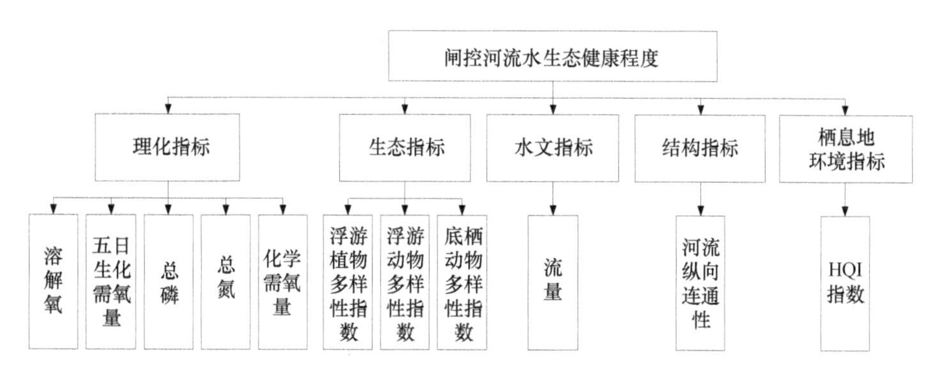

图 4.18　闸控河流水生态健康评价指标体系

1. 河流理化指标

DO 浓度与水体中的生物群落组成及分布等密切相关，也是反映水体自净能力的依据，当水体中 DO 含量逐渐降低时，会导致水体水质恶化，使水体中鱼虾等水生生物大量死亡，DO 是评价河流水质好坏的重要指标之一；BOD_5 主要反映水体中可以被生物利用的有机物污染程度；N 和 P 是水体中主要的营养元素，也是生物体必需的元素，是反映水体营养化程度的主要指标；COD_{Cr} 能够反映水体中受到还原性物质和有机物污染的程度。

2. 河流生态指标

浮游植物作为水生态系统重要的初级生产者，其多样性等生态学特征是水生态系统的重要内容，是生物监测、水质污染和营养水平评价的重要指标；浮游动物是中上层水域中鱼类等动物的重要饵料，对渔业的发展具有重要意义，且不少种类可作为水污染的指示生物；底栖动物对环境变化较为敏感，且受到水流流动的影响较小，但水体受到污染时，底栖动物多样性将会发生改变，其是反映水体健康程度的一个重要指标。三者多样性情况在一定程度上能够反映水体的污染或富营养程度，在计算多样性指数时选择适合于浮游植物、浮游动物和底栖动物的 Shannon-Wiener 指数。

3. 河流水文指标

径流是水循环的基本环节，其直接反映河流的水文状况，径流变化影响着河流泥沙的迁移和沉降，进而改变着河流的形态结构，同时，径流变化（如水深、水量、激流、缓流）为水生生物提供生存空间，并对其生长和繁殖产生重要影响。流量是径流的具体体现，是影响河流水生态健康的一个重要的水文指标。河流各断面流量数据通过《中华人民共和国水文年鉴》–淮河卷、全国水雨情网站和安徽省水利厅网站等途径查询获得。

4. 河流结构指标

河流纵向连通性反映河流纵向的连续性，其能够描述水体营养物质、污染物质输送的通畅程度及水生生物迁移的顺利程度。河流纵向连通性计算方法具体公式如下：

$$\mathrm{RC}=\frac{P_i}{L_i} \quad i=1,\cdots,n \tag{4.2}$$

式中，RC为河流纵向连通性，个/km；P_i为研究区内第i个研究点上游河道存在的断点数，个；L_i为研究区域内第i个研究点上游河道的长度，km。在实验期间，淮河中上游河道内没有修建或拆除闸坝工程，故各监测断面的连通性没有变化，其具体值如表4.12所示。

表4.12　各监测断面河流纵向连通性值　（单位：个/km）

评价指标	D1	D2	D3	D4	D5	D6	D7	D8	D9	D10
河流纵向连通性（RC）	0.000	0.033	0.023	0.019	0.018	0.021	0.019	0.003	0.018	0.021

5. 河流栖息地环境指标

HQI是综合反映河流形态和河岸栖息地环境等因素的一个指标，能够为水生生物生长、繁殖等提供所需的生存场所和空间，直接影响着河流水生生物的生存和发展。计算时，主要从底质、栖息地环境复杂性、流速和深度结合、堤岸稳定性、河道变化、河水水量状况、植被多样性、水质状况、人类活动强度和河岸边土壤利用类型方面对栖息地环境进行评价，并根据评价标准对各指标进行打分，然后累计求和得到HQI，具体评分标准可参考文献（郑丙辉等，2007）中所述的方法。

4.3.4　水生态健康状况评价结果分析

1. 评价指标权重确定

在河流水生态健康评价过程中，在应用评价方法之前需对各评价指标的权重进行确定，以此表明各指标对河流水生态健康情况的影响程度。目前，根据人们主观参与的程度，将常用的权重确定方法分为主观赋权法和客观赋权法两类。主观赋权法主要包括德尔菲法（专家咨询法）、二项系数法、层次分析法、环比评分法等；客观赋权法主要包括特征向量法、加权最小二乘法、最大方差法、熵权法和主成分分析法等。前者是一种定性分析的方法，主要依靠决策者的主观看法或经验给出指标的权重，其优点是充分体现专家的经验，确定的权重一般情况下比较符合实际情况，但其存在主观性太强、不能充分考虑指标间的内在联系和随时间的渐变性。后者则是一种定量分析的方法，主要是利用指标的数据信息，通过一定的运算，计算出各指标的权重系数，其优点是能有效地传递评价指标的数据信息与差别，缺点是过于依靠数据，有时存在得出的权重与实际情况不符的现象。针对权重确定方法的优缺点，综合运用层次分析法（主观赋权法）和熵权法（客观赋权法）确定各指标的初始权重，在此基础上利用组合权重法得到各指标的最终权重。根据构建的闸控河流水生态健康评价指标体系，设目标层闸控河流水生态健康程度为 A；分类层河流理化指标、河流生态指标、河流水文指标、河流结构指标和河流栖息地环境指标分别为 B1，B2，B3，B4 和 B5；指标层分别为 TN，TP，DO，BOD_5，COD_{Cr}，P-SWDI，Z-SWDI，B-SWDI，Q，RC，HQI；HQI 分别为 C1，C2，C3，C4，C5，C6，C7，C8，C9，C10 和 C11。

层次分析法（analytic hierarchy process，AHP）是定性和定量因素相结合的多准则决策方法，通过指标间的两两比较，确定各层次因素之间的相对重要性，结合专家意见得出各指标的权重。

利用熵权法计算指标权重值时，其本质是利用指标信息的效用值来计算，效用值越高，对评价的重要性越大。

由层次分析法所得到的权重为主观权重，记为 $w' = [w_1', w_2', \cdots, w_n']^{\mathrm{T}}$；由熵权法所得到的权重为客观权重，记为 $w'' = [w_1'', w_2'', \cdots, w_n'']^{\mathrm{T}}$。满足 $0 < w_i' < 1$，$0 < w_i'' < 1$，$\sum w_i' = 1$，$\sum w_i'' = 1$，式中 $i = 1, 2, \cdots, n$。

将主观权重值和客观权重值进行线性组合得到最终权重值，记为 $w_i = [w_1, w_2, \cdots, w_n]^{\mathrm{T}}$。其中 $w_i = \alpha w_i' + \beta w_i''$，满足 $0 < w_i < 1$，$\sum w_i = 1$；α 和 β 分别表示主观权重和客观权重的相对重要程度，满足 $0 \leqslant \alpha \leqslant 1$，$0 \leqslant \beta \leqslant 1$ 且 $\alpha + \beta = 1$。

主观赋权法和客观赋权法各有其优缺点，但是主观赋权法主要是根据专家自身的丰富经验进行赋权，其权重值往往更为接近实际情况，故在利用组合权重法计算最终权重的过程中，赋予主观权重相对重要的程度，取其值为 0.6；客观权重相对重要程度赋值为 0.4。因此，根据公式 $w_i = \alpha w_i' + \beta w_i''$（其中，$w_i'$ 为主观权重值；w_i'' 为客观权重值）可以得到各指标的最终权重值，如表 4.13 所示。

表 4.13　各指标最终权重值

评价指标	TN	TP	DO	BOD_5	COD_{Cr}	P-SWDI
权重值	0.0619	0.0306	0.0340	0.0139	0.0625	0.0678
评价指标	Z-SWDI	B-SWDI	Q	RC	HQI	
权重值	0.1006	0.1923	0.2597	0.0827	0.0940	

进行闸控河流水生态健康评价时，选择组合权重–综合指数评价模型对闸控河流水生态健康程度进行评价，该模型是将组合权重法（层次分析法和熵权法）和水生态健康综合指数评价法进行有机结合，即先通过组合权重法确定指标层各个评价指标的权重值，然后利用水生态健康综合指数评价模型对各监测断面的水生态健康状况进行评价。

2. 评价结果

在构建闸控河流水生态健康评价指标体系的基础上，利用水生态健康综合指数评价模型，对各监测断面的水生态健康程度进行计算和评价，具体结果如表 4.14 和表 4.15 所示。

表 4.14　沙颍河各监测断面的水生态健康综合指数值

时间	D1	D2	D3	D4	D5	D6	D7	D8	D9	D10
2012.12	0.927	0.577	0.493	0.429	0.283	0.393	0.401	0.491	0.657	0.519
2013.07	0.697	0.528	0.414	0.487	0.413	0.393	0.501	0.494	0.625	0.434
2013.12	0.649	0.372	0.495	0.566	0.523	0.480	0.450	0.426	0.371	0.549
2014.07	0.431	0.394	0.334	0.239	0.306	0.364	0.374	0.777	0.516	0.641
2014.12	0.630	0.469	0.547	0.268	0.299	0.433	0.467	0.432	0.558	0.362

表 4.15　沙颍河各监测断面的水生态健康程度

时间	D1	D2	D3	D4	D5	D6	D7	D8	D9	D10
2012.12	健康	临界	临界	临界	亚病态	亚病态	临界	临界	亚健康	临界
2013.07	亚健康	临界	临界	临界	临界	亚病态	临界	临界	亚健康	临界
2013.12	亚健康	亚病态	临界	临界	临界	临界	临界	临界	亚病态	临界
2014.07	临界	亚病态	亚病态	亚病态	亚病态	亚病态	亚病态	亚健康	临界	亚健康
2014.12	亚健康	临界	临界	亚病态	亚病态	临界	临界	临界	临界	亚病态

从表 4.15 中可以看出，5 次实验中，只有第 1 次实验（2012.12）昭平台水库监测断面（D1）的水生态健康程度为“健康”；第 2 次实验（2013.07）、第 3 次实验（2013.12）和第 5 次实验（2014.12）中昭平台水库监测断面（D1）的水生态健康程度为“亚健康”。多数监测断面中的水生态健康程度均在“临界”状态及其以下，其中槐店闸监测断面（D5）和阜阳闸监测断面（D6）的水生态健康状况最差，5 次实验中多为“亚病态”状态，两者相比，槐店闸监测断面的水生态健康状况更差一些（见表 4.14 中的数据值）。总体上说，沙颍河上游 1 个监测断面（D1）的水生态健康程度较好，多处于“亚健康”或“健康”状态；沙颍河中下游两个监测段面（D5 和 D6）的水生态健康程度最差，多处于“亚病态”状态。

为了研究 5 次实验中各监测断面水生态健康程度的空间变化趋势，利用 ArcGIS 软件对表 4.14 中的计算结果进行作图，具体情况如图 4.19～图 4.23 所示。图中圆点大小表示该监测断面的水生态健康程度高低，点越大表明水生态健康程度越好。

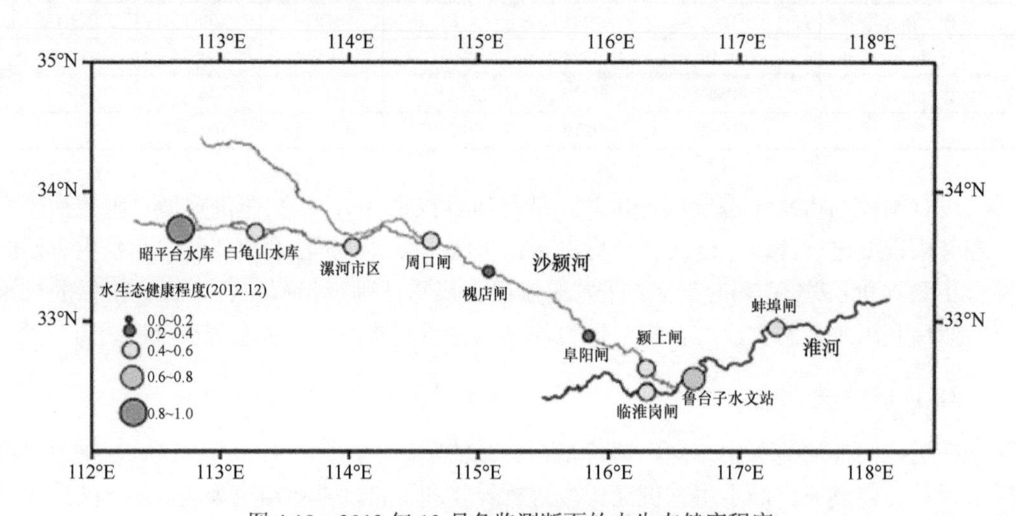

图 4.19　2012 年 12 月各监测断面的水生态健康程度

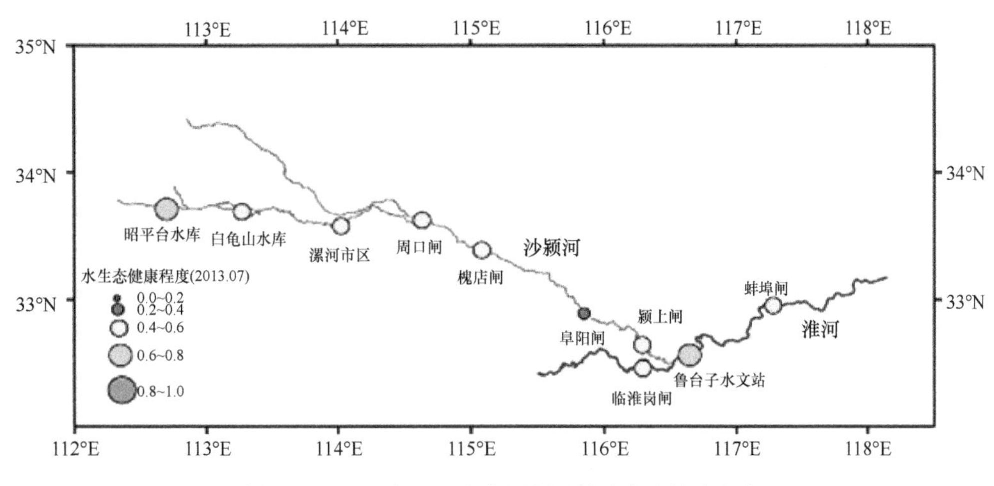

图 4.20　2013 年 7 月各监测断面的水生态健康程度

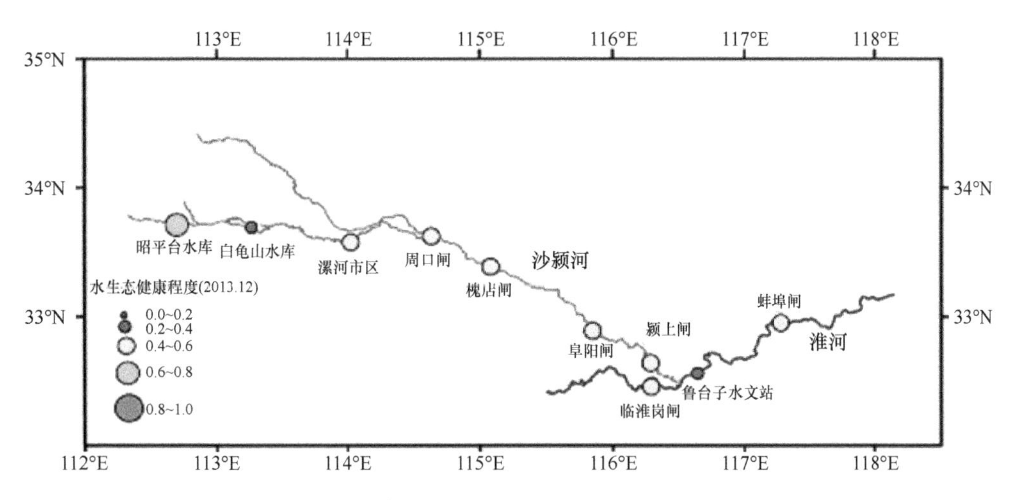

图 4.21　2013 年 12 月各监测断面的水生态健康程度

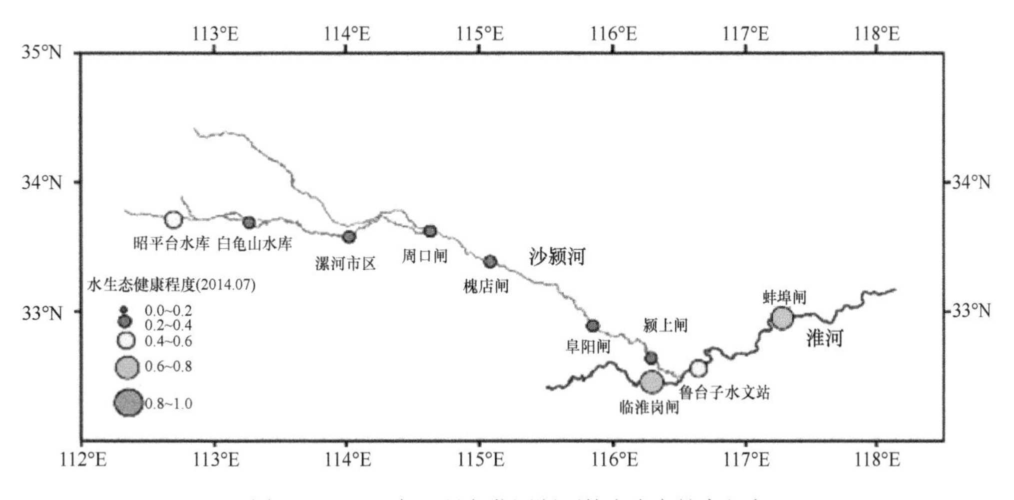

图 4.22　2014 年 7 月各监测断面的水生态健康程度

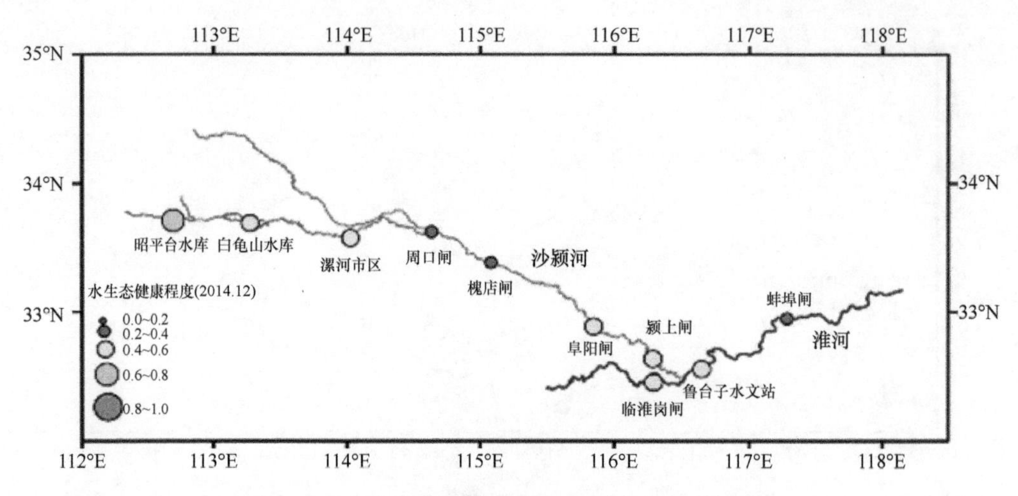

图 4.23 2014 年 12 月各监测断面的水生态健康程度

从图 4.19～图 4.23 中可以看出：

1）从 2012 年 12 月第 1 次实验的水生态健康评价结果可以看出，沙颍河上游各监测断面和淮河干流各监测断面的水生态健康程度要优于沙颍河中下游各监测断面；水生态健康程度最差的监测断面为槐店闸和阜阳闸监测断面，处于“亚病态”状态；水生态健康程度最好的监测断面为昭平台水库监测断面，处于“健康”状态。

2）从 2013 年 7 月第 2 次实验的水生态健康评价结果可以看出，沙颍河上游 D1 监测断面和淮河干流各监测断面的水生态健康程度要优于沙颍河中下游的监测断面；与第 1 次实验相比，处于“亚病态”的监测断面略有减少，只有阜阳闸监测断面处于“亚病态”状态；水生态健康程度最好的监测断面为昭平台水库监测断面，处于“亚健康”状态。

3）从 2013 年 12 月第 3 次实验的水生态健康评价结果可以看出，沙颍河上游 D1 监测断面仍是水生态健康程度最好的断面，处于“亚健康”状态；最差水生态健康程度的断面出现在白龟山水库监测断面（D2），为“亚病态”状态；而沙颍河中下游各监测断面的水生态健康程度有所提高，均处于“临界”状态。

4）从 2014 年 7 月第 4 次实验的水生态健康评价结果可以看出，沙颍河上游各监测断面的水生态健康程度明显下降，特别是昭平台水库监测断面（D1），其水生态健康程度由前 3 次实验的“健康”或“亚健康”状态降为“临界”状态；而从白龟山水库监测断面到颍上闸监测断面均处于“亚病态”状态。

5）从 2014 年 12 月第 5 次实验的水生态健康评价结果可以看出，沙颍河上游各监测断面的水生态健康程度较第 4 次实验有所好转，昭平台水库监测断面处于“亚健康”状态，其余处于“临界”状态；而沙颍河中下游各监测断面的水生态健康程度仍较低，特别是周口闸监测断面（D4）和槐店闸监测断面（D5）均处于“亚病态”状态。

总之，多数情况下沙颍河上游昭平台水库监测断面（D1）的水生态健康状况好于其他监测断面的水生态健康状况，分析原因是该监测断面位于沙河上游，人类活动较少，只是存在偶尔的采砂活动，排入河流中的生活污水也较少，故水质情况较好，且其水体常年保持一定的流量值，能够为水生生物提供必要的生存环境；同时，该监测断面的河流栖息地质量指数较大，能够为水生生物的生长和繁殖提供适宜的场所，这与 Shannon-Wiener 多样性指数结果较为一致，特别是第 4 次实验（2014.07）的水生生物评价结果在一定程度上揭示了其水生态健康程度较差的原因。

沙颍河中下游各监测断面的水生态健康程度较差，多处于“亚病态”或“临界”状态，特别是槐店闸和阜阳闸监测断面（D5 和 D6），其水生态健康程度多数情况下均比其他断面差。分析其原因，这些监测断面多处于城市内，或者位于市郊，受到人类活动影响比较大，同时这些河段接纳大量的生活或工业污水；从《2014 中国环境状况公报》中公布的数据可以看出，这些河段的水质多为劣Ⅴ类水水质，这也与实验中对河流水质指标的监测和评价结果较为一致。同时，这些河段的渠道固化现象严重，受闸坝调控方式影响比较大，不能较好地为水生生物的生长和繁殖提供较为适宜的生存场所，加之水体污染较为严重，也导致水体中水生生物多样性降低，这些因素都使得这些河段的水生态健康程度较低。

第5章 闸控河流水量–水质–水生态实验研究

5.1 实验区概况

沙颍河槐店闸位于河南省周口市沈丘县槐店镇，上距周口市 60km，下距豫皖边界 34km，控制流域面积 28150km^2。槐店闸主要由浅孔闸、深孔闸、船闸三部分组成，浅孔闸（18孔，每孔宽6m）于1959年兴建，深孔闸（5孔，每孔宽10m）于1969年兴建。深、浅孔两闸设计防洪流量为20年一遇（3200m^3/s），校核防洪流量为200年一遇（3500m^3/s）；设计灌溉面积达6.6万hm^2，正常灌溉水位38.50～39.50m，最高灌溉水位40.00m，防洪水位为40.88m，正常蓄水量为3000万～3700万m^3，最大蓄水量为4500万m^3。槐店闸通过闸门调控，对河道水量进行调节，浅孔闸长期保持小流量下泄，深孔闸只在洪水期供泄洪使用，船闸为正常通航使用。水流受到闸门的阻挡，闸前流速小，便于污染物的沉降；闸后有消能、曝气工程，利于污染物的混合与降解。

为了研究不同调控方式下河道水体水文及水质变化特征，笔者及研究团队分别于2010年3月3～6日、2010年10月7～11日、2013年4月5～8日和2014年11月16～19日在槐店闸进行4次大规模闸坝调控现场实验，为开展水环境情况评价及模拟提供基础资料。实验中，对河流水体流速、水深、水温、水位、水质指标（DO，COD_{Cr}，TP，TN，BOD_5）等参数进行现场监测和室内检测。自2014年开始，结合研究团队持续开展的淮河中上游流域水生态调查工作，在槐店闸闸坝调控实验中增加了水生态指标的监测和分析，2015年和2016年均持续进行了闸坝调控条件下的水生态监测分析，通过基础资料收集和积累，逐步探索闸坝调控对河流水生态的影响研究，进行闸控河流水量–水质–水生态的相关理论研究和技术分析及综合应用。

5.2 槐店闸水量–水质调控实验

5.2.1 2010年3月和10月实验

1. 实验设计

（1）实验目的

在槐店闸开展大规模闸门调控实验，研究闸坝作用下水体中氨氮（NH_3-N）和高锰酸盐指数（COD_{Mn}）浓度的变化特点及规律，分析研究区域河道（闸控河段）氨氮和高锰酸盐指数浓度变化同主要影响因子（底泥、闸门调控等）之间的关系；收集河道断面数据，率定研究区域水力参数、氨氮和高锰酸盐指数的水质参数，为正确构建闸坝作用下的水动力–水质模型做准备。

（2）实验仪器

LGY-Ⅱ型智能流速仪、超声波测深仪、PHS-25 型 pH 计、WGZ-B 型浊度计、温度计、自制抓斗式底泥采样器、聚乙烯水壶、塑料袋等。

（3）实验内容

a. 布设代表性监测断面和采样点

在闸上河段布设 I、II、III、IV 共 4 个采样断面，并对断面进行实地测量。如图 5.1 所示，布设 1#，2#，3#，4#，5#，6#，7#，8#共 8 个采样点；在闸下河段布设 V（3 级消力坎末端）、VI 两个采样断面，布设 9#，10#，11#，12#共 4 个采样点。实验在 2009 年对槐店闸进行 6 次实地调查、4 次水质监测的基础上开展，共进行 3 次系统采样、3 次补充采样，共采集 39 个水样和 3 个底泥样品。现场对每个水样进行浊度和 pH 测定，并测定水样和底泥的 NH_3-N 和 COD_{Mn} 浓度。

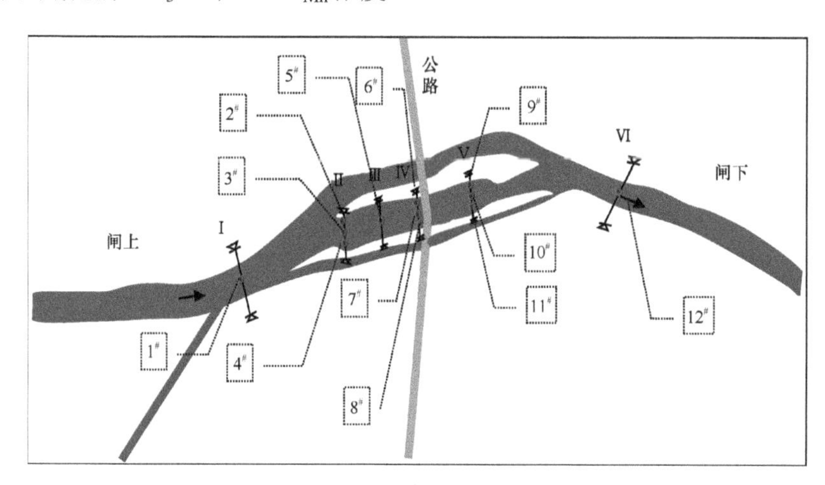

图 5.1　槐店闸监测断面及采样点位置

b. 设置闸门调控方式

在实验中，参照槐店闸的闸门操作规程，设置了现状闸门开度、闸门开度增大、闸门开度减小、闸门全开式和集中下泄式 5 种不同的闸门调控方式（图 5.2），然后针对这 5 种不同的闸门开度，适时取水样来反映闸坝上下游河段水体中 NH_3-N 和 COD_{Mn} 浓度的变化情况。其中，设置现状闸门开度主要是分析槐店闸现状调控对闸控河段水质水量的影响作用，并将所监测的数据作为背景值；设置闸门开度减小和闸门开度增大两种调控方式主要是分析闸门开度变化对闸控河段水质水量的影响作用。2010 年 3 月在槐店闸开展的第一次闸坝调控实验共设置现状闸门开度、闸门开度减小、闸门开度增大 3 种闸门调控方式，2010 年 10 月在槐店闸开展的第二次闸坝调控实验共设置闸门全开式、集中下泄式两种闸门调控方式。

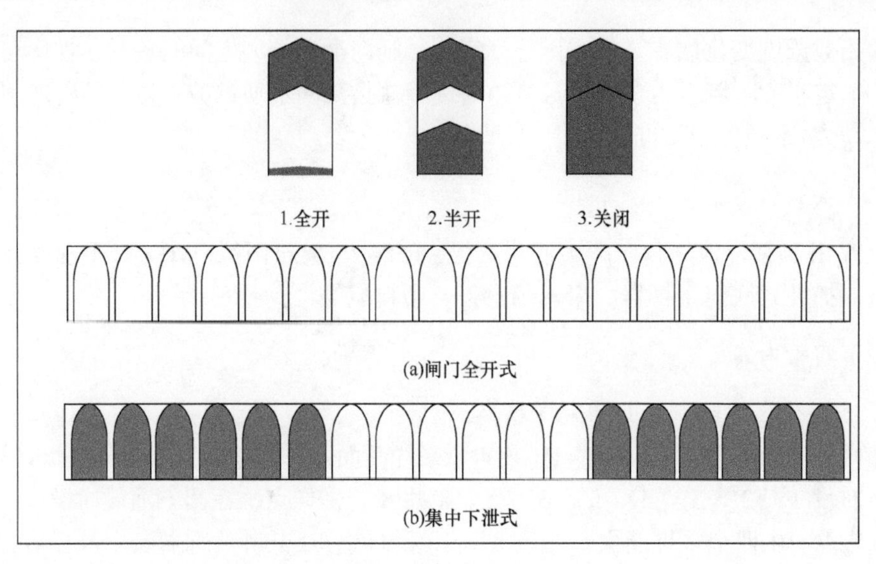

图 5.2　槐店闸不同的开启程度和开启方式

（4）实验过程

2010 年 3 月 4～5 日开展第一次闸坝调控影响实验，共进行 3 次系统采样，水质监测频次为 3 次，底泥监测 1 次。在第一次水质取样后的 3 小时，再对 $1^{\#}$、$7^{\#}$和 $12^{\#}$采样点进行补测。

2010 年 10 月 7～11 日开展第二次闸坝调控影响实验，共进行 5 次系统采样，水质监测频次为 5 次。

两次实验的监测取样过程如表 5.1 和表 5.2 所示。

表 5.1　第一次实验监测取样过程

时间	闸门调控方式	实验内容		备注
		水质取样	底泥取样	
3 月 4 日下午	现状调控	采集闸上 $1^{\#}$，$2^{\#}$，$3^{\#}$，$4^{\#}$，$5^{\#}$，$6^{\#}$，$7^{\#}$，$8^{\#}$，闸下 $9^{\#}$，$10^{\#}$，$11^{\#}$和 $12^{\#}$采样点的水样；$1^{\#}$，$7^{\#}$，$12^{\#}$补测一次	采集 $3^{\#}$，$7^{\#}$和 $12^{\#}$采样点的底泥样	补测点取样为上一次取样后的 3 小时；取样同时监测相应点的水深、水温、流速、pH 和浊度指标
3 月 5 日上午	开度减小	采集闸上 $1^{\#}$，$5^{\#}$，$6^{\#}$，$7^{\#}$，$8^{\#}$，闸下 $9^{\#}$，$10^{\#}$，$11^{\#}$和 $12^{\#}$采样点的水样；$1^{\#}$，$7^{\#}$，$12^{\#}$补测一次	无	
3 月 5 日下午	开度增大	采集闸上 $1^{\#}$，$5^{\#}$，$6^{\#}$，$7^{\#}$，$8^{\#}$，闸下 $9^{\#}$，$10^{\#}$，$11^{\#}$和 $12^{\#}$采样点的水样；$1^{\#}$，$7^{\#}$，$12^{\#}$补测一次	无	

表 5.2　第二次实验监测取样过程

时间	闸门调控方式	水质取样	备注
10 月 7 日下午	现状开度（背景值）	闸上 8 个点，闸下 7 个点集中取样一次	补测点取样为上一次后的 3～4 小时
10 月 8 日上午	集中下泄式小开度	闸上 8 个点，闸下 7 个点集中取样一次；$1^{\#}$，$3^{\#}$，$7^{\#}$，$10^{\#}$，$13^{\#}$，$15^{\#}$补测一次	
10 月 9 日上午	集中下泄式大开度	闸上 8 个点，闸下 7 个点集中取样一次；$1^{\#}$，$3^{\#}$，$7^{\#}$，$10^{\#}$，$13^{\#}$，$15^{\#}$补测一次	
10 月 10 日上午	闸门全开式大开度	闸上 8 个点，闸下 7 个点集中取样一次；$1^{\#}$，$3^{\#}$，$7^{\#}$，$10^{\#}$，$13^{\#}$，$15^{\#}$补测一次	
10 月 11 日上午	闸门全开式小开度	闸上 8 个点，闸下 7 个点集中取样一次；$1^{\#}$，$3^{\#}$，$7^{\#}$，$10^{\#}$，$13^{\#}$，$15^{\#}$补测一次	

（5）水样的取样和底泥的检测方法

水样检测：用聚乙烯水壶取相应监测点表层水样，取样水深为 0～0.2m。取样后现场测定水样的浊度和 pH，然后统一送到相关实验室，按照《水和废水监测分析方法》进行检测，监测的主要水质指标为 NH_3-N 和 COD_{Mn}。

底泥检测：用抓斗式底泥采样器抓取河底底泥的表层，采样深度为底泥表层的 0～0.15m，所采取的底泥样放入塑料袋中密封保存。取样后取新鲜底泥 100g 平铺于烧杯底部，置于试管中进行搅拌，同时缓慢均匀加水 500mL。加水后持续搅拌半个小时，然后静置 1h，待底泥沉积后取上清液，按照《水和废水监测分析方法》检测上清液的 NH_3-N 和 COD_{Mn} 浓度。

2. 2010 年 3 月和 2010 年 10 月两次实验结果分析

1）闸控河段水体中污染物浓度的变化，主要取决于水体中污染物在闸控河段滞留期间发生的一系列物理、生物和化学反应，而这些反应过程又受到闸控河段的水文、水环境和闸门调控作用等要素的影响。根据这些作用，分别在研究区域的闸前河段和闸后河段构建因子集，闸前上游河段主要受来水流量、闸前流速、闸前水深、来水浓度、闸前 pH、闸前浊度、闸门开度和闸门开启个数的影响，闸后下游河段因为闸门开度和闸门开启个数决定了泄流量的大小，完全可以由下泄流量来反映其作用，因此闸后河段主要受下泄流量、闸后流速、闸后水深、下泄水浓度、闸后 pH 和闸后浊度的影响，具体如表 5.3 所示。

表 5.3　水文、水环境和闸门调控因子集

研究区域	水文因子			水环境因子			闸门调控因子	
闸前河段	来水流量	闸前流速	闸前水深	来水浓度	闸前 pH	闸前浊度	闸门开度	闸门开启个数
闸后河段	下泄流量	闸后流速	闸后水深	下泄水浓度	闸后 pH	闸后浊度	无	无

2）任何两个变量的相关程度可以通过相关分析进行检验，并通过相关系数的正负来判断相关的方向，但是在现实中相关变量间的关系是比较复杂的，这种相关关系可能包含有着其他变量的影响或作用。因此，简单相关分析实际上并不能真实反映两个相关变量间的相关关系，导致两个变量的相关分析不精确。偏相关分析就是固定其他变量而研究某两个变量间相关性的统计分析方法，该方法消除了其他变量的影响后，才研究两个变量间的相关性，能够真实地反映两个变量之间的相关性。选取氨氮为代表性污染物，闸前河段选取断面 III 为代表性断面，闸后河段选取断面 VI 为代表性断面，采用偏相关分析方法来定性分析闸前和闸后河段氨氮浓度与各个因子之间的相关关系，计算结果如表 5.4 和表 5.5 所示。

3）在闸上研究区域，闸前流速的相关性最强，其次是上游来水浓度和闸门开度；来水流量、闸前水深、闸门开启个数指标相关性尚可，但显著性检验结果较差。

在闸下研究区域，闸后流速的相关性最强，其次是下泄流量、下泄水浓度和闸后浊度；闸后水深相关性尚可，但是显著性检验结果不明显。

表 5.4　闸前河段氨氮浓度与影响因子的偏相关分析结果

指标	水文因子			水环境因子			闸门调控因子	
	来水流量	闸前流速	闸前水深	来水浓度	闸前 pH	闸前浊度	闸门开度	闸门开启个数
偏相关系数	0.560	0.872	−0.682	0.792	0.121	0.326	0.642	0.560
显著性水平	0.181	0.007	0.132	0.025	0.765	0.582	0.038	0.322

表 5.5　闸后河段氨氮浓度与影响因子的偏相关分析结果

指标	水文因子			水环境因子		
	下泄流量	闸后流速	闸后水深	下泄水浓度	闸后 pH	闸后浊度
偏相关系数	0.783	0.886	−0.686	0.736	0.165	0.712
显著性水平	0.042	0.013	0.132	0.021	0.827	0.036

3. 闸坝调控能力实验及分析

2010 年 10 月 7～11 日，槐店闸实地实验期间对各监测断面、监测点的水位流量等水文数据进行监测，对水质数据进行采样化验，以实地实验获取的数据为基础，通过分析整理，可得出槐店闸对河流水质水量影响作用的一些初步结论：闸坝的不同调度对闸下污染物的负荷会产生一定影响；闸坝对河流水质的影响，随着闸门开度的不同，污染物浓度增加或削减的趋势也有所不同；闸坝调度和水质浓度之间的关系非常复杂，非线性关系较为明显，可认为河流污染物负荷变化的原因复杂多样，而闸坝调度仅仅是影响因素之一，同时还应该考虑诸如来水条件不同、底泥扰动不同等其他因素。

同时，为研究实验期间槐店闸调控能力的变化情况，通过实验数据，以 NH_3-N、目标水质为Ⅳ类水、调度时间为 24h 为例，进行闸坝调控能力计算，实验期间不同时间的数据如表 5.6 所示。

表 5.6　实验期间不同时间槐店闸监测数据

时间	水位（m）	上游来水流量（m^3/s）	蓄水 NH_3-N 浓度（mg/L）	来水 NH_3-N 浓度（mg/L）
2010.10.08 08:00	38.03	95.0	0.10	0.15
2010.10.09 08:00	38.01	165.0	0.19	0.14
2010.10.10 08:00	37.18	213.0	0.26	0.27
2010.10.11 08:00	37.89	169.0	0.27	0.27

槐店闸在实验开始之前的运行方式为小开度全开式下泄，开启全部 18 孔闸门，开度为 0.2m，实验期间的运行方式为：8 日进行小开度集中下泄，开启中间 10 孔闸门，开度 0.4m；9 日进行大开度集中下泄，开启中间 10 孔闸门，开度 0.8m；10 日进行大开度全开式下泄，开启全部 18 孔闸门，开度 0.8m；11 日进行大开度小开度全开式下泄，开启全部 18 孔闸门，开度为 0.4m。

通过计算，可得到实验期间槐店闸不同时间的调控能力，如表 5.7 所示。

表5.7　实验期间不同时间槐店闸的调控能力

时间	闸坝调控能力（t）
2010.10.08 08:00	39.2
2010.10.09 08:00	41.8
2010.10.10 08:00	32.9
2010.10.11 08:00	28.7

通过计算结果可以看出，在实验期间，槐店闸的调控能力为30～40m^3/s，这基本上有能力处理小规模的污水排放，其中8日的调控能力为39.2m^3/s，表示在实验进行闸坝调度方式改变之前槐店闸的调控能力，而9日在闸坝运行方式改变之后，槐店闸的调控能力有所升高，达到了41.8m^3/s。究其原因，第一，上游来水流量变大，导致了可调度水量的增加；第二，8日槐店闸的运行方式相比实验前，是拦截了部分水量在闸前，同样增加了可调度水量，因此，槐店闸调控能力有所提升。但水流的扰动，使得吸附于底泥的部分污染物释放进入水体，导致水体水质下降，致使调控能力提升的幅度不大。而10日槐店闸的调控能力大幅下降到了32.9m^3/s，其原因为此时槐店闸放水量较大，使可调度水量的闸前蓄水部分有所降低，同时水体水质进一步下降，就导致了尽管上游来水有所增加，但整体上槐店闸调控能力下降。11日槐店闸调控能力为28.7m^3/s，是实验期间调控能力最低的一天，主要原因是随着槐店闸不断地开闸放水，闸前蓄水量进一步降低。但闸门开度的降低，使得调控能力降低的幅度不是十分明显。

5.2.2　2013年4月实验

1. 实验设计

（1）实验目的

实验目的在于调查分析闸坝调度对闸控河段水流情势的影响作用，收集不同调度方式下的水动力特征参数；监测闸坝在各种运行情况下的水质浓度时空分布过程，研究污染物在水体、悬浮物、底泥等不同载体之间的转化规律；提出闸坝调度对水环境的作用机理，分析在不同调度方式下污染物的转化驱动机制。

（2）实验内容

实验主要内容：①依据槐店闸的允许调度能力，设定不同的闸坝调度方式；②确定实验范围、布设监测断面和监测点；③设计具体的实验操作方法，包括水体样品、上层覆水样品、底泥样品的采集及保存方法，岸边监测、室内检测等方法，以及水深、流速等测量方法；④监测槐店闸浅孔闸在不同调度方式下的水体、悬浮物和底泥污染物浓度时空分布过程，分析闸坝调度对污染物浓度变化的作用机理。

实验研究范围包括自槐店闸闸上公路桥至下游槐店水文站控制断面的河道，监测范围达2300m。实验中沿用前两次实验布设的断面（略有调整），共设置5个监测断面（Ⅰ、Ⅲ、Ⅳ、Ⅵ、Ⅶ）、5个监测点（1#、5#、7#、12#、13#），进行7次系统采样，共采集28

个水样、3个底泥样和4个上层覆水样，现场对每个水样进行pH和水温测定，对部分水样进行氨氮（NH_3-N）和化学需氧量（COD_{Cr}）检测，同时利用哈希（HACH）水质监测组件和Hydrolab DS5藻类自动监测仪器对闸上下游水质进行监测。监测的采样断面及采样点布设情况如图5.3所示。

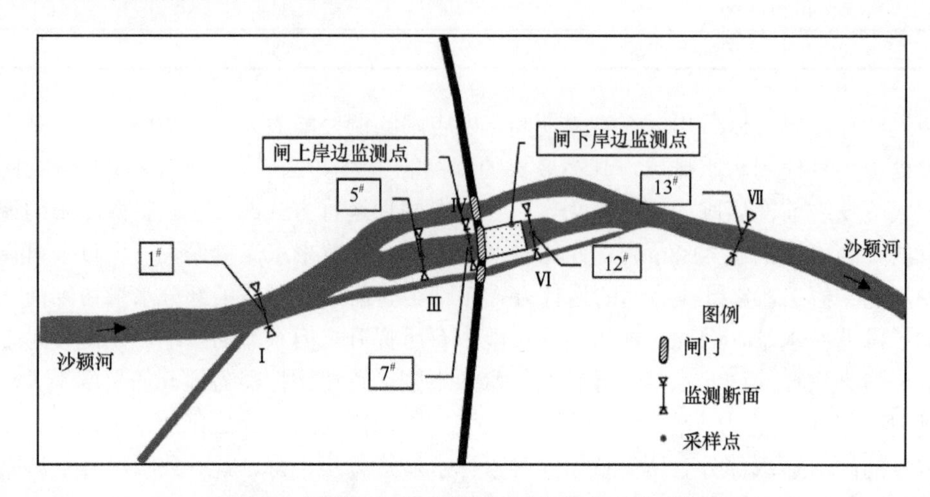

图5.3 现场实验中采样断面及采样点布设示意图

（3）实验过程

2013年4月5～8日，在槐店闸实验现场进行实验。按照实验设计及计划，将实验团队分成了闸上监测组、闸下监测组、岸边监测组和室内检测组4组，每组使用不同的监测设备，承担不同的监测任务。闸上监测组的监测区域主要在槐店闸上游Ⅰ断面（槐店闸闸上公路桥以上数十米、排污口以下数米处）和Ⅳ断面（闸前10～20m）之间，监测项目包括水体取样（表层水和上层覆水取样）、底泥取样和水动力指标监测；闸下监测组的监测区域在Ⅵ断面（闸后河流汇合前5m处）和Ⅶ断面（闸下水文站断面处）之间，现场监测过程中，先由闸上监测组依次对Ⅰ断面和Ⅳ断面进行水质监测，再由闸下监测组依次对Ⅵ断面和Ⅶ断面进行水质监测，各断面的水质监测之间有一定的时间间隔。监测项目包括水体取样（表层水取样）、底泥取样和水动力指标监测；岸边监测组分别在闸上左岸水文信息采集室处和闸下消力池左岸，对pH、水温、DO、氧化还原电位（ORP）、电导率和藻类等进行监测；室内检测组主要对取回的部分水样进行检测，检测指标主要包括水体pH、COD_{Cr}和NH_3-N。具体实验监测过程如表5.8所示。

（4）实验仪器与监测方法

实验仪器：PHS-25型pH计、LGY-Ⅱ型智能流速仪、HSW-1000DIG型便携式超声波测深仪、温度计、DR2800型COD_{Cr}检测仪、PC-Ⅱ型便携式氨氮测定仪、HACH水质监测组件、Hydrolab DS5藻类自动监测仪器、自制抓斗式底泥采样器、自制上层覆水采样器、聚乙烯水壶、塑料袋等。

水样监测：在现场利用流速仪、测深仪和温度计对采样点的流速、水深及水温等参数进行监测，同时用聚乙烯水壶取相应监测点表层水样，取样深度为0～0.2m。取样后

表 5.8　实验监测取样过程

时间	闸门调度方式	实验内容				备注
		水体取样	底泥取样	现场监测	室内检测	
2013.04.05 下午	8 孔 30cm	闸上：$1^{\#}$和 $7^{\#}$，$7^{\#}$加测上层覆水取样； 闸下：$12^{\#}$和 $13^{\#}$	闸上：$1^{\#}$和 $7^{\#}$； 闸下：$13^{\#}$	闸上在Ⅳ断面附近的左岸 闸下在Ⅵ断面附近的左岸	pH：$1^{\#}$、$7^{\#}$、$12^{\#}$和 $13^{\#}$； COD_{Cr}和 NH_4-N：$12^{\#}$	水体取样时需同时监测流速、水温、水深等指标；现场监测指标 pH、水温、DO、ORP、电导率和藻类
2013.04.06 上午	6 孔 50cm	闸上：$1^{\#}$和 $7^{\#}$； 闸下：$12^{\#}$和 $13^{\#}$	无		pH：$1^{\#}$、$7^{\#}$、$12^{\#}$和 $13^{\#}$； COD_{Cr}和 NH_4-N：$12^{\#}$	
2013.04.06 下午	6 孔 50cm	闸上：$1^{\#}$和 $7^{\#}$，增补III断面 $5^{\#}$点进行上层覆水取样； 闸下：$12^{\#}$和 $13^{\#}$	无		pH：$1^{\#}$、$7^{\#}$、$12^{\#}$和 $13^{\#}$； COD_{Cr}和 NH_4-N：$1^{\#}$和 $12^{\#}$	
2013.04.07 上午	4 孔 70cm	闸上：$1^{\#}$和 $7^{\#}$，III断面 $5^{\#}$点上层覆水取样； 闸下：$12^{\#}$和 $13^{\#}$	无		pH：$1^{\#}$、$7^{\#}$、$12^{\#}$和 $13^{\#}$； COD_{Cr}和 NH_4-N：$12^{\#}$	
2013.04.07 下午	4 孔 70cm	闸上：$1^{\#}$和 $7^{\#}$， 闸下：$12^{\#}$和 $13^{\#}$	无		pH：$1^{\#}$、$7^{\#}$、$12^{\#}$和 $13^{\#}$； COD_{Cr}和 NH_4-N：$1^{\#}$和 $12^{\#}$	
2013.04.08 上午	4 孔 10cm	闸上：$1^{\#}$和 $7^{\#}$， 闸下：$12^{\#}$和 $13^{\#}$	无		pH：$1^{\#}$、$7^{\#}$、$12^{\#}$和 $13^{\#}$； COD_{Cr}和 NH_4-N：$12^{\#}$	
2013.04.08 下午	闸门全关	闸上：$1^{\#}$和 $7^{\#}$，$5^{\#}$点上层覆水取样； 闸下：$12^{\#}$和 $13^{\#}$	无		pH：$1^{\#}$、$7^{\#}$、$12^{\#}$和 $13^{\#}$； COD_{Cr}和 NH_4-N：$1^{\#}$和 $12^{\#}$	

现场测定水样的 pH、NH_3-N 浓度值和 COD_{Cr} 浓度值，并统一送回实验室进行水质分析，分析项目为高锰酸盐指数（COD_{Mn}）、NH_3-N、五日生化需氧量（BOD_5）、硝酸盐氮、总磷（TP）和总氮（TN），参照《水和废水监测分析方法》（第四版）和《水环境监测规范》（SL 219—2013）。此外，利用 HACH 水质监测组件对水体中的 DO、ORP、电导率、叶绿素 a 和藻类等指标进行监测。

底泥上清液监测：用自制抓斗式底泥采样器采集河底沉积物的表层样品，采样深度为 0～0.15m，置于塑料袋中密封保存。取样后取新鲜底泥 100g 平铺于烧杯底部，置于连续搅拌装置上进行搅拌，搅拌的同时缓慢均匀加水 500mL。加水后持续搅拌 30min，搅拌后静置 1h，取上清液，再测定 COD_{Mn}、NH_3-N、硝酸盐氮、TP 和 TN，分析方法同上。

悬浮物监测：利用自制的上层覆水采样器，获取距离河底约 0.15m 处的悬浮物样品，置于聚乙烯水壶中密封保存。取样完成后将样品送至实验室进行检测，取 500mL 水样过滤，获得相应的悬浮物含量，之后将过滤出的悬浮物溶于 250mL 纯水，并置于连续搅拌装置上搅拌 30min，取上清液分析，测定悬浮物含量及其中 COD_{Mn}、NH_3-N、硝酸盐氮、TP 和 TN 等指标的含量，分析方法同上。

2. 2013 年 4 月实验结果分析

（1）水质实验结果

为了进一步分析不同调度方式下各监测断面污染物浓度的变化趋势，选择闸上干流

（Ⅰ断面）、闸上浅孔闸附近（Ⅳ断面）、闸下三级消力坎末端（Ⅵ断面）、闸下干流（Ⅶ断面）4 个代表性监测断面，但受到现场条件和时间的限制，部分指标只监测了 3 个或 2 个断面，在闸门不同开度调度方式下将各监测断面监测的污染物浓度点绘在同一个图中，实验结果如图 5.4 所示。

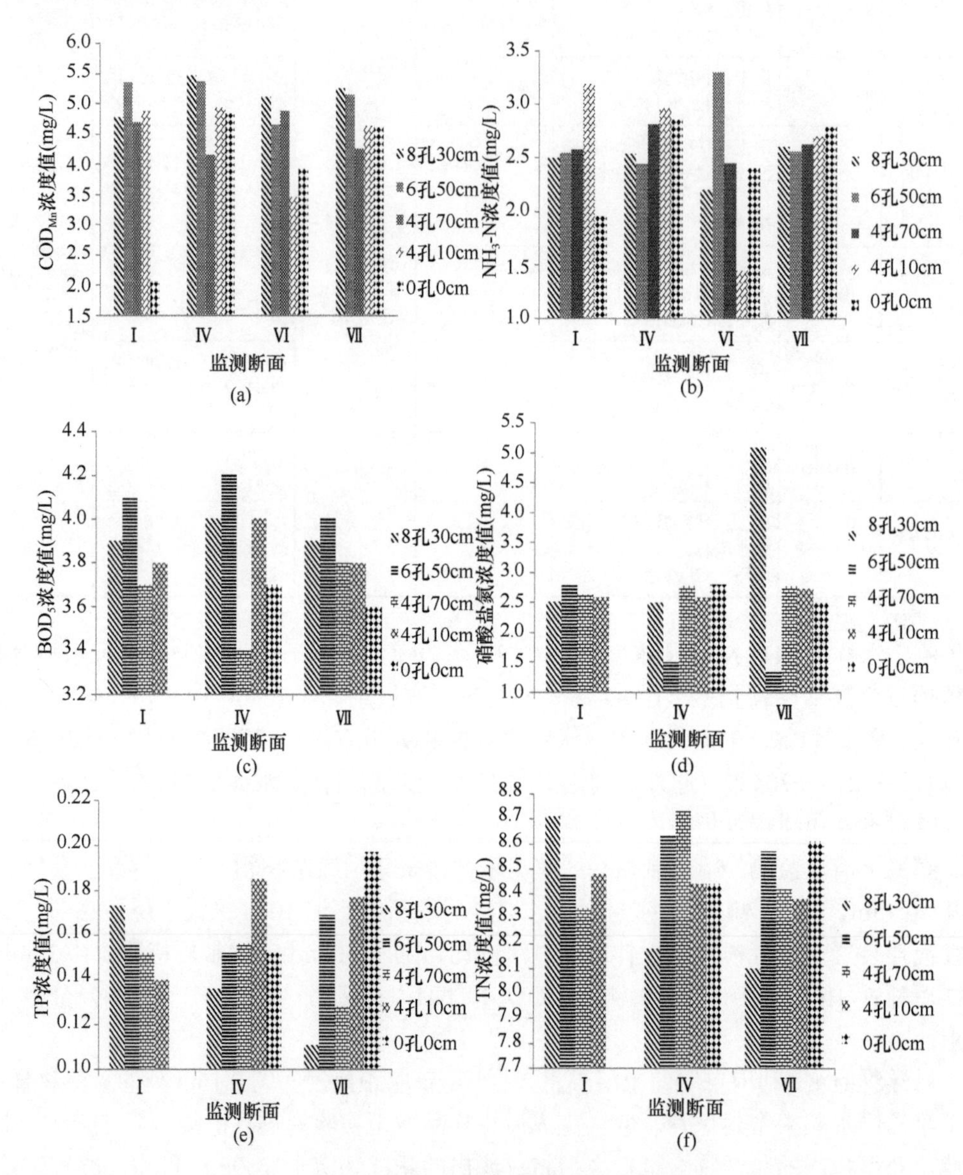

图 5.4　不同调度方式下各污染物浓度变化情况

从图 5.4 中可以看出，实验中各监测断面的水质情况具有以下特点：①COD_{Mn} 浓度处于Ⅱ类～Ⅲ类水水平，NH_3-N 浓度处于Ⅳ类～劣Ⅴ类水水平，BOD_5 含量处于Ⅲ类～Ⅳ类水水平，TP 浓度处于Ⅲ类水水平，TN 浓度处于劣Ⅴ类水水平，总体水质处于Ⅴ类水水平，水质仅能满足河流沿岸的农业灌溉需求；②在多数调度方式下，COD_{Mn} 浓度在闸前持续上升，到闸门附近升至最高，闸门至三级消力坎末端断面下降，三级消力坎末端至水文站断面又逐渐上升，只有调度方式（4 孔 70cm）的变化情况与之相反；多数调度方式下，NH_3-N 浓度的变化表现出与 COD_{Mn} 浓度不同的变化趋势，但调度方式 8 孔 30cm 和 0 孔 0cm 的变化情况与之相同；BOD_5 和 TN 浓度值受到闸坝调度方式的影响较小，变化率均在 10%左右，而硝酸盐氮和 TP 受到闸坝调度方式的影响较为明显，如调度方式（8 孔 30cm）情况下，硝酸盐氮浓度有明显的升高过程，浓度值增加了 1 倍左右。同时，从图 5.4 中还可知，在 4 孔 10cm 的调度方式下，水体中的 NH_3-N 从Ⅰ断面到Ⅶ断面总体上呈下降趋势，而硝酸盐氮呈现逐步升高的趋势，这主要由于水体中 DO 浓度较高，且 pH 在 7.7 左右，有利于硝化作用的进行，促进了 NH_3-N 向硝酸盐氮的转化，表明了在该调度方式下水体已经趋向自净，因此，在该实验条件下，槐店闸日常调度时可参照其调度方式运行。

在对河流中各监测断面水体进行监测的同时，利用 HACH 水质监测组件在河流岸边对表层水体中的 ORP、DO、电导率、叶绿素 a 和藻类等指标进行了监测，主要研究闸坝的不同调度方式对水体中藻类等指标的影响，各指标监测值随调度方式的变化情况如图 5.5 所示。

从图 5.5 可知，ORP、电导率及 PCY 指标在闸上和闸下具有相同的变化趋势，但在数据变化程度及具体数值等方面略有不同。在各调度方式情况下，上下游监测点的 ORP 值相差不大，只有闸门全关调度方式下两者相差较大，此时闸下水体呈现了还原性，不利于水体中有机物的分解；水体电导率能够反映出水的导电性，水的导电性又能够反映水体溶解性总固体浓度的大小，而溶解性总固体浓度表示水中溶解物杂质含量，其值越大，说明水中的杂质含量越大，反之，杂质含量越小。从图 5.5（c）可以看出，闸门小开度或关闭情况下，闸下水体经过闸坝调度的调节，水中杂质含量有明显减小的趋势；由图 5.5（e）可知，在闸门大开度时（6 孔 50cm 和 4 孔 70cm）的情况下，闸上的 PCY 值要大于闸下的值，这可能是由于闸下的水流速度较大，不利于藻类的生存，而在闸门小开度甚至关闭时，闸下 PCY 监测值要大于闸上的值，造成这种现象的原因可能是闸下流速变小且水深较浅，更利于藻类的生存。

（2）底泥变化规律分析

为了进一步了解闸坝调度对底泥产生的影响以及底泥与水体的交换作用，4 月 5 日下午（闸坝调度方式为 8 孔 30cm），对闸坝上下游的Ⅰ、Ⅳ和Ⅶ 3 个断面分别进行了底泥取样，并将其作为研究的背景值，各监测指标浓度值随监测断面的变化情况如图 5.6 所示。

由图 5.6 可知，硝酸盐氮、TP 和 TN 在闸坝前后河段经历了先升高后下降的变化过程。造成这种现象的原因主要是：①水流由于受到闸门挡水作用的影响，流速逐渐变缓，水体中的泥沙等固体颗粒物发生沉淀。在来水水质较差时，水体中的污染物会随着固体颗粒物一起沉积，进而造成闸前底泥中污染物含量的增加；②水体流经闸孔泄入闸后消力坎这一过程中，水流冲刷作用强烈，固体颗粒和污染物很难发生沉降，无需考虑底泥污染；③闸后三级消力坎至闸后干流范围内，河流中心的流速最大，这一区域内污染物固体颗粒沉降速度较慢，底泥受污染的程度较闸前小很多。但是，COD_{Mn} 和 NH_3-N 浓度的变化情况明显与上述过程不符，其在闸前河段有明显的下降趋势。

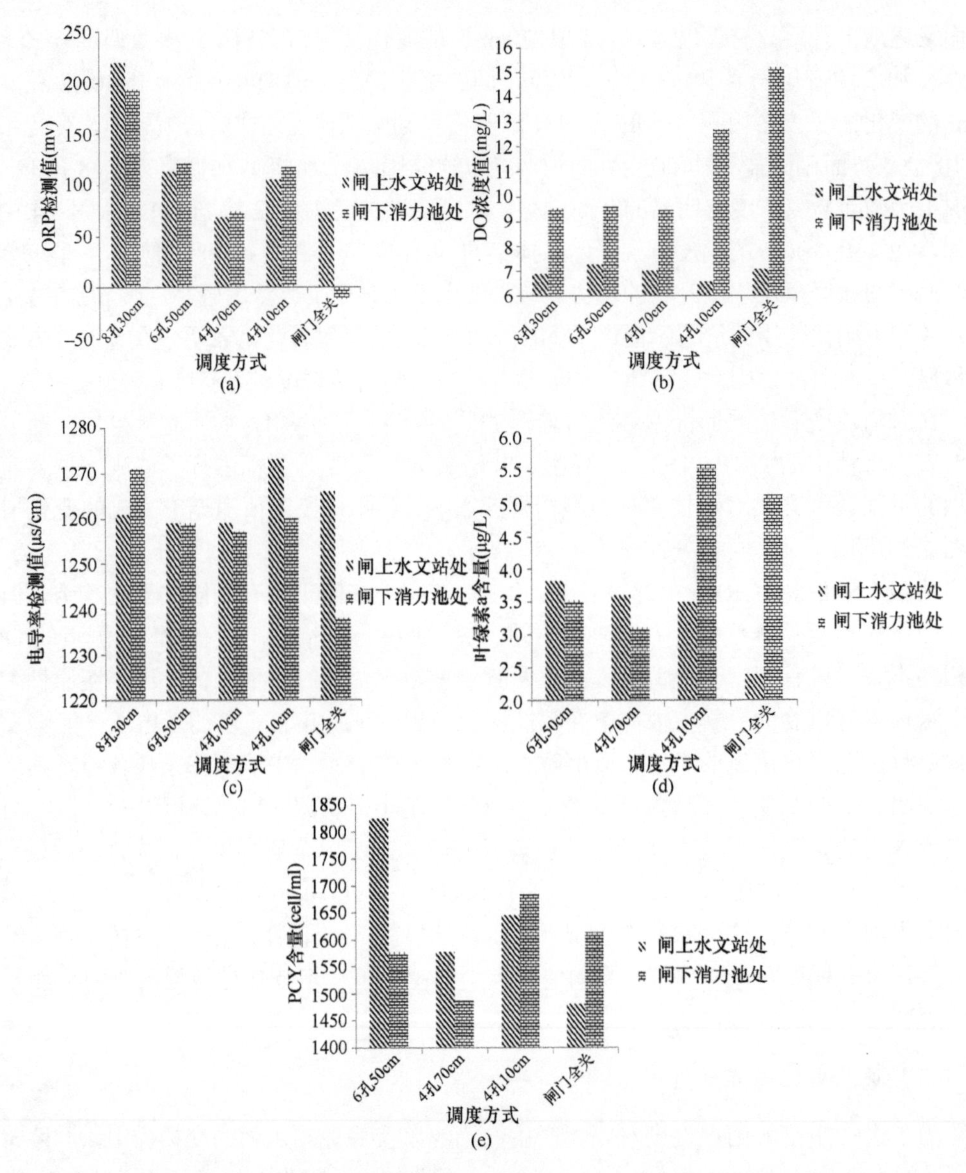

图 5.5 各监测指标随调度方式的变化图

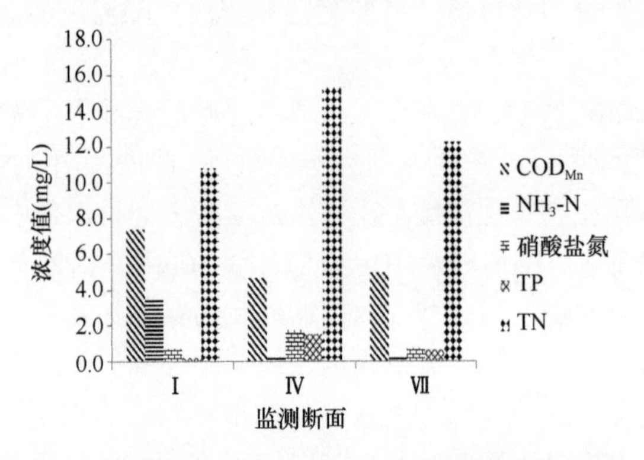

图 5.6 底泥中各污染物浓度随监测断面的变化图

（3）悬浮物变化规律分析

本次实验中，对闸上浅孔闸附近采样点进行了悬浮物取样，主要是为了分析不同闸坝调度方式下闸前悬浮物污染物含量的变化情况，分析闸坝对上层覆水的影响。在闸门不同开度的调度方式下，将该监测点的各种污染物浓度点绘在同一个图中，各监测指标浓度值随调度方式的变化情况如图 5.7 所示。

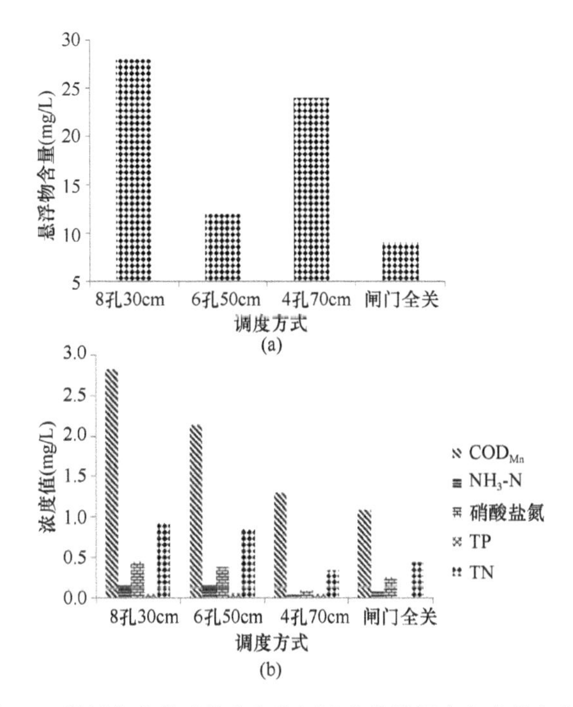

图 5.7　悬浮物含量及其中各指标浓度值随调度方式的变化图

由图 5.7 可知，虽然各监测指标随着调度方式的改变，变化趋势出现了一定的波动，但整体上都呈现下降的趋势。在 8 孔 30cm 的调度方式下，悬浮物含量和污染物浓度值都比较大，但随着调度方式的改变，闸门前后的流速和流量发生了变化，造成了悬浮物含量及其污染物浓度的变化，但是部分污染物浓度最小值不是出现在闸门全关的调度方式下，而是出现在 4 孔 70cm 的调度方式中，此时悬浮物含量则要明显大于闸门全关调度方式时的值，造成这种现象的原因可能是水流对悬浮物的扰动较大，加快了污染物的释放，造成了悬浮物中的污染物浓度降低。

（4）污染物在不同介质间的变化规律分析

在现场实验监测过程中，为了分析污染物在不同介质之间的变化情况，对闸前受到闸坝调控影响最大的Ⅳ断面进行了底泥（S）、悬浮物（D）和水体（W）的取样和监测，其污染物浓度变化情况如图 5.8 所示。在现状调度方式（8 孔 30cm）条件下，水体可能对底泥产生了冲刷，加速了底泥的再悬浮和污染物的释放，进而造成了水体污染物含量增加，如图 5.8 所示，在Ⅳ断面 7#监测点除了监测指标 TN 和 TP 之外，其他指标浓度大小的顺序为：悬浮物<底泥<水体，这就说明了水体的扰动能够促进底泥和悬浮物中污

染物的释放，造成水体的二次污染。

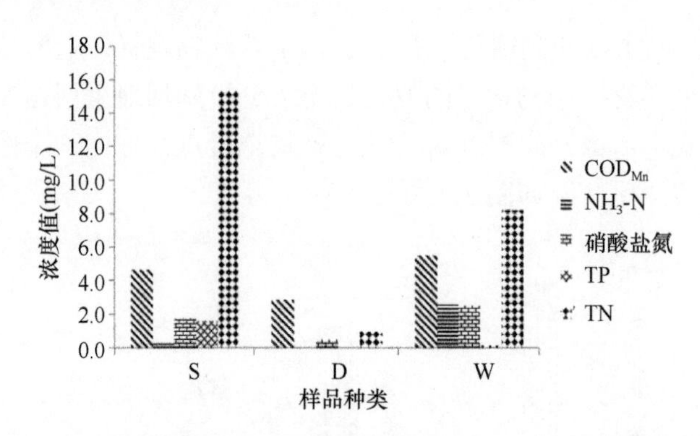

图 5.8　Ⅳ断面不同样品（底泥、悬浮物、水体）中污染物浓度变化图

（5）闸坝对污染物运移规律的影响分析

为了分析闸坝对污染物运移规律的影响，根据实验中布设的监测断面，将槐店闸上下游河段划分为 3 个典型河段，对比分析了闸坝在不同调度方式下典型河段的水质变化情况。从分析结果可以看出，调整闸门开度以后，典型河段的水质变化情况出现了较大的差异，改变了原有污染物浓度的变化趋势。闸坝泄水对底泥和悬浮物的扰动，使吸附在固体颗粒上的污染物与水体发生物质交换，促进固体颗粒上的污染物向水体释放，形成二次污染。根据本次实验的监测过程和监测数据可知，底泥和悬浮物的二次污染主要受到以下两方面因素的影响。

a. 流量

根据实验监测结果，当河流流量较小（闸门开度较小或开启的孔数少）时，即河流流速小于泥沙起动流速，河流底泥和悬浮物不易起动，河流底泥或悬浮物释放污染物的速率较小，多以静态释放为主，且在一定流速范围内，污染物的释放速率不随流速变化而改变；当闸坝下泄流量较大（闸门开度大或开启的孔数多）时，即河流流速大于泥沙的起动流速，会造成底泥和悬浮物的剧烈扰动，加速其中污染物的释放。正如图 5.8 中各监测结果所示，大流量条件下（8 孔 30cm）能够促进底泥和悬浮物中污染物的释放。因此，槐店闸日常调度时应保持小开度（如实验中的 4 孔 10cm）下泄水流。

b. 水深

水深在一定程度上会影响水流的冲刷强度，在相同流量情况下，水深较大时，水流对河床的冲刷作用较小，底泥和悬浮物中污染物的释放速率也较小；水深较小时，水流就会对河床产生冲刷作用，促进底泥的再悬浮，加速底泥和悬浮物中污染物的释放，使水体二次污染的程度加重。正如图 5.6 监测结果所示，多数调度方式下，闸上Ⅳ断面处的 COD_{Mn} 和 NH_3-N 浓度值均大于Ⅰ断面处的监测值，造成该现象的原因是由于闸前Ⅳ断面处水深较小（5m 左右），同流量条件下对底泥的冲刷要大于Ⅰ断面（11m 左右），加速了底泥和悬浮物中污染物的释放；闸下Ⅵ断面处的 COD_{Mn} 和 NH_3-N 浓度值要小于Ⅶ断面的浓度值，主要由于Ⅵ断面水深小、流速大，水流对该处冲刷剧烈，底泥固体颗粒很难发生沉降，水体缺少了底泥中污染物的释放，造成了该监测断面浓度值较小。

5.3　闸坝调控水环境实验

5.3.1　实 验 设 计

1. 监测断面与样点布设

2014 年 11 月 14～19 日，在实地勘测槐店闸基本情况的基础之上，严格遵照《水环境监测规范》(SL 219—2013)，设置采样断面，并布设监测样点。实验研究范围长达 2.3km，具体是从槐店闸上游公路桥至槐店闸下游水文站之间的河道。监测断面共设置 4 个：I 断面（位于闸上公路桥上游数十米处），代表河流环境初始情况断面，即背景断面；II 断面（位于闸门前 10m 处），代表闸前污染物沉积断面；III断面（位于闸下消力坎后 15m 处），代表水流冲刷干扰断面；IV 面（位于闸下水文站处），代表闸后污染物消解沉积断面。水量、水质监测样点设置在每个断面 2 等分处，分别标注为 1#，2#，3#，4#，水生态监测样点分别设置于各监测断面的北岸边处。采样断面与采样点的具体布设如图 5.9 所示。

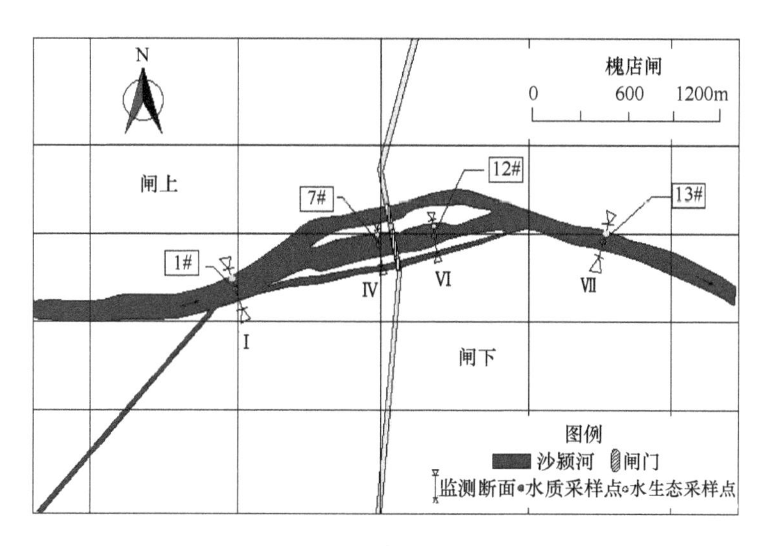

图 5.9　采样点分布

2. 调控与采样方案

实验以闸坝浅孔闸中间 6 孔的集中调控方式进行设计，调控力度以过闸流量表示。共设计 4 种调控方式，调控力度按从小到大顺序依次进行转换，各调控方式下的水质样本采集需在对应的调控方式实施 4h 后进行，不同调控方式之间转换的时间间隔不得小于 12h。闸坝调控对水生生物的影响过程复杂、影响因子繁多且影响结果显现周期长，为了探索闸坝长期调控干扰对闸控河流水生态环境造成的影响，在开闸调控方案实施前进行水生态样本采集与分析。此外，在开闸调控实施后，增采一次水生态样本，以探索实验期间，短期频繁的开闸调控对闸坝水生态环境的影响特征。具体的闸坝调控与样本采集方案如表 5.9 所示。

表 5.9 闸坝调控与样本采集方案

闸坝调控时间	闸坝调控方式		采样时间	样本采集方案	
	闸门开启方式	过闸流量（m^3/s）		水质样本	水生态样本
2014.11.14 08:00/16 17:00	闸门全关闭	0	2014.11.16 下午	√	√
2014.11.16 17:00/17 17:00	6 孔 10cm	20	2014.11.17 下午	√	
2014.11.17 17:00/18 17:00	6 孔 20cm	40	2014.11.18 下午	√	
2014.11.18 17:00/19 17:00	6 孔 30cm	60	2014.11.19 下午	√	√

3. 样本采集、处理与测定

采集的水质样本包括表层水样、上覆水样和底泥样本，可以通过它们分析污染物在河流水体、悬浮物、底泥中的浓度。对表层水样的 COD_{Mn}、BOD_5、NH_3-N、NO_3-N、TN、TP 进行检测。上覆水样、底泥样本都进行过滤处理后，将对应滤出的悬浮物、底泥分别溶于纯水，搅拌、离心后提取上清液，测定悬浮物上清液与底泥上清液样本中的 COD_{Mn}、NH_3-N、NO_3-N、TN、TP 指标浓度。水质样本采集和检测方法严格参照《水环境监测规范》（SL 219—2013）和《水和废水监测分析方法》（第四版）。溶解氧（DO）、氧化还原电位（ORP）、电导率（TDS）采用 HACH 便携式水质分析仪测定，叶绿素 a、藻类（PCY）采用 Hydrolab DS5 仪器监测。采集的水生态样本包括浮游植物、浮游动物、底栖动物，样本采集、样品浓缩、固定、保存、计数严格参照《水生生物监测手册》。

5.3.2 水质特征状况分析

1. 表层水样

表 5.10 呈现了各监测断面表层水样中 COD_{Mn}、BOD_5、NH_3-N、NO_3-N、TN、TP 在不同调控方式下的浓度变化。如表 5.10 所示，COD_{Mn} 浓度属于Ⅱ～Ⅲ类水水平，BOD_5 浓度属于Ⅳ类水水平，NH_3-N 浓度属于Ⅲ～Ⅳ类水水平，TN 浓度超过Ⅴ类水标准限值的 2 倍以上，属于劣Ⅴ类水水平，TP 浓度属于Ⅲ类水水平，内梅罗综合水质指数处于Ⅳ类水水平，总体水质适用于工业生产用水和农业灌溉用水。污染物在不同调控方式下的特征如下：①COD_{Mn} 和 BOD_5：在 $0m^3/s$ 时，断面Ⅳ的 COD_{Mn} 浓度最高，调控转换到 $20m^3/s$ 时，闸上断面有机污染物随水流迁移到闸下断面 VI，导致 COD_{Mn} 浓度在Ⅵ断面升高，但 $0m^3/s$ 与 $20m^3/s$ 时闸上断面Ⅳ浓度均高于来水断面Ⅰ，说明闸门关闭与小流量调控均会加重闸上水体有机污染物富集。然而，随着调控力度的加大，断面Ⅳ、Ⅵ、Ⅶ的 COD_{Mn} 浓度都明显低于 $0m^3/s$ 与 $20m^3/s$ 的浓度。各断面 BOD_5 浓度在各调控方式下波动变化，但值得注意的是，在 $0m^3/s$ 和 $20m^3/s$ 时，COD_{Mn} 和 BOD_5 浓度在污染物消解沉积断面Ⅶ高于来水断面Ⅰ，而在 $40m^3/s$ 和 $60m^3/s$ 时，变化特征则相反。因此可以推断，适当较大流量（$40m^3/s$ 和 $60m^3/s$）的调控，可以促进闸下有机污染物的稀释和分解，提高水体的自净能力。②NH_3-N 和 NO_3-N：由Ⅰ～Ⅶ断面，$0m^3/s$ 和 $20m^3/s$ 时，NH_3-N 呈现增加的趋势，NO_3-N 呈现降低的趋势，而在 $40m^3/s$ 和 $60m^3/s$ 时，NH_3-N 与 NO_3-N 浓度均为断面Ⅶ高于断面Ⅰ，出现这种现象的原因可能是 $0m^3/s$ 和 $20m^3/s$ 的调控不利于

水体中含氮化合物的氧化分解，而 40m³/s 和 60m³/s 的调控，有助于河流水体的自净过程，然而水体的强烈扰动促使底泥对氨氮的释放，导致闸下区域水体出现新近污染。③TN 和 TP：除了 60m³/s 的调控，TP 浓度呈现断面Ⅶ高于断面Ⅰ的特征，而对于 TN，除了 0m³/s 的调控外，TN 浓度在断面Ⅶ低于断面Ⅰ，且调控力度越大，断面Ⅰ与断面Ⅶ的浓度差越大，因此，大流量的调控有利于降低水体中营养元素的含量，在上游来水水质较差的情况下，应尽量避免小流量的调控，以降低水体富营养化的风险。

表 5.10　表层水样在不同调控方式下的污染物浓度变化

断面	不同调控方式下 COD_{Mn}				不同调控方式下 BOD_5				不同调控方式下 NH_3-N			
	0m³/s	20m³/s	40m³/s	60m³/s	0m³/s	20m³/s	40m³/s	60m³/s	0m³/s	20m³/s	40m³/s	60m³/s
I	4.26	4.59	4.56	4.65	5.20	4.80	5.00	5.20	0.66	0.85	0.81	0.79
IV	5.45	4.96	4.17	4.40	4.80	5.00	4.70	5.00	0.82	0.80	0.76	0.85
VI	4.59	5.26	4.22	4.21	5.00	5.00	4.50	5.30	1.13	0.84	1.04	0.95
VII	4.74	4.77	4.16	3.72	5.30	5.10	4.70	4.90	1.30	1.08	1.13	0.91

断面	不同调控方式下 NO_3-N				不同调控方式下 TN				不同调控方式下 TP			
	0m³/s	20m³/s	40m³/s	60m³/s	0m³/s	20m³/s	40m³/s	60m³/s	0m³/s	20m³/s	40m³/s	60m³/s
I	2.41	2.47	2.01	2.20	5.93	6.10	6.79	6.07	0.136	0.178	0.141	0.178
IV	2.40	2.16	2.08	2.18	6.21	5.96	6.16	5.94	0.145	0.186	0.145	0.182
VI	2.29	1.91	2.21	2.12	6.38	6.14	6.42	6.04	0.136	0.202	0.141	0.182
VII	2.24	2.25	2.30	2.24	6.47	6.09	6.76	5.94	0.186	0.186	0.178	0.178

图 5.10 呈现了不同调控方式下，水体中 DO、ORP 等监测指标的浓度变化特征。图 5.10（a）显示出从闸上到闸下的整体变化趋势上，DO 浓度在 0m³/s 时呈现出降低趋势，而在 20m³/s、40m³/s、60m³/s 时表现为增加趋势，表明开闸调控促使水流扰动，有助于水体 DO 浓度的增加。图 5.10（b）显示出在 60m³/s 的调控方式下，靠近闸门断面的 ORP 值变化剧烈，而其他调控方式下各断面的 ORP 值变化较小，说明大流量调控对靠近闸门区域的 ORP 值影响显著。电导率［图 5.10（c）］在 0m³/s 和 20m³/s 时，从闸上到闸下逐渐增加，而在 40m³/s 和 60m³/s 时，却呈现出降低趋势，且各断面的电导率值均低于来水断面Ⅰ，表明 40m³/s 和 60m³/s 的调控降低了水体杂质，河流水体的自净能力提升。叶绿素 a［图 5.10（d）］浓度变化与藻类［图 5.10（e）］密度变化基本上具有一致性，调控力度的增加，促使水体扰动和冲刷能力增强，其不利于藻类的附着和生长，使藻类密度和叶绿素 a 浓度显著降低。

2. 上覆水样

上覆水样仅在断面Ⅰ和断面Ⅳ进行采集，以研究闸上区域悬浮物中污染物在不同调控影响下的变化特征。如图 5.11 所示，在 0m³/s 时，悬浮物中 NH_3-N、NO_3-N、TP、TN 在断面Ⅳ的浓度均高于来水断面Ⅰ，说明闸门关闭，闸前区域水流变缓或静止，为悬浮颗粒吸附含氮、磷化合物提供了有利条件；在 20m³/s 与 40m³/s 时，Ⅳ断面悬浮物中污染物浓度波动变化，但调控力度达 60m³/s 时，Ⅳ断面悬浮物中各污染物浓度显著低于来水断面Ⅰ，发生这种现象的原因可能是 $60m^3/s$ 调控方式下的水流下泄速度快，水流混合和扰动作用复杂且强烈，有利于污染物在悬浮物中的解吸释放。

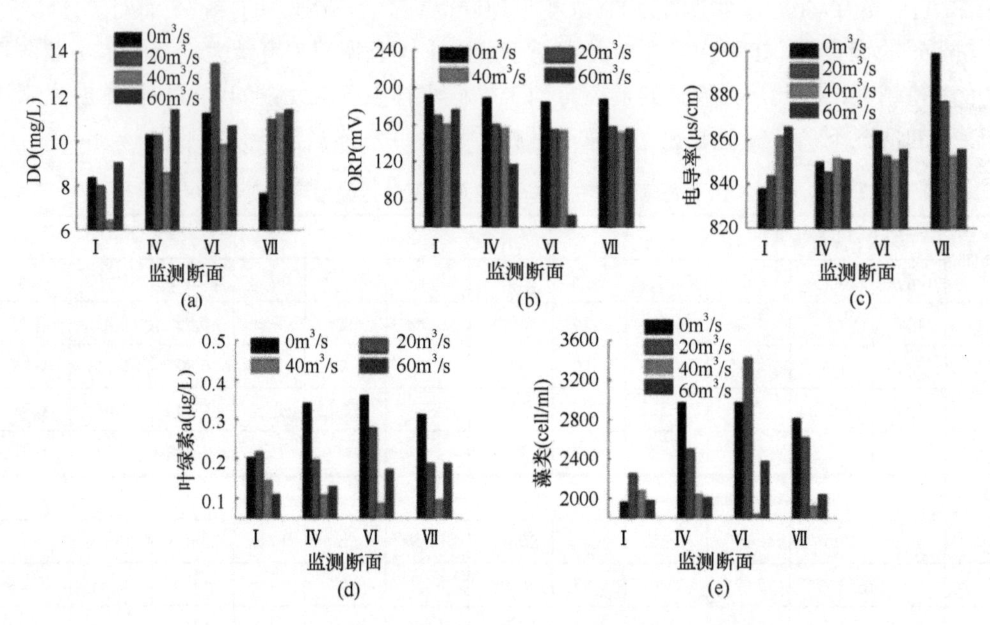

图 5.10　表层水体中监测指标在不同调控方式下的浓度变化

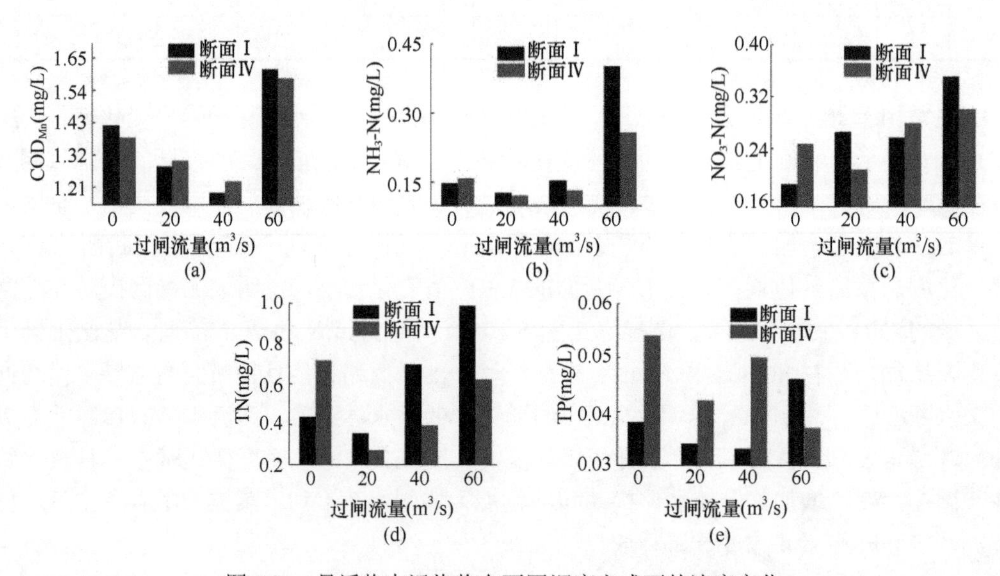

图 5.11　悬浮物中污染物在不同调度方式下的浓度变化

3. 底泥样

底泥样本仅在 $0m^3/s$ 的调控方式下对断面Ⅰ、Ⅳ、Ⅶ进行采集，以研究长期闸坝调控的干扰对底泥污染物产生的影响，探索底泥污染物的浓度分布特征与背景值。如图 5.12 所示，NH_3-N 和 TN 在闸下断面Ⅶ急剧增大，分别是来水断面Ⅰ浓度的 7 倍和 3 倍，主要原因是水流的长期冲刷扰动作用促使底泥、悬浮物中氮的解吸释放，加之闸上底泥、悬浮物、水体及三相中含氮化合物随水流下泄，最终沉积于闸后区域的底泥中，导致闸下断面Ⅶ底泥含氮化合物浓度急增。值得注意的是，NO_3-N 与 NH_3-N 浓度变化特征刚好相反，但与相同调控方式下的 DO 浓度变化特征一致。发生这样的实验现象是因为断面 DO 浓度较高时，有利于底泥中硝化作用的进行，促进亚硝酸盐氮、氨氮与有机氮向硝酸盐氮的转化，NO_3-N 浓度增加，NH_3-N 浓度降低，而当溶解氧较低时，结论则相反。TP 浓度在各个断面的变化并不明显，但都超过水体发生富营养化的限制浓度 0.02mg/L。COD_{Mn} 在各断面底泥中的浓度都比较高，断面 IV 呈现最大值，说明有机污染物易富集于底泥中，特别是易富集于紧靠闸门上游区域的底泥中，且闸坝的调控干扰，会引发水流干扰强烈区域的次生污染源对有机污染物的释放，最终导致Ⅶ断面底泥中有机污染物浓度高于来水断面Ⅰ。综合分析表明，闸控河流底泥中富含有机污染物和营养元素，闸下区域的底泥情况更不乐观，底泥成了河流主要的次生污染源，大量污染物的解吸会造成闸控河流水体的潜在污染。

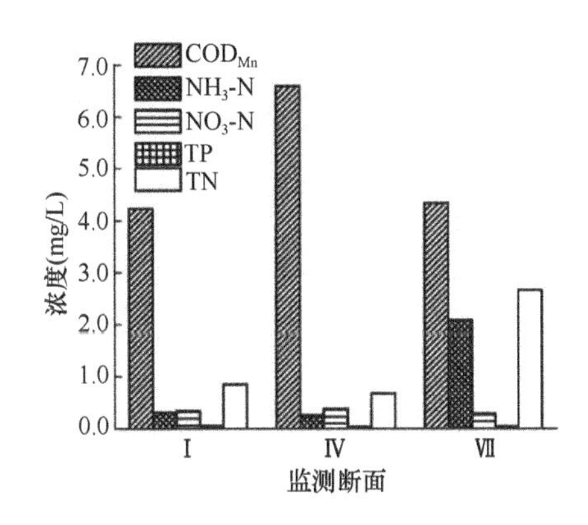

图 5.12　底泥污染物浓度变化

4. 污染物在不同介质间的浓度变化特征

为了分析污染物在表层水体、悬浮物、底泥三相中的分布规律和背景值，在 $0m^3/s$ 调控方式下，对水流扰动作用相对复杂的断面Ⅳ进行分析并与来水断面Ⅰ进行对比研究。从图 5.13 可以看出，COD_{Mn} 在表层水体和底泥中的含量较大，底泥和悬浮物中的 TN、TP 浓度均相差甚微，但含量都高于水体发生富营养化的限制水平，其他污染物浓度大小顺序为：水样>底泥样>悬浮物样，表明污染物普遍分布于水体和底泥中。与来水断面Ⅰ对比分析可知，Ⅳ断面表层水体除了 NO_3-N 浓度与来水浓度相当之外，其他污染物浓度均高于来水值，底泥中有机污染物浓度远远超过来水断面底泥、悬浮物、表层水体中有机污染物含量，悬浮物中含氮、含磷化合物浓度均高于来水断面Ⅰ。综合分析可以看出，在上游来水水质较差的情况下，调控流量过大，水体快速下泄，让原本富集在闸上区域的污染团随水流冲刷到闸下区域，加之强烈的水体扰动作用促使底泥再悬浮和污染物的大量释放，极易造成闸下水体突发性二次污染和水体富营养化。

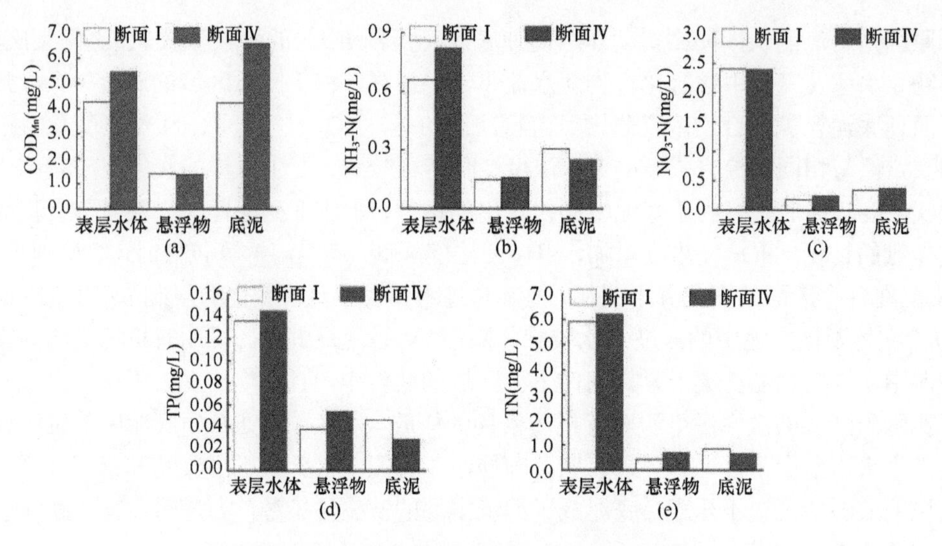

图 5.13　污染物质在不同介质间的浓度变化

5.3.3　水生态特征状况分析

1. 密度分布

浮游植物：图 5.14 呈现了开闸调控实施前后，浮游植物密度分布特征，可以看出，槐店闸的浮游植物以绿藻门、硅藻门、黄藻门、隐藻门为主。对比图 5.14（a）与图 5.14（b）可知，从闸上到闸下区域整体变化趋势上：①开闸调控实施前浮游植物总密度呈降低趋势，开闸调控实施后，浮游植物总密度呈增加趋势，表明闸坝短期开闸调控可促使闸门上游水域的浮游植物随水流下泄、迁移，并易富集到闸下水域，对浮游植物总密度分布产生了显著影响。②开闸调控实施前，耐污性强的隐藻门、蓝藻门密度呈增大趋势，而耐污性较弱的绿藻门、硅藻门、黄藻门密度呈降低趋势，开闸调控实施后，变化特征则相反，说明开闸调控有利于闸下水域耐污性较强的隐藻门、蓝藻门向耐污性较弱的绿藻门、硅藻门、黄藻门过渡，从而改善闸下水域浮游植物群落结构。综上所述，闸坝短期调控对浮游植物总密度分布与群落结构均产生显著影响。

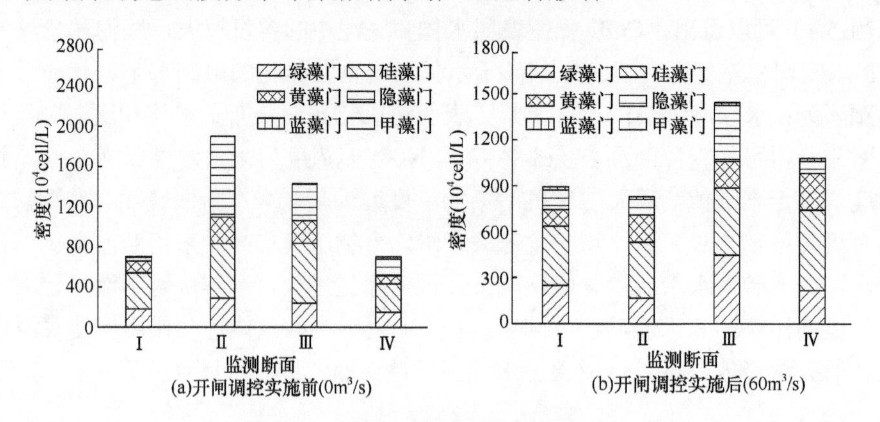

图 5.14　调控影响下浮游植物密度特征

浮游动物：图 5.15 呈现了开闸调控实施前后，浮游动物密度分布特征，可以看出，槐店闸浮游动物以枝角类和桡足类为主。对比图 5.15（a）与图 5.15（b）可知，从闸上到闸下区域整体变化趋势上：①开闸调控实施前，浮游动物总密度虽然显著降低，但开闸调控实施后，闸下断面与闸上断面的密度差比开闸调控实施前显著降低，说明开闸调控有利于减小闸下区域与闸上区域浮游动物总密度差异。②开闸调控实施后，浮游动物总密度比开闸调控实施前急剧降低，其中耐污性强的枝角类密度降低显著，发生这种现象的原因可能是开闸调控的水流扰动强烈，促使底泥再悬浮与污染物释放，水体中悬浮颗粒与污染物浓度增加，导致枝角类等大型浮游动物的摄食条件恶化，对其生存造成了威胁，增大其死亡率。③开闸调控实施前，枝角类与桡足类密度呈降低趋势，原生动物与轮虫呈增加趋势，开闸调控实施后，原生动物、轮虫、枝角类密度变化趋势与开闸调控实施前的变化特征一致，而桡足类密度变化特征与之相反，表明短期开闸调控，对原生动物、轮虫、枝角类的群落结构组成影响不大，而对桡足类的群落结构组成影响显著。

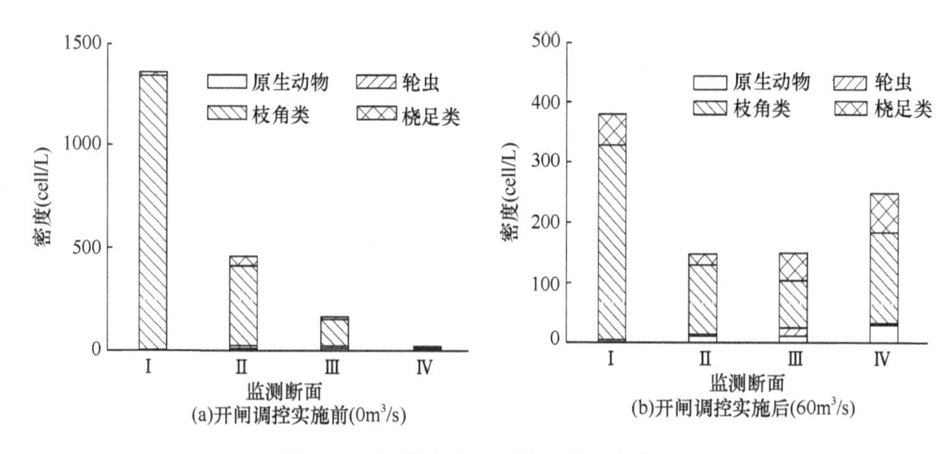

图 5.15　调控影响下浮游动物密度特征

底栖动物：由于短期闸坝调控实验期间，槐店闸断面 I 河底被城市生活垃圾覆盖，几乎无底栖动物存在，因此，底栖动物密度特征分析仅在断面 II、III、IV进行。图 5.16 显示了底栖动物密度在开闸调控实施前后的特征，可以看出，槐店闸底栖动物以软体动物、环节动物和节肢动物为主。对比图 5.16（a）与图 5.16（b）可知，从闸上到闸下区域的整体变化趋势上：①底栖动物总密度在开闸调控实施前呈增加趋势，而开闸调控实施后呈降低趋势。发生这一现象的原因是，开闸调控条件下，闸下区域受到水流下泄的冲刷与扰动作用强烈，促使闸下底栖动物生存与繁衍环境变得复杂，底栖动物密度降低。②开闸调控实施前，软体动物与节肢动物密度呈增加趋势，环节动物呈下降趋势，开闸调控实施后，底栖动物各物种的密度变化趋势与开闸调控实施前的变化特征一致，说明短期开闸调控对底栖动物群落结构组成影响很小。综上所述，短期开闸调控，虽对底栖动物总密度分布产生了显著影响，但对其群落结构影响甚微。

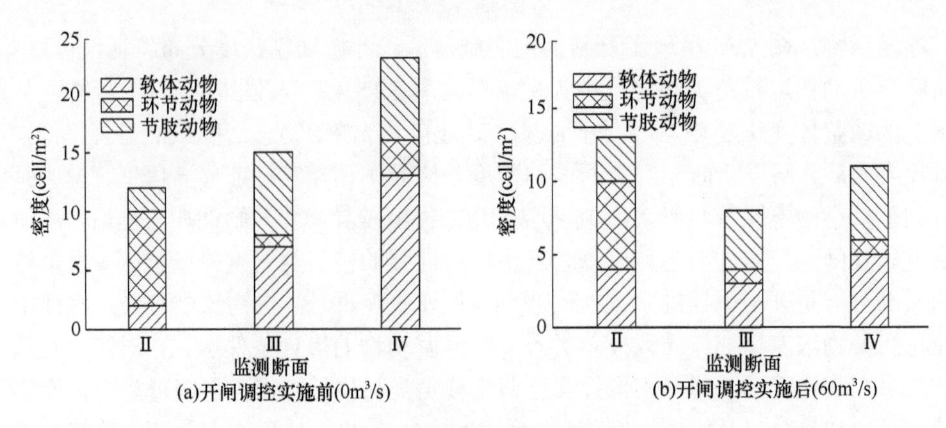

图 5.16　调控影响下底栖动物密度特征

2. 水生态多样性

图 5.17 呈现了水生生物多样性指数（Shannon-Wiener 指数）在开闸调控实施前后的变化特征。由图 5.17 可以看出，从闸上到闸下整体变化趋势上：①开闸调控实施前，浮游植物、浮游动物、底栖动物的多样性均呈增加趋势，表明闸门关闭时，闸下区域的水生态环境优于闸上区域。②开闸调控实施后，浮游植物、浮游动物的多样性呈下降趋势，与开闸调控实施前的特征相反，底栖动物多样性虽呈增加趋势，但增加幅度显著低于开闸调控实施前，表明开闸调控对闸下区域水生态环境产生了显著负面影响。值得注意的是，断面 II 的浮游动物、浮游植物、底栖动物多样性在开闸调控实施后均有提升，然而在断面 IV，却显著降低，表明开闸调控有利于紧靠闸门的闸上水域水生态环境改善，但对闸下断面 IV 水域产生了严重的负面影响，加剧其水生态环境恶化。

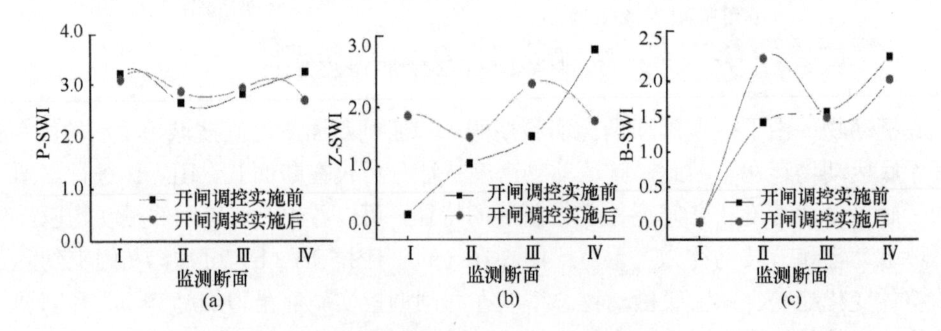

图 5.17　调控影响下水生生物多样性特征

第6章　闸控河流水量–水质–水生态模型研究

6.1　闸坝水量–水质防污调控模型

6.1.1　单一闸坝作用下的水动力–水质模型

水环境方面的问题往往涉及水文、化学、生物等多种因素的影响，也与不同污染物的形态、扩散速率等参数有关。通过实验数据研究对闸控河段水质变化的主要影响因子，将主要影响因子之间的作用关系或规律和相应的控制条件（如边界条件等）表示为正确的数学关系式，这样就形成针对水环境问题所建立的水环境数学模型。通过这些模型，不仅可以模拟、预测水质水量的时空变化，而且能够为进一步的水质控制、改善、调节、管理提供科学的依据和决策方案。

1. 基于实验的单一闸坝作用下水动力–水质模型的构建

闸坝控制影响下的河流与天然河道条件下的河流水力特性有着很大的不同，适用于天然河道的水动力和水质模型不完全适用于闸坝控制的河流，因此，要采用一种新的方法来建立闸坝调控作用下的水动力–水质模型。针对闸坝控制河流，在闸上和闸下分别设置上下两个节点，节点之间成为闸坝调控计算的河段。

（1）一维水动力模型

水动力模型的控制方程为圣维南（Saint-Vennant）方程组，具体方程如下：

$$\begin{cases} \dfrac{\partial Q}{\partial x}+\dfrac{\partial A}{\partial t}=q \\ \dfrac{\partial Q}{\partial t}+\dfrac{\partial}{\partial x}(\dfrac{Q^2}{A})+gA\dfrac{\partial Z}{\partial x}+g\dfrac{Q|Q|}{C^2AR}=0 \end{cases} \tag{6.1}$$

式中，Q 为流量，m^3/s；A 为过流断面面积，m^2；q 为旁侧入流，m^3/s；t 为时间，s；x 为河长，m；g 为重力加速度，m/s^2；Z 为水位，m；C 为谢才系数，$m^{1/2}/s$；R 为水力半径，m。

（2）一维水质模型

河流在进入闸坝拦蓄的库区之后，由于水流条件的变化，水体内挟带大量有机物质的泥沙颗粒在库区大量沉积，形成一定厚度、包含各种污染物质的底泥。在闸坝调控实验中，通过对底泥的取样分析得知，底泥是以细黏土为主，所含的氨氮浓度为20.5mg/L

（为水体的氨氮浓度的 4～5 倍），高锰酸盐指数浓度为 19.0mg/L（为水体的高锰酸盐指数浓度的 3～4 倍），含沙率为 1.13kg/m^3（均为实验数据），因此在闸坝调控实验中，底泥作为一个“内源”，不可忽视它在河流水质变化中所起的作用。结合国内外的研究状况，底泥污染物与上覆水体的污染物交换基本上可分为两种类型：一类是底泥–水界面污染物的交换，另一类是底泥沉积–再悬浮作用下污染物的交换。很多学者在研究这两种类型时运用了泥沙动力学的相关观点来建立水质模型，这种研究方法在机理上是十分先进的，有利于正确理解河流中污染物的迁移转化规律，但是这类水质模型参数众多，需要大量的监测数据对模型进行率定，并且一些关键参数往往根据经验确定，因此，模型的适用性和实用性受到限制。

闸坝调控作用下的底泥主要是通过沉积和再悬浮作用来影响水质，可以用闸坝调控下水动力的变化来反映底泥沉积–再悬浮作用下污染物的交换过程。假定底泥颗粒的沉积和再悬浮处于动态平衡时，水流到达临界流速 V_L（此时底泥颗粒沉积和再悬浮所引起的上覆水体的水质变化互相抵消），若上覆水体的流速为 $V=\sqrt{u^2+v^2}$ ，当 $V \leqslant V_L$ 时，水体中的污染物质伴随泥沙颗粒大量沉积，减少了上覆水体的污染物质浓度，这种污染物的增量可以通过建立与 $V \leqslant V_L$ 的函数关系来反映；当 $V > V_L$ 时，底泥被冲刷，大量污染物质从底泥中释放，增加了上覆水体的污染物浓度，这种污染物的增量同样可以通过建立与 V 的函数关系来反映。因此，在实地实验的基础上，借鉴托马斯（Thomas）BOD-DO 模型的原理，针对河流水体中的氨氮和高锰酸盐指数构建如下的一维水质方程，具体方程如下：

$$\frac{\partial(AC)}{\partial t}+\frac{\partial(QC)}{\partial x}=\frac{\partial}{\partial x}(AD\frac{\partial C}{\partial x})-K_1C+K_2C+S \tag{6.2}$$

式中，C 为污染物浓度，mg/L；D 为纵向离散系数，m^2/s；S 为源汇相，（mg/L）/s；K_1 为降解系数，1/d；K_2 为底泥的污染物沉积–再悬浮系数，反映不同水动力下底泥对上覆水体的污染物质浓度的影响。

2. 模型的求解方法

（1）水动力模型的求解方法

采用 Preissmann 四点偏心隐式格式对单一河道 Saint-Vennant 方程进行求解，Preissmann 四点偏心隐式格式围绕矩形网格中的一点 M 求偏导数来进行差商逼近，其差分方式如图 6.1 所示。

对任意因变量 f 及其导数，Preissmann 四点线性隐式差分具体可表示为

$$\begin{cases} f(x,t)\approx\dfrac{\theta}{2}(f_{j+1}^{n+1}+f_j^{n+1})+\dfrac{1-\theta}{2}(f_{j+1}^n+f_j^n) \\ \dfrac{\partial f}{\partial t}\approx\dfrac{f_{j+1}^{n+1}-f_{j+1}^n+f_j^{n+1}-f_j^n}{2\Delta t} \\ \dfrac{\partial f}{\partial x}\approx\theta\dfrac{f_{j+1}^{n+1}-f_j^{n+1}}{\Delta x}+(1-\theta)\dfrac{f_{j+1}^n-f_j^n}{\Delta x} \end{cases} \tag{6.3}$$

式中，n 为时间层；j 为空间层；Δt 为时间步长；Δx 为距离步长；θ 为加权因子，$0.5 \leqslant \theta \leqslant 1$。同时采用 $f^{n+1} = f^n + \Delta f$ 表示同一节点上相邻时间步长的因变量函数值。

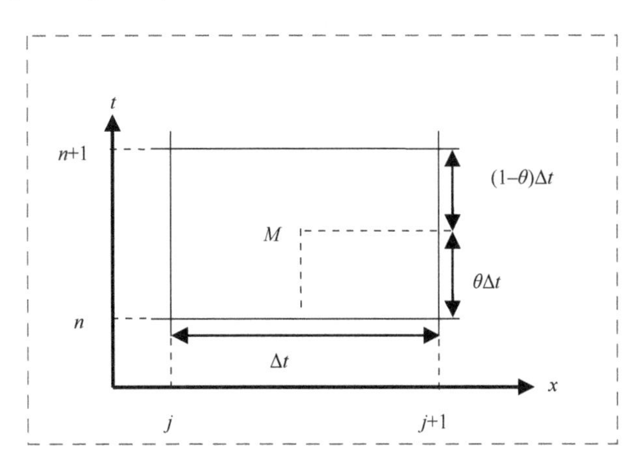

图 6.1　Preissmann 差分格式

圣维南方程组离散过程详见参考文献（杨国录，1993），整理后的离散方程如下所示：

$$\begin{cases} A_{1j}\Delta Q_j + B_{1j}\Delta Z + C_{1j}\Delta Q_{j+1} + D_{1j}\Delta Z_{j+1} = G_{1j} \\ A_{2j}\Delta Q_j + B_{2j}\Delta Z + C_{2j}\Delta Q_{j+1} + D_{2j}\Delta Z_{j+1} = G_{2j} \end{cases} \tag{6.4}$$

然后以堰闸经验公式构建河段方程，首先把堰闸经验公式改写成以首断面流量表示的首、末断面水位的河段方程，再将改写后堰闸过流方程组纳入河网河段方程组隐式连解，其中：

$$Q = \mu w \sqrt{2gH_s} \tag{6.5}$$

式中，$H_s = Z_1 - Z_2$，Z_1、Z_2 为闸上、闸下水位；μ 为流量系数；w 为出口处面积。

将式（6.5）改写成如下形式：

$$Q^2 = 2g\mu^2 w^2 (Z_1 - Z_2)$$

由于闸上闸下流量相等，则闸上流量 $Q_1 = \dfrac{2g\mu^2 w^2}{|Q_1|}(Z_1 - Z_2)$；闸下流量 $Q_2 = \dfrac{2g\mu^2 w^2}{|Q_2|}(Z_1 - Z_2)$。

令 $\beta_1 = \dfrac{2g\mu^2 w^2}{|Q_1|}$，$\xi_1 = -\dfrac{2g\mu^2 w^2}{|Q_1|}$，$\eta_1 = -\dfrac{2g\mu^2 w^2}{|Q_2|}$，$\gamma_1 = \dfrac{2g\mu^2 w^2}{|Q_2|}$

以首断面流量表示的首、末断面水位关系式如下所示：

$$Q_1 = \beta_1 Z_1 + \xi_1 Z_2 \tag{6.6}$$

以末断面流量表示的首、末断面的水位关系式如下所示：

$$Q_2 = \eta_1 Z_2 + \gamma_1 Z_1 \tag{6.7}$$

Q_1 和 Q_2 由堰闸经验公式计算。将式（6.6）和式（6.7）联入河段方程组隐式求解即可。

(2) 水质模型的求解方法

水质方程的求解，采用隐式差分格式离散（图 6.2），结合三对角追赶法求解。

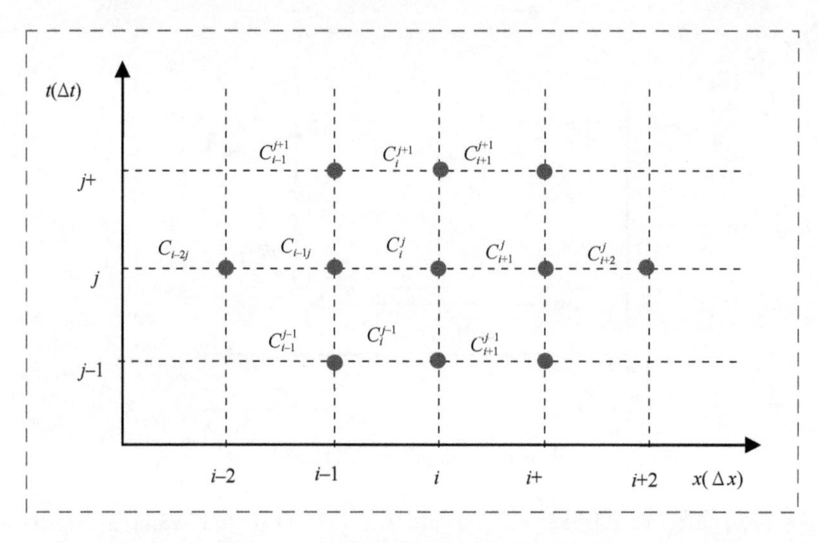

图 6.2　时间、空间坐标离散化示意图

将式（6.2）的方程离散可得

$$\frac{C_i^{j+1}-C_i^j}{\Delta t}+u\frac{C_i^j-C_{i-1}^j}{\Delta x}=E\frac{C_{i+1}^{j+1}-2C_i^{j+1}+C_{i-1}^{j+1}}{\Delta x^2}-\frac{1}{2}K_1(C_i^{j+1}+C_{i-1}^j) \tag{6.8}$$

$$\alpha_i C_{i-1}^{j+1}+\beta_i C_i^{j+1}+\gamma_i C_{i+1}^{j+1}=\delta_i$$

3. 实验区水动力–水质模型及结果分析

以在沙颍河流域槐店闸开展的闸坝调控实验为基础，选取氨氮作为代表性水质指标，实地测定水力参数和水质参数，对模型进行验证。

(1) 参数的率定

1）水力参数：曼宁系数 n 值为 0.028。

2）水质参数：横向扩散系数为 $0.5\text{m}^2/\text{s}$，在实验前期，在闸坝下游的 VI 和 VII 断面间河段（近似为是天然河段）的 13#和 15#采样点采取水样，水样的氨氮浓度为 C_{13} 和 C_{15}，u 为流速，x 为两个采样点的距离，根据 $k_1=\frac{u}{x}\ln(\frac{C_{13}}{C_{15}})$，率定氨氮的降解系数为 0.076/d。

3）底泥参数的率定：采用闸上 2#和闸下 12#监测点（底泥取样点）水样的浊度与流速的对应关系，确定相应的临界流速 V_L，如图 6.3 所示。由图 6.3 可知，当流速大于 0.21m/s 时，浊度开始显著上升，说明再悬浮速率开始明显大于沉积速率。因此，可以率定 V_L=0.21m/s。

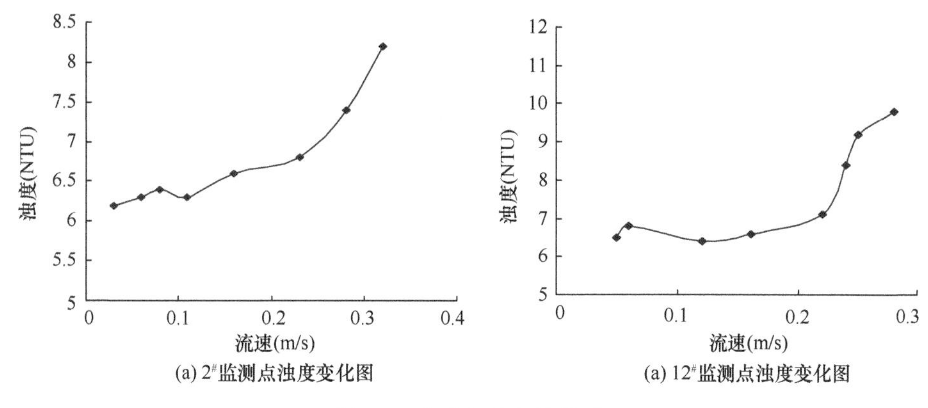

图 6.3　流速和浊度的关系

由于整个实验期间没有其他内源和外源的加入，可以认为监测点水质的变化主要是由底泥所引起的，即模型计算的氨氮值（不考虑底泥对水质的影响）和实际测得的氨氮值的差值是由 k_2 决定的。因此，将各个采样点氨氮浓度值和 k_1 的值代入模型，进行试运算，共计得到 12 个 k_2 的值，并得到 k_2 与流速 V 的函数关系，如图 6.4 所示。

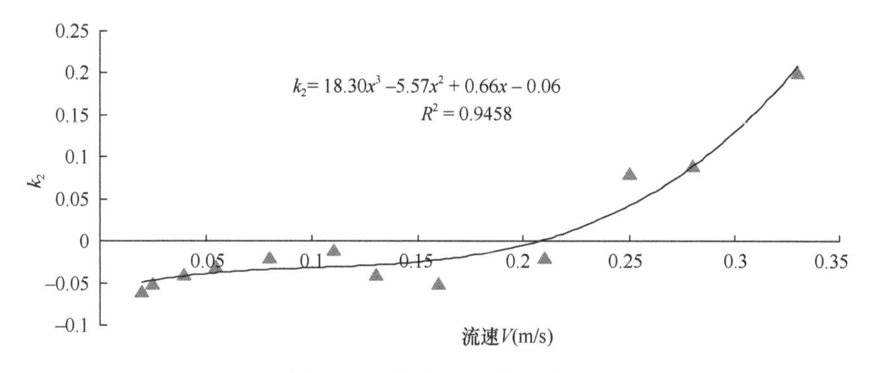

图 6.4　k_2 与流速 V 的关系图

由图 6.4 可知，当 V =0.21m/s 时，k_2 的取值为 0，此时底泥沉积和再悬浮所引起上覆水体的水质变化互相抵消，V_L 约为 0.21m/s，这与图 6.3 利用浊度所得到的 V_L 的值基本一致，说明可以通过流速的变化来反映氨氮浓度的变化趋势，所建立的 k_2 与 V 的函数关系式是合理的。

（2）初始边界条件

初始条件：假定初始水面是水平、水流是静止的，水体初始氨氮浓度为 4.6mg/L；模型的计算区域分为闸上部分和闸下部分，分别进行计算。

边界条件：模型计算中，固边界采用无滑动边界条件。以 2010 年 3 月 4 日 8:00 到 5 日 20:00 为模拟时段，取实测流量和水位作为上、下游的开边界条件，上游取流量过程线，下游取水位过程线。水质模拟上游边界取氨氮浓度过程线，固边界污染物浓度通量为 0。

（3）模型的检验

实测值和模型的计算值如表6.1所示，流速的误差在20%以内，氨氮浓度的误差在25%以内，说明所建立的模型是合理的。

表6.1 模型计算结果与实时监测数据比较

采样点	2010年3月4日15:00						2010年3月5日14:00					
	计算值		实测值		相对误差（%）		计算值		实测值		相对误差（%）	
	流速（m/s）	浓度（mg/L）	流速（m/s）	浓度（mg/L）	流速	浓度	流速（m/s）	浓度（mg/L）	流速（m/s）	浓度（mg/L）	流速	浓度
3#	0.079	4.59	0.072	4.31	9.7	6.50	0.09	5.15	0.078	4.17	15.4	23.5
5#	0.083	5.02	0.075	4.51	10.7	11.3	0.11	5.52	0.096	4.75	14.6	16.2
7#	0.076	5.33	0.067	4.85	13.4	9.90	0.094	4.85	0.081	4.23	16	14.7
10#	0.058	4.22	0.049	4.66	18.4	9.44	0.084	3.96	0.072	4.15	16.7	4.58
12#	0.094	5.21	0.082	4.83	14.6	7.87	0.142	5.32	0.12	4.85	18.3	9.69

6.1.2 闸坝群作用下水动力-水质模型

1. 闸坝群作用下水动力-水质模型的构建

根据单一闸坝作用下水动力-水质模型的构建原理，将单一闸坝扩充为多个闸坝，水动力方程需要加入汊点连入条件方程，水质方程需要添加汊点水质平衡方程。

（1）汊点连入条件

汊点指的是河道交叉处，简称为节点。水流运动在河段各节点上满足质量守恒和能量守恒，即以下两个衔接方程成立。

a. 流量衔接方程

进出每一汊点的流量必须与该汊点内实际水量的增减率相等，即

$$\sum_{i=1}^{n} Q_i^m = \frac{\partial V_m}{\partial t} \tag{6.9}$$

式中，n和m分别为与某一汊点相连的河段数和汊点；V_m为m汊点的蓄水量，在水位变化引起的汇合区水体积的变化不计的情况下，可以简化为

$$\sum_{i=1}^{n} Q_i^m = 0 \tag{6.10}$$

b. 动力衔接方程

汊点各汊道断面的水位和流量与汊点平均水位之间的水力联系，必须符合动力衔接条件，其处理的方法有两种：一种是如果汊点可以概化为一个几何点，出入各汊道的水流平缓，不存在水位突变的情况，则各汊道断面的水位应相等：

$$Z_i = Z_j = \cdots = \overline{Z} \tag{6.11}$$

另一种是考虑断面的过水面积相差悬殊，流速有较明显的差别，但仍属缓流情况，若忽略汊点局部能量损失，则按照 Bernoulli 方程，各断面之间的总水头应相等：

$$E_i = Z_i + \frac{U_i^2}{2g} = Z_j + \frac{U_j^2}{2g} = \cdots = E \qquad (6.12)$$

（2）汊点水质平衡方程

$$\sum (QC) = (C\Omega)(\frac{\mathrm{d}Z}{\mathrm{d}t}) \qquad (6.13)$$

式中，Ω 为河道汊点节点的水面面积。

2. 模型的求解方法

模型的求解采用三级算法，其原理概述如下：

1）首先，将河网模型中分流口或汇流口概化成节点，节点与节点之间定义为河段，河段内设置若干个计算断面，计算断面之间称为微段，然后将河段内相邻两断面之间的每一微段上的圣维南方程组离散为断面水位和流量的线性方程组（一级算法）。

2）其次，通过河段内相邻断面水位与流量的线性关系和线性方程组的自消元，形成河段首、末断面以水位和流量为状态变量的河段方程（二级算法）。

3）最后，利用汊点和边界方程，消去河段首、末断面的某一个状态变量，形成节点水位（或流量）的节点方程组，对其求解称为河网三级算法。通过模型分块及模块之间的显式衔接，最终就形成了一维显隐结合的分块三级河网算法。

3. 区间入河污染负荷估算

污染负荷是通过各种途径进入地表水的污染物数量，是影响地表水水质的重要因素。流域水质模型应用的难点在于区间入河污染负荷（点源及面源）的确定，现有的非点源污染计算模型虽然理论上已比较完善，但其对数据的需求很高，实际的资料条件很难满足其要求。此外，非点源污染模型的计算精度一直偏低。因此，在实时的水质预测中很难利用非点源污染计算模型来量化区间入河污染负荷过程，这导致实时河道水质预报精度受到很大影响。因此，需要研发简单实用的区间入河污染负荷估算模型来满足河道水质实时预测需求。

基于水动力–水质模型反演的区间入河污染负荷计算模型具体步骤如下：

1）收集某段时期（周、月）首断面实测的来水流量和水质浓度，作为水动力–水质的上边界条件输入。

2）将各河段区间入河污染负荷概化成点源污染，在首断面输入区间入河污染负荷，判断末断面的水动力–水质模型所计算的水质浓度 $C_{计算}$与末断面实测的水质浓度 $C_{实测}$是否相等，如果 $C_{计算}$和 $C_{实测}$相等，则输出区间入河污染负荷值，否则调整区间入河污染负荷，直至 $C_{计算}$和 $C_{实测}$相等时为止，详细过程如图 6.5 所示。

3）将历年来某段时期的区间入河污染负荷相加，取其平均值作为这段时间该区间的入河污染负荷。

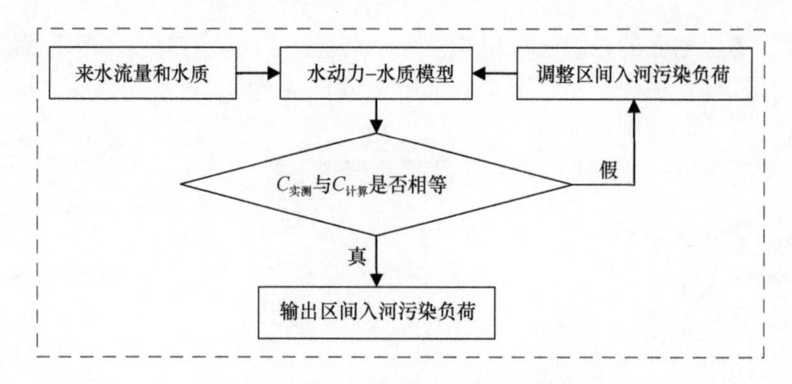

图 6.5　区间入河污染负荷计算流程图

4. 模型参数及检验

共收集 238 个监测断面以及槐店闸、李坟闸、阜阳闸和颍上闸库容曲线资料，具体如表 6.2 和图 6.6～图 6.9 所示。

表 6.2　河段信息表

河段名称	河长（km）	平均坡降（‰）	断面数量（个）	断面平均间距（km）
槐店闸—阜阳闸	94	0.53	92	1.02
李坟闸—阜阳闸	70	1.32	56	1.25
阜阳闸—颍上闸	58	0.59	54	1.07
颍上闸—鲁台子	47	0.87	36	1.30

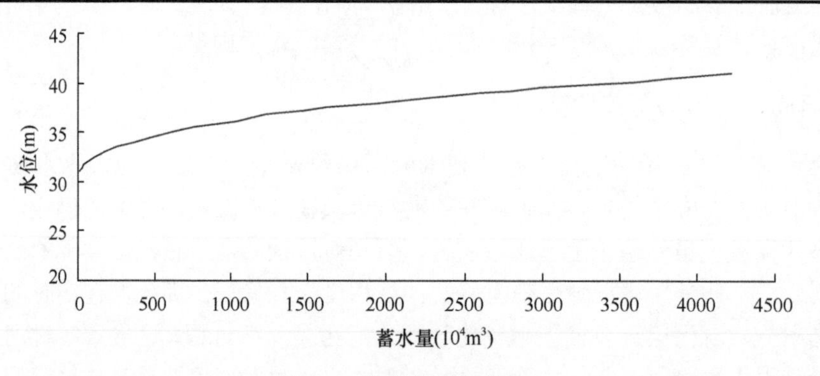

图 6.6　槐店闸库容曲线

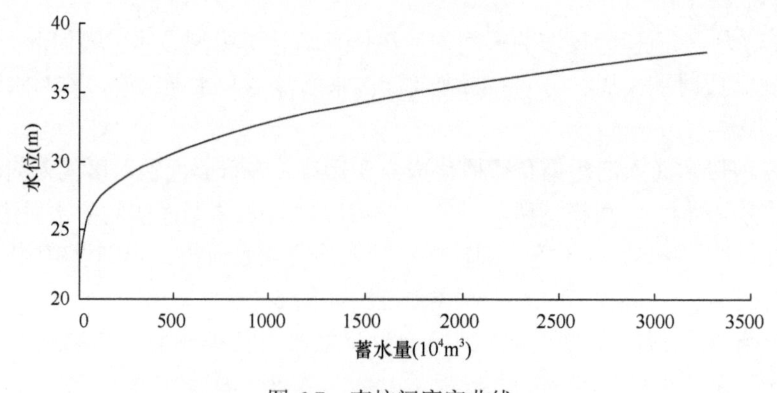

图 6.7　李坟闸库容曲线

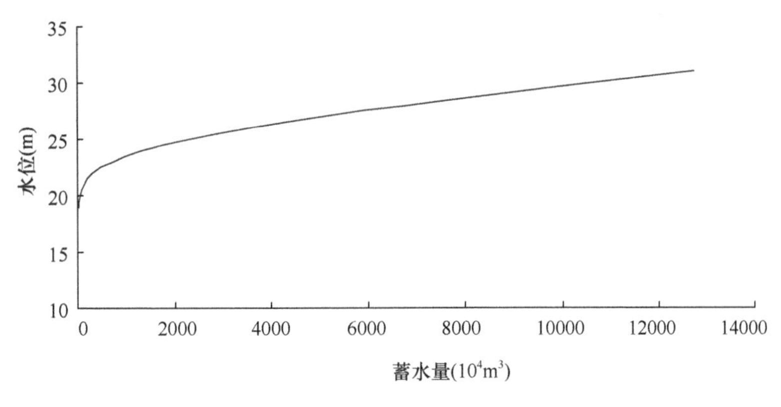

图 6.8　阜阳闸库容曲线

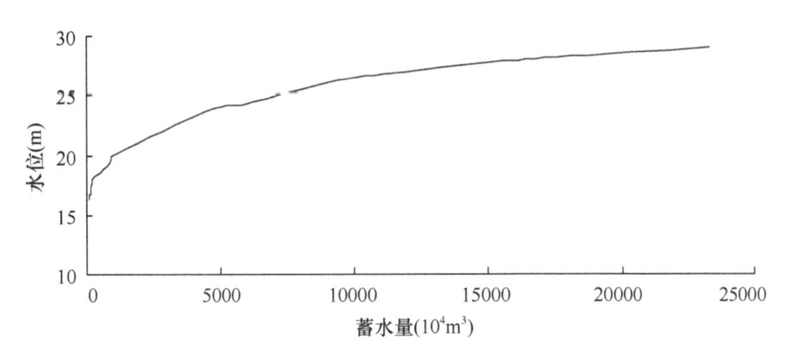

图 6.9　颍上闸库容曲线

采用 2003～2010 年沙颍河的水情水质数据，计算槐店闸—阜阳闸、李坟闸—阜阳闸、阜阳闸—颍上闸和颍上闸—鲁台子 4 个河段每年 1～6 月区间入河负荷（氨氮），计算结果如表 6.3 所示。

表 6.3　区间入河污染负荷

闸坝区间	1 月氨氮入河量（kg/d）	2 月氨氮入河量（kg/d）	3 月氨氮入河量（kg/d）	4 月氨氮入河量（kg/d）	5 月氨氮入河量（kg/d）	6 月氨氮入河量（kg/d）
槐店闸—阜阳闸	40435.2	42854.4	45446.4	54086.4	65533.5	59386.4
李坟闸—阜阳闸	14441.1	16482.5	19759.3	19316.5	27305.6	20478.1
阜阳闸—颍上闸	23846.4	19440.3	30585.6	38624.1	42316.4	46836.6
颍上闸—鲁台子	3974.4	6385.4	5698.4	4206.4	6967.5	4986.7

采用沙颍河 2005 年 1～5 月的水情水质同步过程对模型进行检验，检验结果如图 6.10～图 6.18 所示。从图 6.10～图 6.18 中可以看出，模型计算的流量和水位与实测流量和水位变化趋势吻合较好，说明所建模型能较好地反映沙颍河在闸坝调控作用下水流的演进特征和规律；模型计算的氨氮与实测氨氮变化趋势吻合较好，说明所建模型能较好地反映沙颍河在闸坝调控作用下污染物的输移扩散规律。

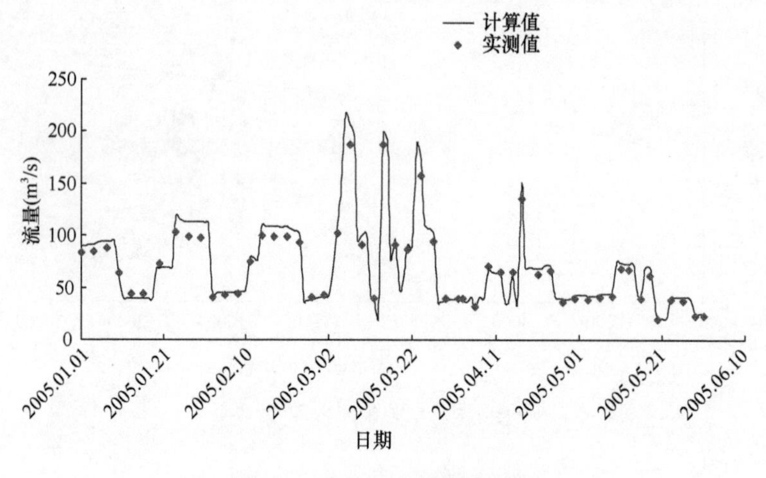

图 6.10　阜阳闸流量检验结果

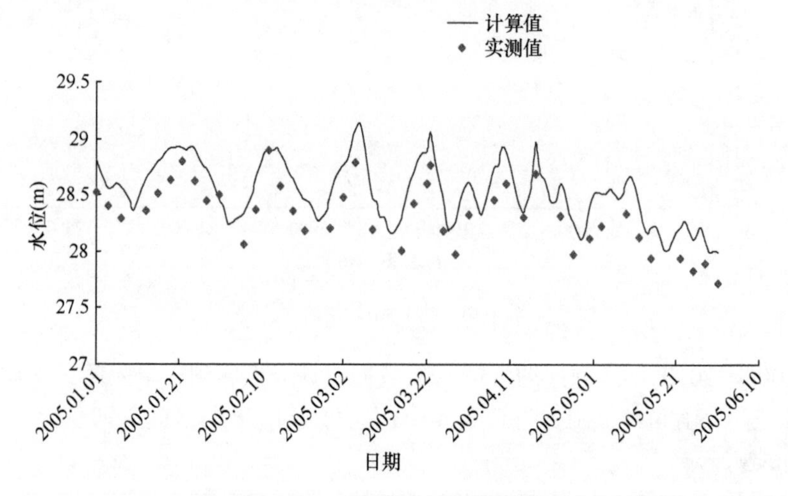

图 6.11　阜阳闸水位检验结果

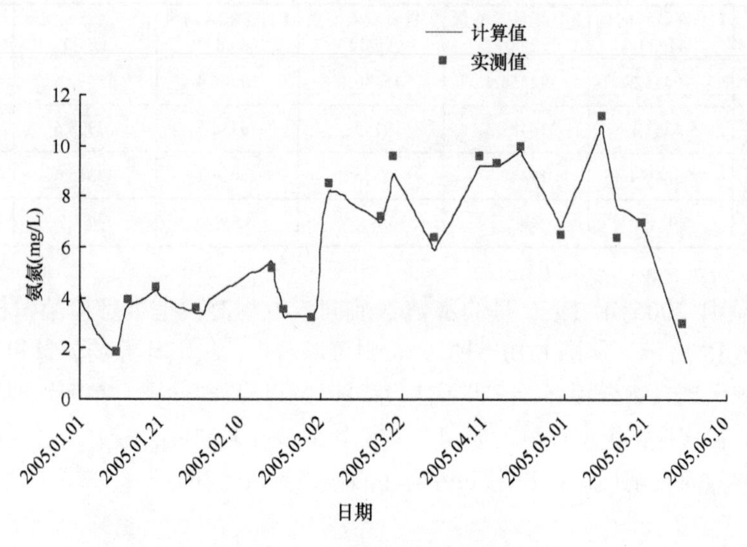

图 6.12　阜阳闸氨氮检验结果

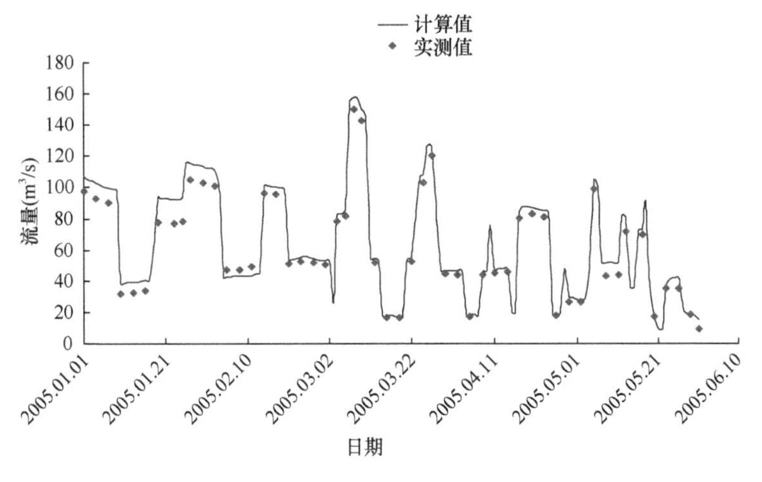

图 6.13 颍上闸流量检验结果

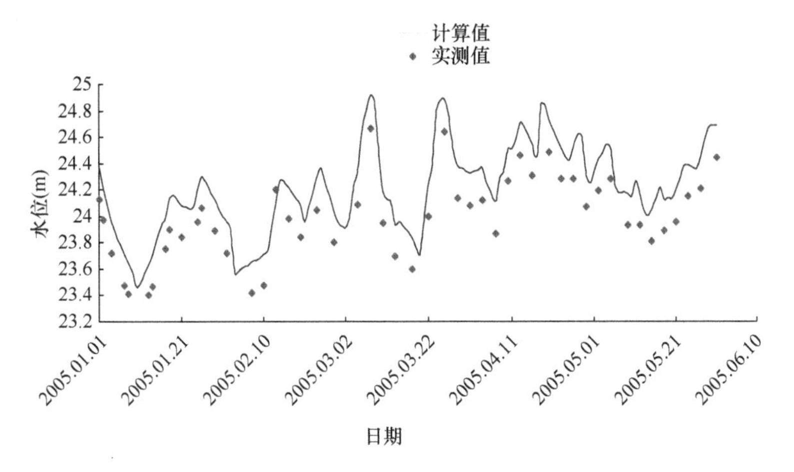

图 6.14 颍上闸水位检验结果

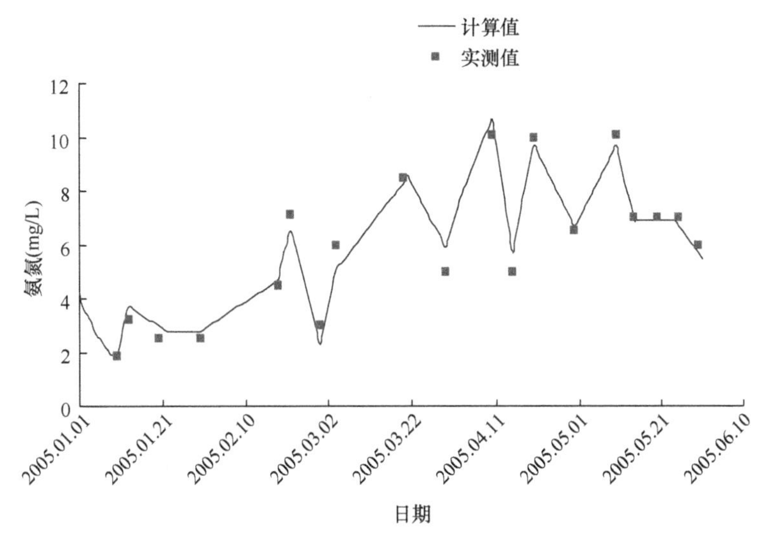

图 6.15 颍上闸氨氮检验结果

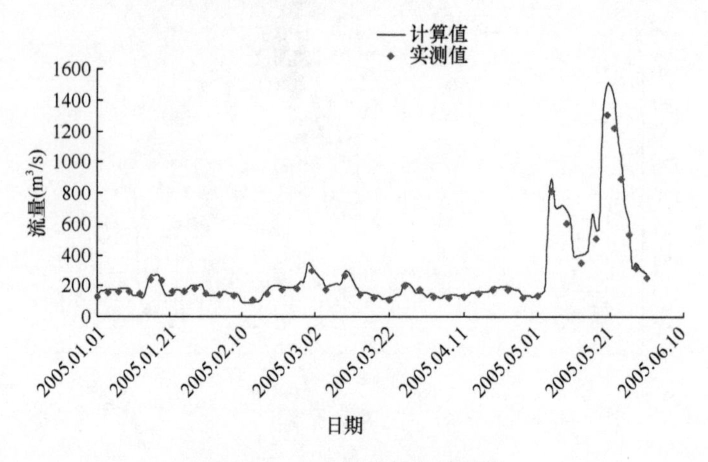

图 6.16　鲁台子流量检验结果

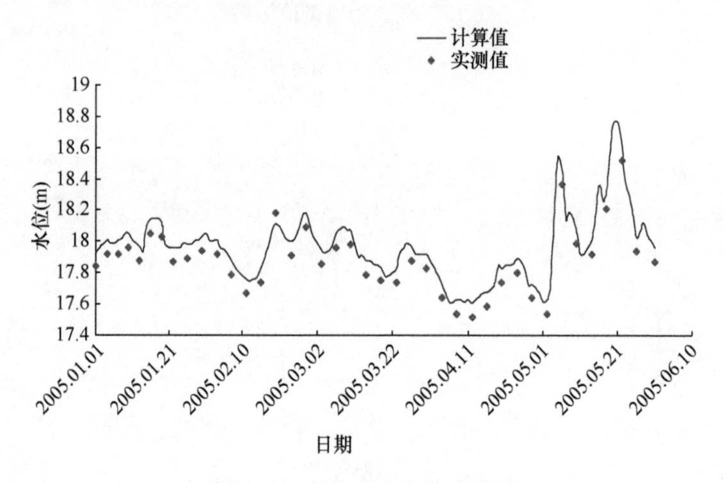

图 6.17　鲁台子水位检验结果

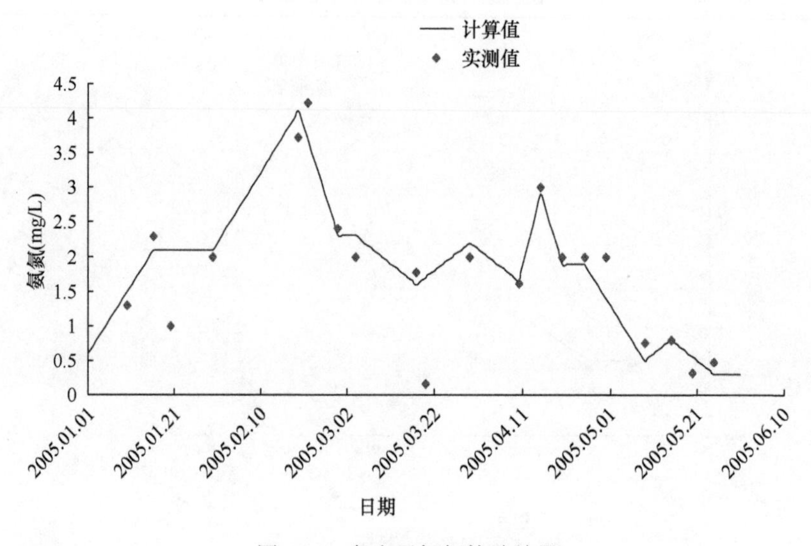

图 6.18　鲁台子氨氮检验结果

6.1.3　基于模拟–优化的闸坝防污调控模型

1. 研究思路与方法

为了满足闸坝防污调控的实际需要，以相邻闸坝之间的河段作为计算单元，采用数值模拟和优化调控相结合的闸坝调控方法，构建基于模拟的污染河流闸坝防污调控优化模型，该模型包含水动力–水质模型和多目标优化模型两个子模型。

水动力–水质模型模拟闸坝在不同的调控方案下河段洪水演进和污染物迁移扩散过程，该模型嵌入多目标优化模型中，作为多目标优化模型的约束条件进行耦合计算；针对兴利和防污的目标要求，设立两个目标函数，除嵌入水动力–水质模型作为约束外，再考虑闸坝蓄水量、泄流量约束以及水量平衡、水质平衡和水质目标约束，建立多目标优化模型。

该优化模型的求解，采用多目标遗传算法和模糊优选相结合的方法。其基本思路是：在各约束条件下，通过多目标遗传算法逐时段进行优化计算，找到各闸坝在该时段调控方案的非劣解集；通过水动力–水质模型对各非劣解集进行数值模拟运算，验证各个调控方案的可行性，删除不可行的调控方案，然后再通过多目标模糊优选找到该时段最优调控方案；同时再应用水动力–水质模型校验该时段末各河段的蓄水量和水质浓度，减少因水流滞时所带来的计算误差，最后转入下一时段进行计算，直至找到最优调控方案。

计算流程如图 6.19 所示。

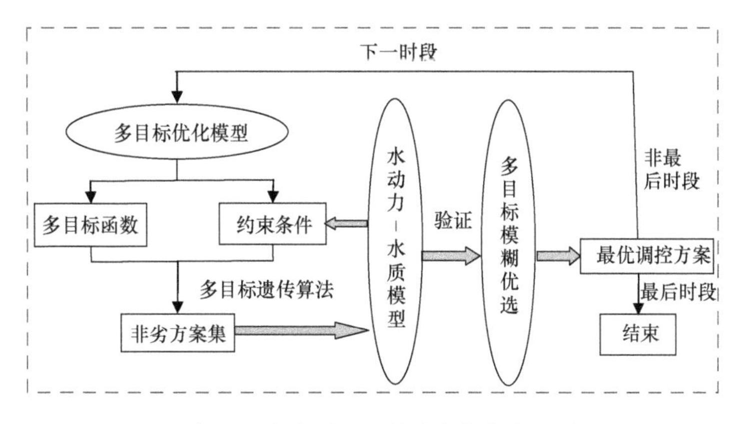

图 6.19　闸坝防污调控方案优化流程图

2. 闸坝防污调控模型的构建

（1）闸坝作用下水动力–水质模型的构建

闸坝作用下水动力–水质模型的构建过程，参照 6.1.2 节。

（2）多目标优化模型的构建

a. 多目标函数

（Ⅰ）兴利目标函数

假如河流上有多个闸坝，为了避免各闸坝调控对当地的兴利造成较大的影响，要求闸坝所拦蓄的水量与闸坝的兴利库容（即正常蓄水位对应的库容水量）之间的变化率平方和最小。其表达式如下：

$$\min E(v)=\sum_{i=1}^{N}\sum_{t=1}^{T}\left[(V_{i,t+1}-V_{i,\mathrm{nor}})/V_{i,\mathrm{nor}}\right]^2 \tag{6.14}$$

式中，N 为闸坝的个数；T 为时段总数；$V_{i,t+1}$ 为第 i 个闸坝 t 时段末的蓄水量；$V_{i,\mathrm{nor}}$ 为第 i 个闸坝兴利库容。

（Ⅱ）防污目标函数

闸坝蓄、放水要考虑闸前水体的水质，要求尽量"蓄优排劣"，在不造成保护河段出现水污染的前提下，使每个闸坝在调控期间排放到下游河段的污染物总量最大，减少闸前库区所拦蓄的污染物总量，从而充分利用保护河段的水环境容量来合理地分配闸坝所拦蓄的污染物总量，使某些时段污染物浓度降低。其表达式如下：

$$\max F(v)=\sum_{i=1}^{N}\sum_{t=1}^{T}(Q_{i,t}C_{i,t})\Delta t \tag{6.15}$$

式中，$Q_{i,t}$，$C_{i,t}$ 分别为河流第 i 个闸坝在 t 时段排放到下游河段水体的平均流量和污染物浓度；Δt 为计算时段步长。

b. 约束条件

（Ⅰ）闸坝蓄水量（库容）约束

$$V_{i,t}^{\mathrm{L}}\leqslant V_{i,t}\leqslant V_{i,t}^{\mathrm{U}} \tag{6.16}$$

式中，$V_{i,t}$ 为第 i 个闸坝 t 时段的蓄水量；$V_{i,t}^{\mathrm{L}}$ 和 $V_{i,t}^{\mathrm{U}}$ 分别为第 i 个闸坝 t 时段允许的最小和最大蓄水量。

（Ⅱ）闸坝水量平衡约束

$$V_{i,t+1}=V_{i,t}-(Q_{i,t}-q_{i,t})\ \Delta t \tag{6.17}$$

式中，$V_{i,t+1}$，$V_{i,t}$ 分别为第 i 个闸坝 t 时段末、初的蓄水量；$Q_{i,t}$，$q_{i,t}$ 分别为第 i 个闸坝 t 时段的平均出流量和入流量。

（Ⅲ）闸坝水质约束

$$V_{i,t+1}C_{i,t+1}=V_{i,t}C_{i,t}-(Q_{i,t}C_{i,t}^{\mathrm{out}}-q_{i,t}C_{i,t}^{\mathrm{in}})\Delta t-k(V_{i,t}+V_{i,t+1})C_{i,t}/2 \tag{6.18}$$

式中，$C_{i,t+1}$，$C_{i,t}$ 分别为第 i 个闸坝 t 时段末、初的污染物浓度；$C_{i,t}^{\mathrm{out}}$，$C_{i,t}^{\mathrm{in}}$ 分别为第 i 个闸坝 t 时段的平均出流和入流的污染物浓度；k 为污染物综合降解速率系数。

（Ⅳ）闸坝泄流量约束

$$Q_{i,t}^{\mathrm{L}}\leqslant Q_{i,t}\leqslant Q_{i,t}^{\mathrm{U}} \tag{6.19}$$

式中，$Q_{i,t}^{\mathrm{L}}$ 和 $Q_{i,t}^{\mathrm{U}}$ 分别第 i 个闸坝 t 时段允许的泄流量的下限和上限。

（Ⅴ）保护河段监测断面水质约束

开展闸坝防污调控，要求所保护河段的监测断面的水质浓度不能大于某一数值，故表达式如下：

$$C_{X,t} \leqslant C_{\mathrm{b}} \tag{6.20}$$

式中，$C_{X,t}$为t时段所保护河段X断面的水质浓度；C_{b}为所保护断面水质规定值。

（Ⅵ）非负约束

所有变量非负。

c. 模型的求解方法

（Ⅰ）目标函数的处理

采用闸坝的泄流量作为优化变量，兴利目标函数［式（6.14）］中$V_{i,t}$通过闸坝水量平衡约束［式（6.17）］转化为闸坝泄流量的函数；防污目标函数［式（6.15）］中$C_{i,t}$通过闸坝水质约束［式（6.18）］转化为闸坝泄流量的函数。

（Ⅱ）约束条件的处理

在闸坝蓄水量（库容）约束［式（6.16）］中，最小蓄水量$V_{i,t}^{\mathrm{L}}$和最大蓄水量$V_{i,t}^{\mathrm{U}}$分别取闸坝死水位和最高蓄水位所对应的水量。在闸坝泄流量约束［式（6.19）］中，最小泄流量$Q_{i,t}^{\mathrm{L}}$取零（闸坝关闭），最大泄流量$Q_{i,t}^{\mathrm{U}}$可以通过水力学公式计算得到。在保护河段监测断面水质约束［式（6.20）］中，可以通过建立的水动力–水质模型计算保护河段监测断面水质浓度，要求每一时段计算的水质浓度均小于保护断面水质浓度的规定值。

（Ⅲ）非劣解的生成

使用带精英策略的非支配排序遗传算法（non-dominated sorting genetic algorithms-II，NSGA-II），根据构建的模型，编程调用基于NSGA-II改进的多目标优化函数gamultiobj，从第一时段开始，逐时段求出非劣解集，再用水动力–水质模型进行验证，剔除不可行的调控方案。

（Ⅳ）非劣解的优选

对目标函数设置不同的权重，利用多目标模糊优选理论，兴利目标函数采用越小越优，防污目标函数采用越大越优，计算各个调控方案的相对优属度，找到相对优属度最大的方案，即第一时段寻找的最优调控方案。然后转入第二时段计算，直至时段末找到整个调控期间的最优调控方案。

6.2　闸控河流生态需水调控模型

6.2.1　闸控河流生态需水的调控准则

确定闸控河流生态需水调控准则的核心是将河流生态系统保护目标引入闸坝调度中，使闸坝现有的功能得到丰富与完善。

（1）近自然的水流情势恢复准则

自然水文情势作为河流生态系统演变的驱动力，保持其自然的动态变化对于维护河流生态系统完整性具有决定作用。描述流量过程及特定的流量事件（洪水、干旱等）可以用“自然水流情势”来表征。理论上，恢复河流的自然水流情势是恢复河流生态完整性的根本手段。但由于人类社会的发展深刻地改变了河流生态系统的结构，完全恢复河流自然水流情势已经不可能，只能在充分了解河流水流情势与河流生态响应关系的基础上，在权衡社会经济可承受程度的基础上，尽可能地保留对河流生态系统影响重大的流量组分，来最大限度地塑造近自然的水流情势，尽可能地恢复河流的生态完整性。

（2）因地、因时制宜的准则

生态调度目标设置须因时、因地而异。针对闸坝调度，供水维持调度主要考虑闸坝不同的供水情况，根据闸坝所承担的各种不同供水任务及重要程度来调整可调度水位下限；防洪调度考虑汛期闸坝需要留出一定的库容以保证闸坝的安全，可对可调度水位下限进行适当降低；对于重大突发性水污染事件开展的防污调度，由于污染物浓度过高，需要向下游进行小流量的排放或者直接进行人工抽水处理，以减轻闸坝上游的压力，此时对应于调控能力计算中，应对污染物质量进行调整。

针对汛期和非汛期，也需要结合河流实际情况，进行调控准则的确定。防洪调度是闸坝在汛期的运行调度方式，主要目的是拦蓄洪水，减小下游的洪灾损失，改善水资源时间分配，满足枯季用水的需要，但会导致河流生态中部分天然功能丧失。因此，汛期防洪与生态联合调度的核心在于在防洪和生态保护间寻找平衡点。汛期大洪水由于具有不可控性，因此应合理控制风险，把握好利用时机，在防洪安全和生态环境保护之间找到平衡点。通常在大洪水洪峰来临前，其他调度要服从于防洪调度，防洪调度目标优于生态调度目标。当进入退水阶段，防洪风险开始处于可控状态，可以考虑利用闸坝下泄流量进行调度。在确保防洪安全的前提下，控制下泄流量，对洪水过程加以调蓄，延缓流量下泄，达到洪水冲污、控制水体富营养化的目的。非汛期要改善河流健康状况，应以改善河道内水文及水质条件为调度目标，同时考虑到河流生态系统对河流水量要求最低。因此，调度目标首先是维持一定规模河流，保证河道不断流的水量调度。该时期的调度目标定位为改善水环境状况，维持河流自净稀释流量，提高水体水环境容量的水质调度。在非汛期或枯水年份，闸坝生态调度应保证水库下游河道维持基本功能需水量，避免下游河道出现小于最小生态径流量而严重干扰河流生态系统。对于闸坝群实施水污染防治的调度运用，一方面可以保证社会经济用水需求，另一方面可以兼顾污染防治的目标，通过调整闸坝的调度运行方式，恢复、增强水系的连通性，缓解闸坝工程对于干支流的分割阻隔作用。

6.2.2 闸控河流生态需水的调控目标

在生态需水调控体系中，合理的调控目标是调控措施能够有效的基础。由于河流特性的差异，以及不同闸坝工程的运行特点，因此需要因地、因时制宜分析确定生态因子的变化及发展状况，制定具有针对性的管理目标。开展闸控河流的生态需水调控，首先需要明确相应的目标。目前，国内外所广泛采用的河流生态目标主要为生态基流、生态水量、生态关键物种、河流生态系统健康指标等。在河流管理中，生态的需要与河流流量变化特征高度相关，因此，河流生态目标多采用流量来表征。

从国内外生态调度研究来看，生态调度目标从单一物种或种群的生态目标逐步向河流生态系统完整性修复方向发展，初期以指示性鱼类为目标，以后考虑了保证最小生态流量和保护水质，继而考虑水文、水温、泥沙、水生生物等多种因素，近年来则强调将保护生物多样性和修复河流生态系统完整性作为生态目标。河流生态目标的关键是维护河流与生态有关的特性和河流健康，在确定河流生态目标时，应该按照一定的原则和步骤来选择，包括分时段考虑、效率最大化、全河段优化等。

根据河流生态系统同生态需水的联系，河流生态目标需要通过生态需水来进行保障，其是河流生态需水目标的集中体现。在研究和应用中，根据研究目标的不同，河流生态需水目标又分为流量目标和结构目标。

（1）生态需水的流量目标

通常生态目标都是针对河流的某一种管理要求而确定的，如关键物种目标、栖息地维护目标、最低流量目标、汛期冲沙目标等。开展的生态需水研究也是针对这些目标而进行的。然而，河流生态水文系统的结构和功能由水文、生物、地形、水质几部分共同组成，对每一部分单独的管理通常不是有效的，因为河流生态系统的每一组成部分是连续的而且相互作用于其他组成部分。因此，必须将多个生态目标耦合在一起。对于生态需水而言，则要求一个完善的生态径流过程能够涵盖绝大多数生态目标，使生态径流过程对河流生态水文系统的健康有较强的表征能力。对于某一河段，其涉及不同功能的生态需水，在耦合时必须依据不同生态目标的优先顺序，对生态需水进行有机整合，充分发挥水资源利用效率，并组合不同河段生态需水的相关临界值，最终形成一个合理的生态径流过程。

（2）生态需水的结构目标

当前河流生态目标大多采用基于经验或半经验公式，从水文、水质统计资料得出的生态环境需水量，或者用最小或最适宜两条直线来说明生态系统的要求，而很少考虑流量的历时、频率及变化率对河流生态水文系统的影响。天然河流的历时、频率、变化率等与河流的流量一样，是生态系统所需的关键性因素，很多生物对这种结构化的水文因子具有极高的依赖性。因此，研究生态径流过程也必须考虑其水流的结构性指标。国内外关于河流生态目标结构化的研究较多，具有代表性是 Richter 等提出的水文改变指标，通过这个指标体系，可以很好地表征河流生物对各种不同的水流需要，由于其更贴近于天然的水流状态，更能表征河流生态水文系统的健康状况，对河流健康的恢复也更有益处。

对于生态需水调控目标的设置，鉴于河流生态系统发展阶段的不同，可设置不同层次与不同阶段的管理目标：在生态环境本底条件良好的情况下，设置高水平目标，实现自然生态系统的良好保护，社会与自然环境的和谐发展；在生态环境本底条件一般的情况下，设置中水平目标，生态系统得到良好的保护，与自然保育过程相适应，物种能够自由的繁衍生息，并力求在水库工程生态适应性管理的过程中达到高水平目标；在生态环境本底条件非常恶劣、水资源非常稀缺的情况下，设置低水平目标，实现保护物种的安全，敏感生态区域的最低维持，同时通过适应性管理进程达到中水平甚至是高水平目标。

6.2.3 基于水文情势需求的闸坝生态调度模型

河流生态需水调控的目的是通过闸坝等工程措施，有效控制水流下泄的状态，保持良好的河流生态与水文联系，维持河流生态系统的健康。河流生态系统的需水过程，同经济社会发展的行业用水特性存在非一致性，尽管两者的本质都是对水量的调配，但生态系统的需水过程具有明确的近自然特征，兴利需水主要表现为丰水和枯水的时空调整，两者之间存在联系的同时还具有一定的用水竞争。

现有的闸坝优化调度模型中，对于生态环境流量需求的分析和处理主要有3种形式：一是把生态环境流量作为约束条件，在优化模型的求解中作为满足条件之一；二是把生态环境流量作为优化模型的目标函数之一；三是在构建的价值目标模型中分析生态环境流量的经济效益。对应的优化调度模型分别为约束型、目标型和价值型生态调度模型。

（1）约束型生态调度模型

将生态需水流量作为约束条件，作为河流生态环境需水需要保障的条件，依据不同层级的生态保护目标，该模型可以进一步划分为最小生态环境流量约束型模型（梅亚东等，2009）、目标物种适宜生态环境流量约束型模型（康玲等，2010）和综合生态环境流量约束型模型（胡和平等，2008）。该模型可以描述为如下结构。

目标函数：

$$\text{Max(or Min)}\{F_1(X), F_2(X), \cdots, F_n(X), E(X)\} \tag{6.21}$$

约束条件：

$$a_{\min} \leqslant \text{Constraint}(X) \leqslant a_{\max} \tag{6.22}$$

$$Q_t + S_t \geqslant \text{CEF}(t) \tag{6.23}$$

式中，X为闸坝下泄流量；$F_n(X)$为第n个社会或经济效益目标，包括取水量最小、发电量最大等；$E(X)$为生态流量目标；$\text{Constraint}(X)$为系统约束条件集，其中$a_{\min}$和$a_{\max}$分别为约束条件的上下限值；并要求正常下泄流量Q_t和考虑生态的下泄流量S_t满足生态环境流量目标值$\text{CEF}(t)$。

（2）目标型生态调度模型

将生态环境需水作为调度模型的目标之一，在水量分配过程中给予一定的优先保障。模型通常为以下结构。

目标函数：

$$\text{Max(or Min)}\{F_1(X), F_2(X), \cdots, F_n(X), E(X)\} \tag{6.24}$$

约束条件：

$$a_{\min} \leqslant \text{Constraint}(X) \leqslant a_{\max} \tag{6.25}$$

公式中符号意义同上。

（3）价值型生态调度模型

对生态环境流量的生态服务价值进行分析，进行效益成本的计算，以生态调度的综合效益最大化为目标，通常具有如下结构。

目标函数：

$$\mathrm{Max}\left\{\mathrm{Economic}(X)\right\} \tag{6.26}$$

约束条件：

$$a_{\min} \leqslant \mathrm{Constraint}(X) \leqslant a_{\max} \tag{6.27}$$

式中，$\mathrm{Economic}(X)$ 为调度目标的经济函数，其他符号意义同上。

以上常见的 3 种模型中，约束型生态调度模型将多目标优化问题变为单目标优化问题，求解应用较为简便；目标型生态调度模型符合多目标优化调度问题需要综合考虑不同的方案优劣；价值型生态调度模型在价值确定方面的差异比较大。面向河流健康的生态需水分析中，需要得到类似天然水流模式的生态需水过程，这和供水、发电等兴利用水需求之间存在着一定的矛盾，因此需要建立兼顾闸坝兴利要求，同时可保障河流生态环境要求的多目标闸坝调度模型。

按照目标型生态调度模型的思路，将生态需水目标加入人类社会需水目标中，对生态需水确定的原则是：按照维持下泄径流尽可能贴近于天然径流的序列，并能提供一定数量的可被人类利用的可靠水量。

根据兴利目标和生态目标对水流条件的不同要求，分别从闸控河流的水量分配和河道天然水流模式模拟两个方面设立目标函数，同时考虑兴利要求和生态环境要求，建立多目标闸坝调度模型。河流的生态环境要求以水生态系统健康为目标，构建的生态调度模型基于水文情势需求，通过水文情势的变化指标来进行优化分析（左其亭等，2016a）。

（1）目标函数

1）水量分配目标：

$$Z_{\max} = \sum_{i=1}^{N} w_i f_i \tag{6.28}$$

式中，f_i 为与水量分配有关的子目标，一般考虑各种兴利目标，如供水、发电、调水等，同时要特别考虑生态需水要求；w_i 为各子目标的权重。

2）天然水流模式目标。

天然水流模式可以通过表征各种水文情势的水文指标来综合反映，参照 Richter 提出的 IHA 指标体系，根据 RVA 方法的分析原理，通过控制较高改变度的水文指标值，可将其作为生态调度流量调节的依据。由于 IHA 指标体系的指标数量较多，在闸坝调度中对指标全部进行考虑是难以实现的，因此，需要选定主要水文指标进行分析。

天然水流模式目标为

$$\mathrm{MaxE}_{\mathrm{eco}} = \sum_{i=1}^{N} w_i \eta(i) \tag{6.29}$$

式中，$\eta(i)$为天然水流模式目标中各水文指标的隶属度函数；w_i 为各水文指标的权重。

$\eta(i)$可用式（6.30）计算（Suen et al.，2006）：

$$\eta(i) = \exp\left[\frac{-(R_i - \overline{\alpha}_i)^2}{2\sigma_i^2}\right] \tag{6.30}$$

式中，$\eta(i)$为水文指标 R_i 的隶属度函数；α_i 为各指标建坝前的多年平均值，代表天然水流模式；σ_i 为各指标建坝前的标准差。

（2）约束条件

1）闸坝水量平衡约束：

$$V_{i,t+1} = V_{i,t} - (Q_{i,t} - q_{i,t})\ \Delta t \tag{6.31}$$

式中，$V_{i,t+1}$，$V_{i,t}$ 分别为第 i 个闸坝 t 时段末、初的蓄水量；$Q_{i,t}$，$q_{i,t}$ 分别为第 i 个闸坝 t 时段的平均出流量和入流量。

2）闸坝蓄水量（库容）约束：

$$V_{i,t}^{\mathrm{L}} \leqslant V_{i,t} \leqslant V_{i,t}^{\mathrm{U}} \tag{6.32}$$

式中，$V_{i,t}$ 为第 i 个闸坝 t 时段的蓄水量；$V_{i,t}^{\mathrm{L}}$ 和 $V_{i,t}^{\mathrm{U}}$ 分别为第 i 个闸坝 t 时段允许的最小和最大蓄水量。

3）闸坝泄流量约束：

$$Q_{i,t}^{\mathrm{L}} \leqslant Q_{i,t} \leqslant Q_{i,t}^{\mathrm{U}} \tag{6.33}$$

式中，$Q_{i,t}^{\mathrm{L}}$ 和 $Q_{i,t}^{\mathrm{U}}$ 分别第 i 个闸坝 t 时段允许的泄流量的下限和上限。

4）其他约束：水电站出力约束、非负约束等。

（3）模型求解方法

基于水文情势需求的闸坝调度模型涉及人类需求目标和生态需求目标两项，在多目标问题的处理上，可以选加权组合的方式，耦合成一个目标来求解。采用模拟优化法，首先预设一个或多个闸坝调度规则，按照预设的规则进行长系列调度计算，对拟定的整个闸坝调度期的调度情况进行分析和统计，在此基础上，通过优化技术对预设的调度规则进行反复调整，从而可以得到最优调度规则。

6.3 闸控河流水生态健康和谐调控模型

6.3.1 调控体系与模型构建

闸坝调控方式的改变会对水体中理化指标、水生生物指标等产生影响，而淮河流域闸坝众多，在进行河流水生态健康评价时必须考虑闸坝调控对其的影响。本章构建基于闸控河流水生态健康的和谐调控体系及模型，并以 MIKE 11 模型中的 HD 模块和 ECO Lab 模块为基础，构建闸坝调控作用下的水动力和水质模型，在水体污染物浓度、流量等参数模拟的基础上，结合建立的水体理化指标与生物多样性指数之间的定量关系，对生物多样性指数进行预测。根据预设的调控情景，对影响河流水生态健康程度的指标进行模拟和预测，并利用构建的指标体系对河流水生态健康程度进行评价。在此基础上，基于关键影响因子提出可行的和谐调控措施。构建的和谐调控体系及模型也适用于其他闸控河流。

基于和谐论的相关理念，构建包含和谐目标及约束条件的闸控河流水生态健康和谐调控体系。结合研究过程中对河流水生态健康程度评价的结果，选择水生态健康最差的监测断面（槐店闸监测断面）作为闸坝和谐调控的研究对象，并基于开展的闸坝调控水环境影响实验监测结果，利用水动力水质模拟软件 MIKE 11 进行水量和水质参数模拟，并依据实验监测结果对水动力和水质模型参数进行率定及调整；利用该模型对不同情景下的水动力和水质参数进行模拟，在此基础上，利用 Canoco 生态排序分析软件和相关性分析软件构建水量和水质参数［流量（Q）、溶解氧（DO）、五日生化需氧量（BOD_5）、化学需氧量（COD_{Cr}）、总氮（TN）和总磷（TP）］与生物多样性指数［浮游植物多样性指数（P-SWDI）、浮游动物多样性指数（Z-SWDI）和底栖动物多样性指数（B-SWDI）］之间的定量关系，预测不同调控情景下生物多样性指数的变化趋势；结合构建的水生态健康评价指标体系，对不同调控情景下的水生态健康程度进行评价，并给出和谐调控措施。

（1）目标函数

以改善河流水生态健康程度为和谐目标，要求“河流水生态健康综合指数”值达到最大，即在满足河流水质、水量、水生态的条件下，河流水生态健康程度最大，建立的目标函数为

$$Z = \max(\text{WEHCI}) \tag{6.34}$$

（2）约束条件

1）闸坝蓄水量约束：

$$V_{i,t}^{-} \leqslant V_{i,t} \leqslant V_{i,t}^{+} \tag{6.35}$$

式中，$V_{i,t}$ 为第 i 个闸坝 t 时段的蓄水量；$V_{i,t}^{-}$ 和 $V_{i,t}^{+}$ 分别为第 i 个闸坝 t 时段允许的最小和最大蓄水量。

2）闸坝水量平衡约束：

$$(Q_{i,t} - q_{i,t})\Delta t = V_{i,t+1} - V_{i,t} \tag{6.36}$$

式中，$Q_{i,t}$ 为第 i 个闸坝 t 时段的平均出流量，m^3/s；$q_{i,t}$ 为第 i 个闸坝 t 时段的平均入流量，m^3/s；Δt 为时间段，s；$V_{i,t+1}$ 为第 i 个闸坝 t 时段末的蓄水量，m^3；$V_{i,t}$ 为第 i 个闸坝 t 时段初的蓄水量，m^3。

3）闸坝水位约束：

$$H_{i}^{-} \leqslant H_{i,t} \leqslant H_{i}^{+} \tag{6.37}$$

式中，$H_{i,t}$ 第 i 个闸坝 t 时段的实际水位；H_{i}^{-} 为第 i 个闸坝汛期和非汛期期间控制的最低水位，m；H_{i}^{+} 为汛期和非汛期期间控制的最高水位，m。

4）闸坝水质约束：

$$V_{i,t+1}C_{i,t+1}=V_{i,t}C_{i,t}-(Q_{i,t}C_{i,t}^{\text{out}}-q_{i,t}C_{i,t}^{\text{in}})\Delta t-k(V_{i,t}+V_{i,t+1})C_{i,t}/2 \tag{6.38}$$

式中，$C_{i,t+1}$ 和 $C_{i,t}$ 分别为第 i 个闸坝 t 时段末和初的污染物浓度；$C_{i,t}^{\text{out}}$ 和 $C_{i,t}^{\text{in}}$ 分别为第 i 个闸坝 t 时段的平均出流和入流的污染物浓度；k 为污染物综合降解速率系数；$Q_{i,t}$ 为第 i 个闸坝第 t 时段的平均出流量，m^3/s；$q_{i,t}$ 为第 i 个闸坝第 t 时段的平均入流量，m^3/s；Δt 为时间段，s；$V_{i,t+1}$ 为第 i 个闸坝第 t 时段末的蓄水量，m^3；$V_{i,t}$ 为第 i 个闸坝第 t 时段初的蓄水量，m^3。其他符号同前文。

5）闸坝下泄流量约束：

$$Q_{i,t}^{-}\leqslant Q_{i,t}\leqslant Q_{i,t}^{+} \tag{6.39}$$

式中，$Q_{i,t}^{-}$ 和 $Q_{i,t}^{+}$ 分别为 i 个闸坝 t 时段允许下泄流量的下限和上限；$Q_{i,t}$ 为第 i 个闸坝第 t 时段的平均出流量，m^3/s;。其他符号同前文。

6）非负约束：所有变量为非负。

6.3.2 模型求解方法

1. 目标函数求解

依据构建的河流水生态健康评价指标体系，结合关键影响因子对水生态健康程度影响大小的分析，分不同情景对关键影响因子进行调控，并将调控结果代入构建的评价指标体系中，结合河流水生态健康综合指数的计算方法，对不同调控情景的水生态健康程度进行计算和评价。

2. 水体污染物浓度模拟

当污染物排入河流后，水体中的污染物与河水相混合的同时，污染物本身会得到稀释和降解。污染物与河水的混合过程可以分为 3 个方面：竖向混合、横向混合和纵向混合。竖向混合、横向混合分别是污染物在水深与横向方向的混合，纵向混合主要是污染物沿河长方向的扩散，前两者的混合长度较短，后者的混合长度较长，且以离散混合为主。水体中污染物的迁移主要是水体中污染物随水流的空间变化，在此过程中也会发生一定程度的衰减；污染物在水体中的转化过程较为复杂，一般会受到水体中化学、物理及生物作用的共同影响。化学作用是通过污染物氧化、还原和分解等作用使水体中的污染物浓度降低；生物作用是通过水中微生物对水体中有机物氧化分解来降低污染物的浓度；物理作用是水体流动、水温变化等作用加速水体中污染物的转化。水体污染物在水体中的迁移转化过程比较复杂，同时开展现场实验需要大量的人力物力，且不能全面了解和掌握其迁移转化过程。而水质数学模型方法能够填补这方面的不足。水质数学模型是水体中污染物随时间和空间迁移转化规律的描述，模型的正确建立依赖于对污染物在河流中迁移转化过程的认识和定量表达这些过程的能力。

（1）研究方法

根据和谐调控的目的，该研究侧重于了解河流水体中污染物浓度纵向的变化情况，而对其沿深度和河宽方向的变化情况不开展研究，因此在进行水体污染物浓度和迁移转化模拟时，选择目前较为通用的水质模拟方法——MIKE 11。MIKE 11 是由丹麦水力研究所（DHI）研发的水动力水质模拟软件，是适用于河口、河流、灌溉渠道以及其他水体模拟一维水动力、水质和泥沙运输的专业工程软件。目前，MIKE 11 软件在国内许多流域已成功运用，如长江流域、松花江流域、黄河流域等。

运用 MIKE 11 软件中的水动力模块（HD）进行水体的一维水动力模拟。模拟时将闸坝控制工程作为内边界条件，运用 HD 模块中的“Control Structure”来设置闸坝的调控过程，模拟闸坝作用下的水体流动过程；采用依据现场实验所建立的水质模型来模拟闸坝作用下的污染物浓度变化过程。在进行模型验证时，首先将闸坝上游实测数据作为模型输入，经过闸坝调控后，将下游监测断面数据作为模型输出，并将下游实测数据作为模型输出的校正，对模型参数进行调整，以满足模拟精度要求；模型模拟时，将闸坝上游数据资料作为模型输入，进行闸坝调控，对下游流量数据和污染物浓度的变化情况进行模拟。

（2）模型方程

a. 一维水动力方程

通过 HD 模块模拟闸坝调控下河道各断面在不同时刻水位和流量的变化。HD 模块的基本原理主要是根据物质守恒原理和能量平衡原理构建一维圣维南方程组，其由反映质量守恒定律的连续性方程和反映动量守恒定律的运动方程组成，具体表达式为

$$\begin{cases}\dfrac{\partial Q}{\partial x}+\dfrac{\partial A}{\partial t}=q\\[2ex]\dfrac{\partial Q}{\partial t}+\dfrac{\partial}{\partial x}\left(\dfrac{Q^2}{A}\right)+gA\dfrac{\partial H}{\partial x}+g\dfrac{Q|Q|}{C^2AR}=0\end{cases}\tag{6.40}$$

式中，Q 为流量，m^3/s；A 为过流断面面积，m^2；q 为旁侧入流，m^3/s；t 为时间，s；x 为河长，m；g 为重力加速度，m/s^2；H 为水位，m；C 为谢才系数，$m^{1/2}/s$；R 为水力半径，m。

b. 一维水质方程

一般情况下，河流底泥中污染物浓度要大于水体中的污染物浓度。因此，在构建模型时，需考虑水流对底泥冲刷产生的水质影响，构建的一维水质模型表达式为

$$\frac{\partial(Ac)}{\partial t}+\frac{\partial(Qc)}{\partial x}=\frac{\partial}{\partial x}(AD\frac{\partial c}{\partial x})-K_1c+K_2c+S\tag{6.41}$$

式中，c 为污染物浓度，mg/L；D 为纵向扩散系数，m^2/s；S 为点源每秒入河污染物量，mg/（L·s）；K_1 为降解系数，1/d；K_2 为底泥污染物释放系数，反映不同水动力条件下底泥中污染物向水体中释放的量，1/d；其他符号同上。

3. 水体水生生物因子预测

为了研究水环境因子与水生态因子之间的关系，分析对水生态因子影响最大的水环境因子，以便于构建两者之间的定量分析关系。选择 Canoco for Windows 4.5 生态排序软件对环境因子与生态因子之间的关系进行分析。Canoco 是生态学多元数据排序分析最流行的软件之一，该软件由美国 Microcomputer Power 计算机公司开发，目前运用较多的是 Canoco 4.5 软件，而 Canoco for Windows 4.5 是 Canoco 4.5 软件的 Windows 版。该软件主要包括 Canoco for Windows 4.5（核心模块，分析数据和排序模型）、WcanoImp（数据转化模块）、CanoMerge（数据处理模块）和 CanoDraw for Windows（图形处理模块）。Canoco for Windows 4.5 软件典型分析过程的简单流程如图 6.20 所示。

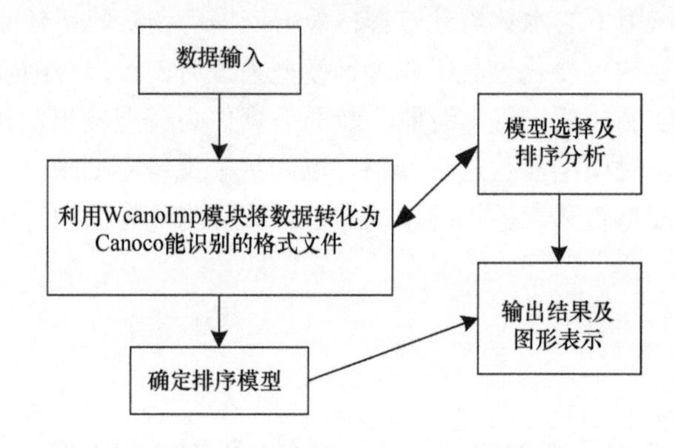

图 6.20　利用 Canoco 软件作排序分析的简单流程图

第 7 章　闸控河流水量–水质–水生态调控研究

7.1　面向河流水质改善的闸坝防污调控

7.1.1　单一闸坝对河流水质水量作用分析

闸坝拦截河道进行蓄水的同时，往往造成水质的恶化，污染河流上的闸坝拦蓄了大量的污水，这些污水的集中下泄极易引起下游保护河段出现水污染事件。以淮河流域为例，干流多次出现的水污染事件都与各污染支流上闸坝拦蓄的大量污水不当排放有着直接的关系。1995 年国务院发布了《淮河流域水污染防治暂行条例》，其中第二十五条规定“淮河流域水闸应当在保证防汛、抗旱的前提下，兼顾上游下游水质，制定防污调控方案，避免闸控河道蓄积的污水集中下泄”；水利部淮河水利委员会自 1996 年开展水污染联防，对闸坝进行防污调控，充分利用淮河干流的环境容量，合理调控闸坝，使闸坝拦蓄的水量有计划地排入淮河干流，合理分配积蓄的污水量。河流的闸坝一方面需要拦蓄一定的水量，保障河流沿岸人民群众兴利用水需求，另一方面又要避免拦蓄的水量过多，造成保护河段出现水污染事件。因此，闸坝调控需要控制闸坝拦蓄的水量，对各个闸坝的蓄水位进行合理的限制。

结合闸坝防污调控实践的需要，污染河流在特定的时期，兼顾兴利和防污的需要，充分利用保护河段水环境容量，合理下泄闸坝拦蓄的水体中污染物量，减少保护河段出现水污染事件的概率。闸坝防污调控不能造成保护河段水质恶化，因此必须制定合理的闸坝调控方案，这样才能有效地充分利用保护河段的水环境容量，来重新分配闸坝拦蓄的污水总量，使某些时段污染物浓度降低，从而减少保护河段因闸坝不合理调控所导致水污染团下泄事件的概率。这需要开展污染河流闸坝防污调控模型方面的研究。在污染河流上开展闸坝防污调控，充分发挥闸坝防污调控作用，限制闸坝过量蓄水，合理地利用保护河段的水环境容量，重新分配闸坝拦蓄水体中污染物量的下泄，当出现特殊情况（如上游暴雨、防洪泄流）时，闸坝拦蓄的水量集中下泄而造成保护河段出现水污染事件的概率大大降低。

1. 研究思路与方法

以 6.1.1 节针对槐店闸所建立的闸坝作用下水动力–水质模型开展多场景模拟，闸上河段模拟的范围从断面Ⅰ至断面Ⅳ，闸下河段模拟的范围从断面Ⅴ至断面Ⅵ（图 5.1），对模拟的结果进行分析，研究单一闸坝对河流水体中污染物迁移规律，在此基础上进一步分析闸坝对河流水质水量的作用。

2. 多场景模拟

单一闸坝对河流水质水量的作用，主要反映在闸坝修建和调控改变了自然河流的水位和流量，因此需要重点研究闸前蓄水位和闸门开启方式的变化对所研究区域河道水体中污染物迁移的影响，据此设置以下 5 种场景来进行情景模拟。其中，场景 1、场景 2、场景 3 研究闸前蓄水位变化对闸上闸下研究区域河道水体中污染物迁移量的影响作用；场景 4、场景 5 模拟闸门开启方式的变化对闸上闸下研究区域的污染物迁移量的影响作用，上游来水氨氮浓度设为 4.5mg/L（实验平均值），研究区域河流的水质同为 4.5mg/L，场景设置如表 7.1 所示。

表 7.1　单一闸坝对河流水质水量的作用模拟场景

场景	模拟时间（h）	闸前水位（m）	闸门调控下泄流量（m^3/s）	上游来水流量（m^3/s）
1	24	36	58	58（根据 1985～2005 年的水文资料，75%保证率下的上游来水流量）
2	24	37	58	
3	24	38	58	
4	24	37	273	
5	24	37	127	

分别用 ΔM_{up} 表示闸上研究区域每千米因为底泥的作用在Ⅰ断面和Ⅳ断面间的污染物增量；ΔM_{down} 表示闸下研究区域每千米因为底泥的作用在Ⅴ断面和Ⅶ断面间的污染物增量（ΔM_{up} 和 ΔM_{down} 取正值表示底泥内氨氮增加，取负值表示氨氮从底泥中释放）。其表达式为

$$\Delta M_{\mathrm{up}} = [(C_{\mathrm{I}} V_{\mathrm{I}} A_{\mathrm{I}} - C_{\mathrm{IV}} V_{\mathrm{IV}} A_{\mathrm{IV}})\Delta t - \Delta m_{\mathrm{I,IV}}] / d_{\mathrm{I,IV}} \tag{7.1}$$

$$\Delta M_{\mathrm{down}} = [(C_{\mathrm{V}} V_{\mathrm{V}} A_{\mathrm{V}} - C_{\mathrm{VII}} V_{\mathrm{VII}} A_{\mathrm{VII}})\Delta t - \Delta m_{\mathrm{V,VII}}] / d_{\mathrm{V,VII}} \tag{7.2}$$

式中，C_i、V_i 和 A_i 分别表示第 i 断面的氨氮浓度、平均流速和断面面积；$\Delta m_{i,j}$ 为第 i 断面和第 j 断面间的氨氮降解量；Δt 为模拟时间；$d_{i,j}$ 为第 i 断面和第 j 断面间的距离。ΔM_{up} 和 ΔM_{down} 的计算结果如图 7.1 所示。

3. 单一闸坝对污染河流水质水量的作用分析

通过对图 7.1 进行分析，可以得到以下结论：

1）闸前蓄水位的变化对河流的水质水量有着较大的影响作用，闸前水位的改变，必定导致闸坝拦蓄污染河流水量的变化，与此同时，在图 7.1 中可以清楚地看到，在场景 1、场景 2、场景 3 中，闸上研究区域的 ΔM_{up} 为正值，表明此时底泥充当水体污染物的“汇”，水体中的污染物向底泥中迁移，底泥对上覆水体起到“净化”水质的作用，但与水体中污染物质降解不同，该“净化”作用仅仅是因为污染物质伴随泥沙颗粒沉积，暂时存放在底泥中，当水力条件改变时（如闸前流速增大），底泥中的污染物会向上覆水体释放。

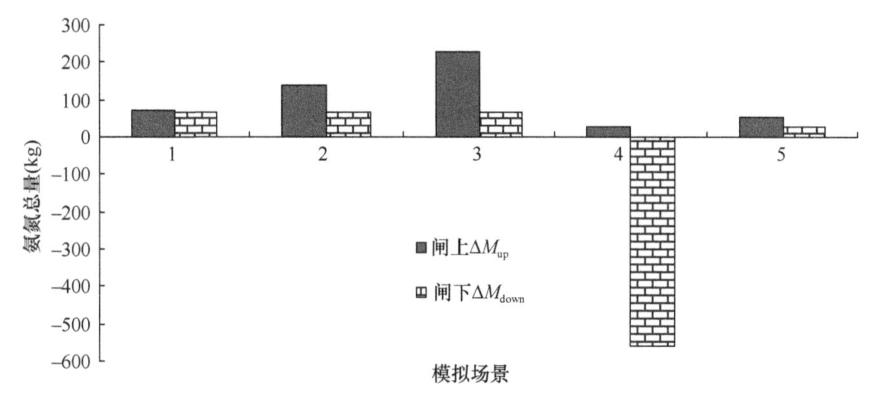

图 7.1　各场景下 ΔM_{up} 和 ΔM_{down} 的计算值

当上游来水量、水质和闸门的开启方式等外部条件相同时，随着闸前水位的升高，ΔM_{up} 呈现出较为明显的上升趋势，表明底泥所起的“净化”作用随闸前水位的升高而明显增强。究其原因，主要是因为闸前水位的升高，必然导致河底水流流速降低，对底泥的扰动作用减弱，底泥的沉积作用大于底泥的再悬浮作用，底泥的沉积量增大，悬浮量减小，进而增强了底泥的“净化”作用；与此同时，由于闸坝的拦蓄作用，水流在经过闸下消力坎后变得平缓，当闸坝小流量下泄时，闸下研究河段的底泥仍起到“净化”作用，但作用大小变化不明显。

2）根据图 7.1 所显示场景 4 和场景 5 的计算结果可知，当其他条件相同时（如来水流量、水质浓度等），通过闸坝的调控增大下泄流量对闸上闸下河段水质有相当大的影响。在场景 4 和场景 5 中闸上 ΔM_{up} 为正值，但是可以看到，随着下泄流量的增大，底泥对上覆水体的“净化”作用越来越弱，主要原因是随着上游水位的降低，河底水流流速增加，对底泥的扰动作用增强，底泥沉积量开始减少，悬浮量逐渐增大，削弱了底泥的“净化”作用；同时，模拟场景也表明，在 75%保证率的来水情况下，在每年的大部分月份，底泥中的污染物以增加为主，只有在大流量来水时（如汛期上游闸坝大流量泄流），冲刷底泥，底泥的再悬浮作用大于底泥的沉积作用，此时底泥充当水体污染物的“源”，底泥中的污染物才从底泥中向上覆水体大量释放。单一依靠一个闸坝的调控，对减少闸坝上游库区内底泥的污染物的作用很小，因此消减库区内底泥中污染物总量，需要通过上游的闸坝增大泄流量，才能达到这个目的。

在场景 4 中，闸下 ΔM_{down} 为负值，表明大流量的下泄水量对闸下河段的水质影响较大，当下泄流量大于某值时，水流增大了对底泥的扰动，打破底泥–水体污染物质交换的动态平衡，使底泥发生再悬浮，增大了水体中悬浮物的总量，从而恶化水质，此时，底泥充当水体污染物的“源”，水体中的污染物质增量较大，对水质的影响也比较大。

3）单一闸坝修建和调控对河流水质水量的影响主要体现在闸前水位和闸门开启方式的不同。闸前蓄水位的提高，会对河流的水质起到一定的改善作用，这种影响作用在闸前河段比较明显，对闸后河段水质的改善作用较小。单一闸坝的调控对闸后河段水质的变化有着较大的影响，而对闸前河段水质的影响作用相对较小。

4. 单一闸坝的调控策略

结合上述分析可以看出，单一闸坝不同的调控方式对研究区域河段水质的影响作用极大，甚至起到截然相反的效果，因此，需要针对不同的来水流量和水质浓度，结合实际需要，总结出单一闸坝对污染河流的调控策略。

综合分析场景模拟的结果可知，存在一个闸坝下泄流量值，使得ΔM_{up}（或ΔM_{down}）为 0，即底泥对上覆水体水质正负两方面的影响互相抵消，进行闸坝调控时，可根据该下泄流量进行上下浮动来平衡底泥对水质所起的正负两方面的影响。例如，当上游来水水质较差时，应当减小闸门开度，增大闸前蓄水位，使污染物质暂时吸附于闸前底泥中，避免污染物质的集中下泄对下游河段水环境造成破坏；当上游来水水质较好时，可适当增大闸门开度，减少闸坝所拦蓄的水量，在不造成下游河段出现水污染事件的前提下，尽可能多地使水体中污染物质下泄，减少闸前污染物的蓄积量。因此，在保证闸坝有一定下泄量的前提下，可通过合理的闸坝调控来改变下泄流量，以便最大可能地减少闸坝对水环境的负面影响，避免水环境的进一步恶化。

7.1.2　闸坝群对河流水质水量作用分析

1. 研究思路与方法

位于沙颍河的槐店闸、阜阳闸和颍上闸是水利部淮河水利委员会开展闸坝防污调度的重点调控闸坝（位置如图 7.2 所示），因此，研究沙颍河上这 3 个闸坝的调控作用，将会对在污染河流上开展闸坝群调控具有一定的借鉴意义。

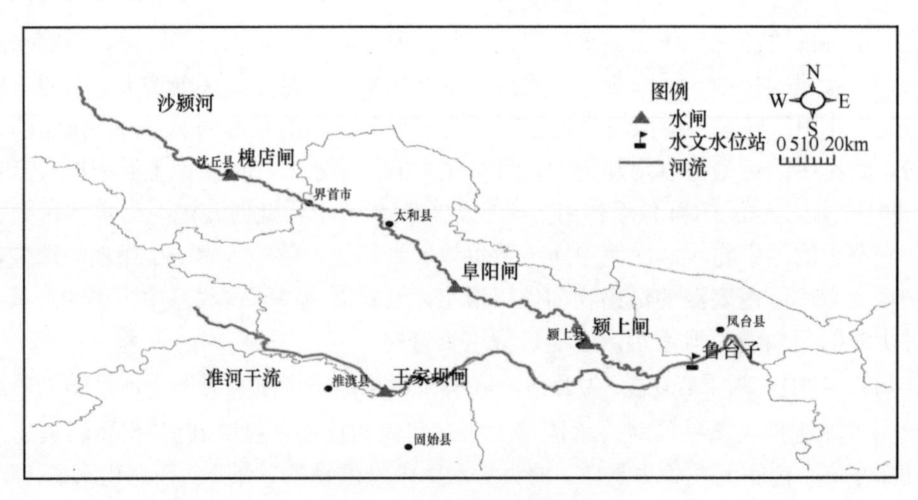

图 7.2　闸坝群位置分布图

研究思路为：以 6.1.2 节所建立的槐店闸—鲁台子河段的水动力–水质模型为基础（为了便于分析，将李坟闸关闭），然后开展多场景模拟，分析闸坝调控对河流水质的影响，从而找到污染河流闸坝的调控策略。

2. 多场景模拟

以相邻闸坝 K 和 K–1 之间的河段作为计算单元，根据污染物物质平衡原理，经过闸坝调控 i 时段后，第 i+1 时段相邻闸坝之间河段水质浓度 C_{i+1} 可表示为

$$C_{i+1}=\frac{Q_{i,k}C_{i,k}+V_iC_i-q_{i,k+1}C_{i,k+1}}{Q_{i,k}+V_i-q_{i,k+1}} \tag{7.3}$$

式中，V_i 和 C_i 分别为第 i 时段计算单元水体的总水量和水质浓度；$Q_{i,k}$ 和 $q_{i,k+1}$ 分别为第 i 时段流入和流出计算单元的水量；$C_{i,k}$ 和 $C_{i,k+1}$ 分别为第 i 时段流入和流出计算单元的水体的水质浓度。这些参数通过所建立的闸坝作用下的水动力—水质模型进行求解，具体如图 7.3 所示。

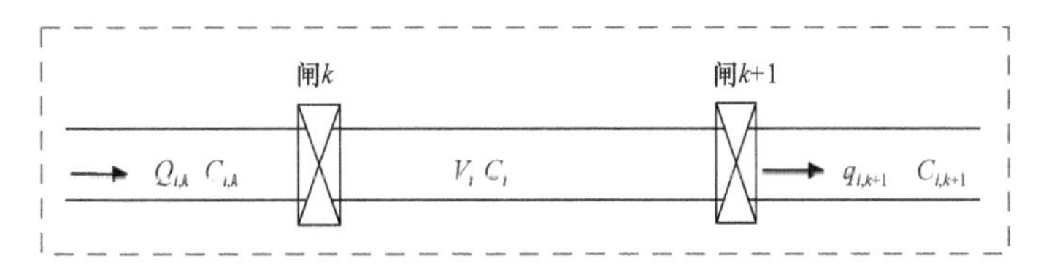

图 7.3　模型计算单元示意图

把闸坝的调控分为 3 种方式，分别为蓄水（入流量大于出流量）、平水（入流量等于出流量）和泄流（入流量小于出流量）方式。选取氨氮作为代表性污染物，时间步长为 6h；计算时间为 7 天，分别针对 3 种调控方式进行多场景模拟，研究闸坝的调控方式对闸坝之间河段水质的影响。

（1）闸坝蓄水对闸坝之间河段水质的影响

设置 6 个场景来反映闸坝蓄水对闸坝之间河段水质的影响，其中场景 1、场景 2 模拟的是天然河段（天然河段是槐店闸—鲁台子之间河段的水动力-水质模型删除各个闸坝节点）氨氮的浓度变化，场景 3、场景 4、场景 5、场景 6 是模拟阜阳闸不同的蓄水方式下槐店闸和颍上闸之间河段氨氮浓度的变化，如表 7.2 所示。分别计算各种场景下河段氨氮浓度变化和氨氮增量，结果如图 7.4 所示。

表 7.2　闸坝蓄水场景设置

场景	槐店闸		阜阳闸			备注
	泄流量 (m^3/s)	氨氮 (mg/L)	泄流量 (m^3/s)	氨氮 (mg/L)	蓄水量 (10^4m^3)	
1	80	10	—	—	—	河段氨氮浓度 1.5mg/L
2	80	1.5	—	—	—	河段氨氮浓度 10mg/L
3	80	10	40	1.5	4260	阜阳闸蓄水量增至 6680 万 m^3
4	80	10	60	1.5	4260	
5	80	1.5	40	10	4260	
6	80	1.5	60	10	4260	

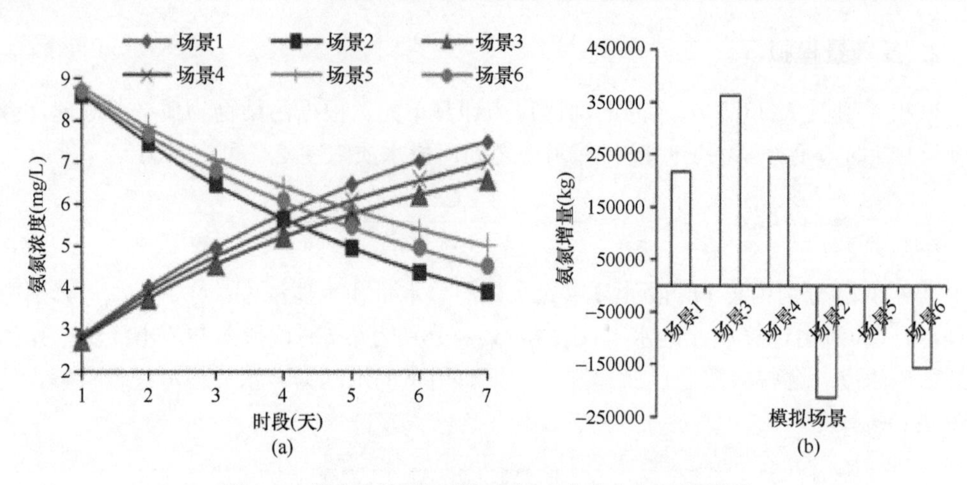

图 7.4 蓄水场景下河段氨氮浓度变化和氨氮增量图

(2)闸坝平水对闸坝之间河段水质的影响

设置 4 个场景来反映闸坝平水对闸坝之间河段水质的影响，场景 7、场景 8、场景 9、场景 10 模拟阜阳闸平水方式下槐店闸和颍上闸之间河段氨氮浓度的变化，具体如表 7.3 所示。分别计算各种场景下河段氨氮浓度变化和氨氮增量，结果如图 7.5 所示。

表 7.3 闸坝平水场景设置

场景	槐店闸		阜阳闸			备注
	泄流量（m^3/s）	氨氮（mg/L）	泄流量（m^3/s）	氨氮（mg/L）	蓄水量（10^4m^3）	
7	80	10	80	1.5	6680	阜阳闸蓄水量（水位）保持不变
8	80	10	80	1.5	8700	
9	80	1.5	40	10	6680	
10	80	1.5	60	10	8700	

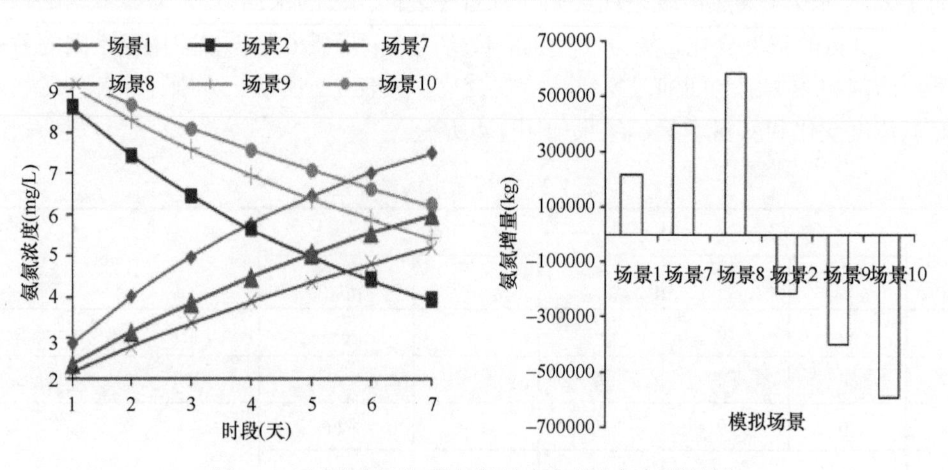

图 7.5 平水场景下河段氨氮浓度变化和氨氮增量图

(3)闸坝泄流对下游河段水质的影响

设置 3 个场景来反映闸坝泄流对下游河段水质的影响，场景 11、场景 12、场景 13

模拟的是针对淮河干流不同的来水，颍上闸泄流量对下游河段的影响，具体情况如表 7.4 和图 7.6 所示。

表 7.4 闸坝泄流场景设置

场景	颍上闸		淮河干流		备注
	下泄流量（m^3/s）	氨氮（mg/L）	下泄流量（m^3/s）	氨氮（mg/L）	
11	80	10	80	0.5	鲁台子断面氨氮浓度不能超过 1.5mg/L，否则认为出现水污染事件
12	20	10	80	0.5	
13	80	1.5	500	0.5	

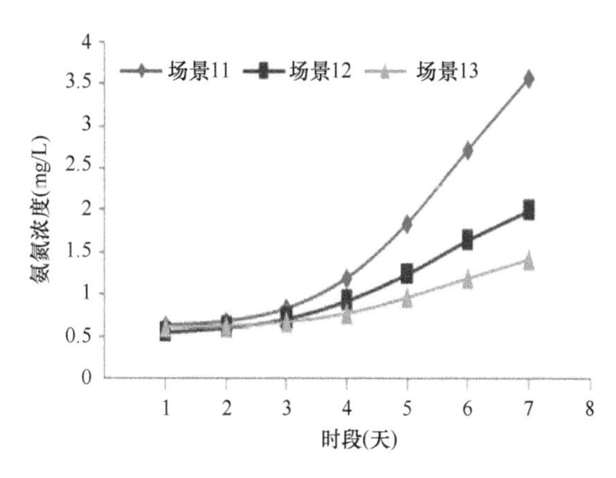

图 7.6 鲁台子断面氨氮浓度变化图

（4）闸坝群对污染河流水质水量的作用分析

在图 7.4 中，场景 1、场景 3、场景 4 的上游来水条件相同且水质较劣，场景 1 中闸坝之间河段的氨氮浓度上升趋势最大，氨氮增量最小；场景 3 中闸坝之间河段的氨氮浓度上升趋势最小，氨氮增量最大；场景 4 介于两者之间。这 3 种情景表明闸坝所拦蓄的水体稀释了上游来水，避免闸坝之间河段的水质急剧恶化，同时阻碍了污染物向下游扩散，使污染物在闸坝之间的河段滞留。单位时间内闸坝蓄水越多，避免水质急剧恶化的能力就越强，闸坝拦蓄的污染物量就越大，对下游河段的水质起到一定的保护作用。

场景 2、场景 5、场景 6 的上游来水条件相同且水质较优，场景 2 中闸坝之间河段的氨氮浓度下降趋势最大，氨氮总量减少得最多，场景 5 氨氮浓度下降最小，氨氮总量减少得最少，场景 6 介于两者之间。这 3 种情景表明上游的来水稀释了闸坝所拦蓄的水体，能够有效改善闸坝之间河段的水质，单位时间内闸坝蓄水越少，上游来水（水质优）改善闸坝之间河段水质的能力就越强；但需要注意这种情况下进入下游河段的污染物量就越大，加剧下游水质的恶化。

在图 7.5 中，场景 1、场景 7、场景 8 的上游来水条件相同且水质较劣，场景 1 中闸坝之间河段的氨氮浓度上升趋势最大，氨氮增量最小；场景 8 氨氮浓度上升趋势最小，氨氮增量最大，场景 7 介于两者之间。这 3 种情景表明闸坝的蓄水量越大，闸坝阻碍污染物向下游河段扩散的能力就越强，污染物在闸坝之间河段的滞留量就越大。

场景 2、场景 9、场景 10 的上游来水条件相同且水质较优，场景 2 中闸坝之间河段的氨氮浓度下降趋势最大，氨氮总量减少得最多，场景 10 氨氮浓度下降趋势最小，氨氮总量减少得最少，场景 9 介于两者之间。这 3 种情景表明闸坝的蓄水量越大，上游水质优的来水改善闸坝之间河段水质的能力就越小，闸坝之间河段的污染物质向下游扩散的量就越大，同样也加剧了下游水质的恶化。

在图 7.6 中，在场景 11 和场景 13 中颍上闸排放相同的污水，但是鲁台子断面的水质浓度相差极大，按照水利部淮河水利委员会判定淮河干流是否发生水污染的条件（鲁台子断面的氨氮浓度大于 1.5mg/L），在场景 11 中，淮河干流第 5 天就出现水污染事件，但是在场景 13 中，淮河干流未出现水污染事件。在场景 12 中虽然颍上闸排放的氨氮总量只有场景 11 的 25%，但是依然造成淮河干流第六天出现水污染事件。这 3 个场景说明，当颍上闸水质较差时，应当根据淮河干流的环境容量来调整颍上闸的泄流量。当淮河干流水环境容量大时，加大颍上闸的泄流量可以在不造成淮河干流出现水污染事件的情况下，利用淮河干流的水环境容量来减少颍上闸所拦蓄的污染物总量；反之，如果淮河干流的水环境容量较小时，应该减少颍上闸的下泄流量，避免淮河干流出现水污染事件。

（5）闸坝群对污染河流的调控策略

闸坝修建和调控对河流水环境有着重要的影响，主要体现在闸坝调控改变了入河污染物的时空分布，这种影响并不一定是负面的，客观上如果河流上的闸坝拦蓄了大量的污染物，对下游河段，尤其是对保护河段的水质起到一定的保护作用；闸坝对水环境的负面影响主要是拦蓄大量污染物会导致闸坝上游河段水环境的恶化，并且闸坝所拦蓄的污染物如果在特定的条件下（如防汛需要，闸坝泄流到汛限水位）集中下泄，极易导致下游河段出现水污染事件。因此研究污染河流闸坝的调控策略的主要目的是合理地调控闸坝，改变入河污染物的时空分布，减轻闸坝对水环境的负面影响，从而降低保护河段出现水污染事件的概率。

结合所模拟的场景和淮河流域实际开展的闸坝防污调度，可以总结出污染河流闸坝群调控策略，具体如下。

污染河流的闸坝应根据保护河段的水文水质条件、闸坝之间河段的水质和上游来水的水文水质条件动态地开展调控，既要充分利用保护河段的水环境容量，也要防止保护河段出现水污染事件。

当保护河段的水环境容量“大”（流量大且水质优）、闸坝之间河段的水质“劣”和上游来水水质“优”时，闸坝蓄水尽量“缓”，在不造成对当地兴利用水有较大影响的前提下，闸坝的泄流量尽量保持最大（单位时间的蓄水量最小），延长闸坝蓄水时间，增大水体中污染物向下游扩散的能力，尽量使水体中的污染物向下游扩散，减少污染物在闸前的淤积。在兼顾当地正常的兴利需要时，闸坝要避免“多蓄水”和“过量蓄水”，尽量减少闸坝所拦蓄的水量，使闸坝阻碍污染物向下游扩散的能力变弱，单位时间通过闸坝的污染物总量最大。闸坝在泄流时，应当充分发挥邻近保护河段的关键性闸坝（如颍上闸）的作用，根据保护河段的流量和水质大小，动态地调控闸坝，合理利用保护河段的水环境容量，达到既减少了水体中的污染物量，也能防止保护河段出现水污染事件。

当保护河段的水环境容量“大”、闸坝之间河段的水质“优”和上游来水水质“劣”时，闸坝蓄水尽量“急”，闸坝的泄流量尽量保持最小（单位时间的蓄水量最大），增大闸坝蓄水时间，使闸坝之间河段的水体与上游来水充分混合，稀释上游来水，增大水体中污染物向下游扩散的总量。闸坝在兼顾“安全”的前提下“多蓄水”，使单位时间内通过闸坝的污染物总量最大。闸坝在泄流时，同样应当充分发挥相邻保护河段的关键性闸坝（如颍上闸）的作用，根据保护河段的流量和水质大小，动态地调控闸坝，合理地利用保护河段的水环境容量，达到既减少了水体中的大量污染物，同时也能保护河段并未出现水污染事件。

当保护河段的水环境容量“大”、闸坝之间河段的水质“优”和上游来水水质“优”时，可根据当地兴利需要对闸坝进行调控，几乎可以不考虑闸坝调控对河流水环境的影响。

当保护河段的水环境容量“小”（流量小且水质差）、闸坝之间河段的水质“劣”和上游来水水质“优”时，闸坝蓄水要“急”，闸坝的泄流量尽量保持最小（单位时间的蓄水量最大），增大闸坝蓄水时间，使闸坝之间河段的水体与上游来水充分混合，稀释闸坝之间河道的水体，减少水体中污染物向下游扩散的总量；在保证闸坝安全的前提下“多蓄水”，增大污染物在水体中的滞留时间，减轻保护河段“防污”的压力。

当保护河段的水环境容量“小”、闸坝之间河段的水质“劣”和上游来水水质“劣”时，在保证“安全”的前提下，尽量减少闸坝泄流量（甚至关闭），此时建议保护河段上游水质“优”的闸坝（如淮河干流南部山区的水库）增大泄流量，改善保护河段水质。

当保护河段的水环境容量“小”、闸坝之间河段的水质“优”和上游来水水质“优”时，在兼顾当地兴利需要的前提下，尽量增大闸坝泄流量，稀释保护河段的水体，改善保护河段的水质。

7.1.3　基于模拟–优化的闸坝防污调控

1. 数据来源

2004 年枯水期淮河水系降水量偏小，淮河干流流量偏枯，沙颍河的水质多为 V 类或劣 V 类水，为了有效地防止淮河干流出现水污染事件，水利部淮河水利委员会加强了对各监测断面水质的监测频次，并开展了有效的闸坝防污调度。采用 2004 年 4 月各监测断面的水质水量数据开展闸坝防污优化调控研究，具体取值如表 7.5 和表 7.6 所示。

表 7.5　闸坝的氨氮浓度和蓄水量

闸坝	槐店闸	李坟闸	阜阳闸	颍上闸
氨氮浓度（mg/L）	5.20	6.10	9.60	6.75
正常蓄水量（10^4m^3）	2250	1500	6800	6500

2. 闸坝防污调控计算过程和结果

设定各个闸坝的蓄水量均为正常蓄水量，时间步长取 7 天，将 2004 年 4 月 3～30 日分为 4 个时段，然后根据 2001～2009 年《淮河水污染联防工作方案》提出的控制断面水质指标，淮河干流鲁台子断面的平均氨氮浓度不能大于 1.5mg/L；因此设定保护断面水质浓度目标为 1.5mg/L，并将表 7.5 和表 7.6 的数据代入目标函数，对两个目标函数采用平均权重（即认为防污和兴利同等重要），根据编制的计算软件进行计算，结果如图 7.7 和图 7.8 所示。

表 7.6　槐店闸、李坟闸和淮河干流来水流量和水质

闸坝	第一周		第二周		第三周		第四周	
	流量（m^3/s）	氨氮浓度（mg/L）	流量（m^3/s）	氨氮浓度（mg/L）	流量（m^3/s）	氨氮浓度（mg/L）	流量（m^3/s）	氨氮浓度（mg/L）
槐店闸	71.0	6.6	56.5	4.8	34.4	5.2	48.6	4.7
李坟闸	14.2	7.6	9.6	12.4	28.6	6.4	16.2	5.6
淮河干流	192.5	0.65	312.6	0.31	220.8	0.98	160.8	0.55

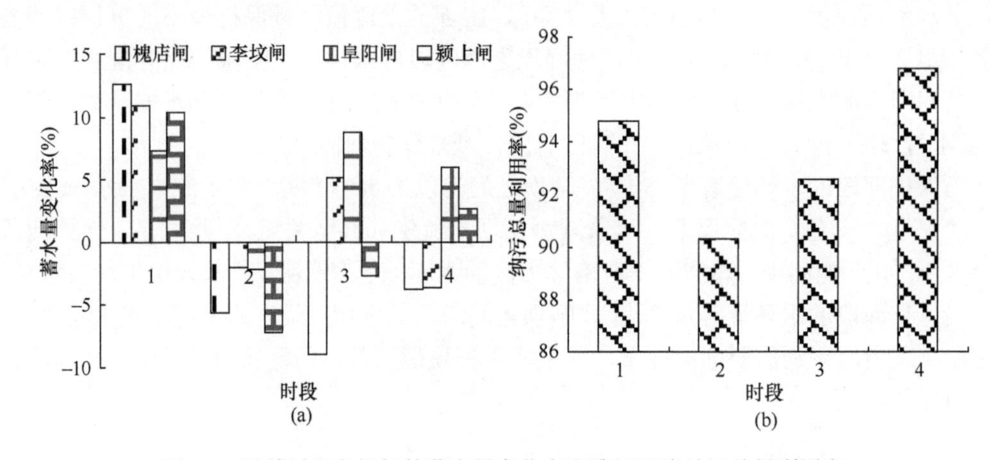

图 7.7　计算时段各闸坝的蓄水量变化率和淮河干流纳污总量利用率

3. 结果分析和讨论

1）得到的最优调控方案经水动力–水质模型计算，淮河干流鲁台子的氨氮浓度在 1.32～1.46mg/L，没有造成淮河干流出现水污染的现象。并且由图 7.7 可知，该调控方案充分地利用了淮河干流的环境容量，在某些时段共减少沙颍河水体的氨氮总量约 1272531kg，其中第 1、第 2、第 3、第 4 时段对淮河干流的纳污总量利用率分别达到 94.8%、90.3%、92.6%、96.8%；槐店闸、李坟闸、阜阳闸和颍上闸在整个调控期间蓄水量变化率分别为–3.9%、–3.6%、6.0%和 2.6%。

2）所建立的优化模型的兴利目标函数要求闸坝的蓄水量变化率最小，防污目标函数要求闸前积蓄水体的污染物排放最大，由两者平衡点所产生的调控方案相当于要求闸坝尽可能地排放水质劣的水体。这一规律可以从图 7.8 中比较清晰地看出。当第 1 时段槐店闸来水流量较大且水质较差时，槐店闸闸前的水体较好，因此出流量较小，水量的增加百分比最大，充分地利用了槐店闸的蓄水量稀释上游的污水。阜阳闸闸前水体水质最差，而上游来水的水质好于阜阳闸的闸前水体，因此出流量最大，阜阳闸在兼顾兴利用水的同时，尽量使闸前拦蓄的污染物向下游扩散。分析表明，所建立的模型可以根据上游来水的水质水量变化，动态地调整各闸坝蓄水量，满足兴利和防污的共同目标，其具有重要的意义。

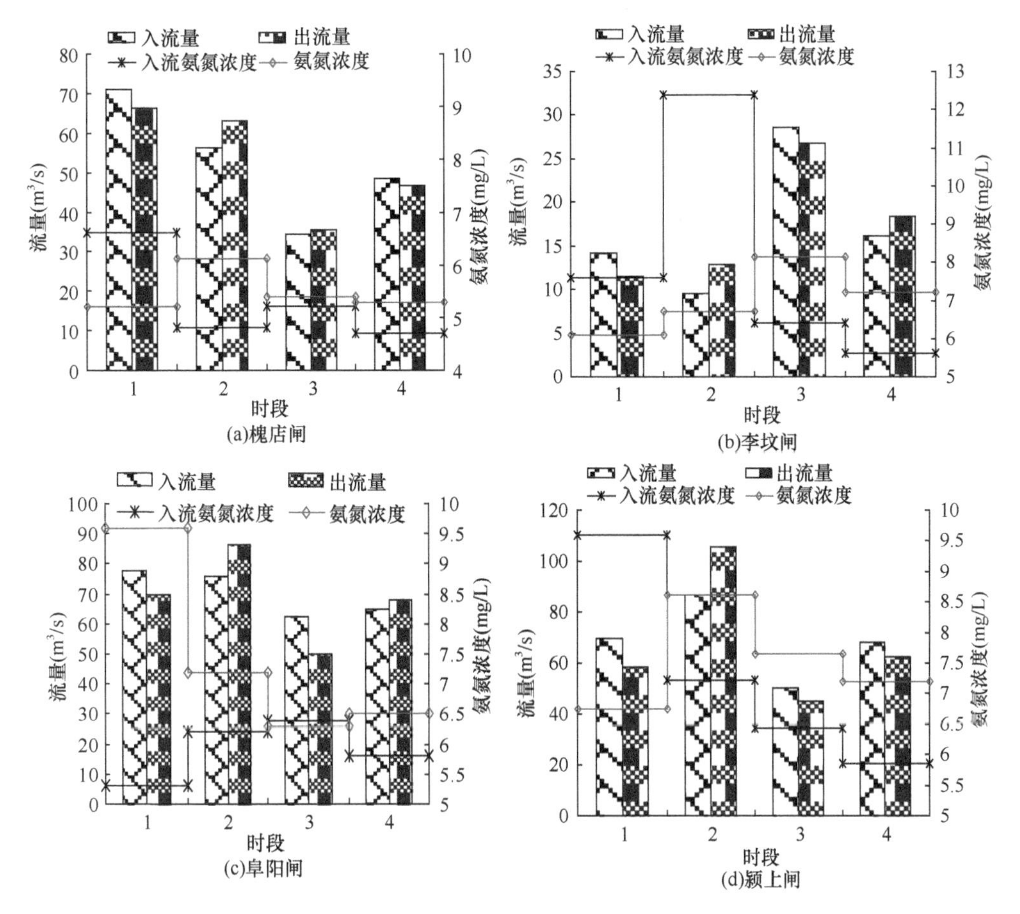

图 7.8　计算时段各闸坝出流量和蓄水量变化图

3）颍上闸作为直接排放污水到淮河干流的闸坝，其出流量的大小与淮河干流的流量和水质有着密切的关系。当淮河干流的水环境容量大（第 2 时段）时，颍上闸根据闸前水体的氨氮浓度，动态地增大出流量，闸前蓄水量减少，充分地利用了淮河干流的水环境容量，重新分配了在颍上闸积蓄的污水量下泄过程。与此同时，槐店闸、李坟闸、阜阳闸在第 2 时段都减少闸前的蓄水量（图 7.8），一方面对颍上闸的水量进行补充，另一方面加速污染物向下游扩散。当淮河干流的水环境容量小（第 1 时段）时，颍上闸拦蓄上游来水，闸前蓄水量增大，避免淮河干流出现水污染事件。与此同时，槐店闸、李坟闸、阜阳闸在第 1 时段都增大了闸前的蓄水量，这样可以有效地避免因上游来水流量较大，颍上闸不得不放水所导致的淮河干流出现水污染事件，闸坝群对上游来水层层拦截，延缓了污染河流的水体进入淮河干流的时间。

4）该模型建立方法和求解思路可以推广应用于一般污染河流的闸坝防污调度研究中，但需要注意以下两点。

第一，目标权重的取值应该结合各闸坝不同时期的需要，如在汛期结束后，闸坝的蓄水量偏小，为了兴利的需要，此时可以适当增大兴利目标函数的权重，建议兴利目标函数的权重取值在 0.55～0.75；如果在汛前，为了避免闸坝调整至汛限水位所下泄的水量对保护河段水质造成水污染事件，此时应该适当增大防污目标函数的权重，减少闸前水体的污染物总量，建议防污目标函数的权重取值在 0.55～0.75。

第二，各闸坝拦蓄水体的水质大小是根据污染物质量平衡推导出来的，闸坝群在较短的调控周期中，点源和非点源污染所带来的水质变化对模型计算结果的影响非常小。但是如果调控的时间较长，由于非点源污染物总量很难准确估测，将会导致闸坝拦蓄水体的水质计算出现较大的误差，建议调控周期不宜超过一个月，如需要计算一个月以上的调控方案，最好利用上一个月各闸坝的水质实测数据进行实时校正。

1）以淮河流域所开展的闸坝群水质水量联合调度为背景，以淮河流域污染河流沙颍河上的闸坝群为实例，在闸坝作用下水动力–水质模型的基础上，以兴利和防污为目标，建立了基于模拟–优化的闸坝防污调控模型。在该模型中，水动力–水质模型能够对约束条件进行模拟计算，并且验证和优选了多目标优化模型所生成的非劣解集，避免出现不可行解，保证闸坝群调控方案具有良好的可靠性。

2）实例研究结果表明，所构建的基于模拟–优化的闸坝防污调控模型可以根据不同的水文水质条件，兼顾当地兴利用水的需要，动态地调控闸坝，充分利用保护河段的水环境容量，重新分配闸坝拦蓄的污水总量，使某些时段污染物浓度降低，从而降低了保护河段因闸坝不合理调控所导致水污染事件的概率。

3）需要强调的是，该模型是研究污染河流如何利用保护河段的水环境容量来重新分配污水总量下泄过程，如果保护河段的流量小、水质差（水环境容量小），该模型的使用将受到一定的限制。这时，可以启用水质较好的水库进行联合调度。因此，应加强水质较好水库与污染河流闸坝的联合调控研究，才能够更充分地重新分配闸坝拦蓄的污水，降低污染物集中下泄造成水污染事件发生的概率。

7.2 面向河流健康的生态需水调控

7.2.1 生态需水调控与闸坝运行管理

从水资源管理的角度，生态需水调控是一项涵盖基础研究、技术应用、综合管理等方面的系统性工作，具体到河流生态需水方面，其核心工作就是利用闸坝等水利工程设施开展生态调度，其明显的特征就是将生态因素纳入现行的闸坝调度中去，与其他闸坝功能进行耦合，作为闸坝的重要功能共同指导闸坝调度实践。作为水资源优化配置的一部分，生态调度不能脱离水资源综合调控系统；作为水资源管理理念和技术发展的新阶段，维护河流生态健康是生态调度的主要目标之一，其贯穿于水资源利用和生态保护与修复。

根据闸坝生态调度对河流水力条件及水生态系统的作用范围，可分将闸坝生态调度分为坝库区生态调度，以及面向闸坝下游区域的生态调度，前者的作用主要是针对闸坝上游形成的库区，通过水库泄放实现闸坝库区水环境的稳定，后者则主要是通过闸坝运行方式的优化调整，形成特定的下泄流量过程，对下游河道的水生态系统产生影响，在保障某一生态目标的同时，应尽量满足经济社会用水需求。结合水利工程调度的存在类型和调度实践，依据闸坝生态调度的对象和目标，生态调度的具体内容涉及生态、水文、水污染、泥沙、水系连通性等几种类型（崔国韬和左其亭，2011）。

由于复杂水资源系统中的各类用水户存在各自的用水需求，生态需水调控体系的构建需要综合考虑各供水单元同用水单元之间的关系。供水方面，综合考虑地表水、地下水的现状及转化关系，以及河流、闸坝等水利设施运行情况；用水方面，统计分析各行业用水指标、用水效率，以及节水潜力等，全面了解水资源开发及利用的基本情况。在此基础上，针对河流生态需水，设置生态控制断面，确定生态需水调控的目标，综合水资源系统的各个要素，设置不同情境方案下的经济社会需水和生态需水方案组合，拟定工程条件组合和调度规则，进行生态用水调度分析，确定生态用水调度方案，并提出生态用水的保障措施和政策建议。

构建闸控河流生态需水调控体系，主要工作包括以下几个环节。

（1）辨析闸坝运行的生态水文效应

针对不同类型的闸坝和调度方式，科学辨析其对水文、水环境和水生态影响的范围与程度，才能有针对性地进行河流生态目标的确定。闸坝引起的生态水文效应具有动态性和变异性、系统性和两面性以及滞后性和累积性等多种特征，需要加强对闸坝运行后河流生态系统状况的全面监测，深入开展闸坝生态水文效应机理分析。

（2）分析确定生态调度的目标

闸坝生态调度的目标主要是河流生态保护和生态修复，其同经济社会发展的水平和河流管理的技术应用程度有关，具有明显的阶段性特征。闸坝运行涉及多部门、多行业利益相关方，影响水生生物、水质、泥沙、生境等生态目标，需要针对设定的生态保护或修复目标，进行多学科的交叉研究，提出生态调度的需求。

（3）生态调度方案设计

闸控河流的特征是具有较多的闸坝，对河流水量的综合调控能力较强，同时具有多闸坝联合调度的优势与特点。不同闸坝运行所承担的任务不一，如分别或综合满足灌溉、供水、航运等用水需求。因此，闸控河流的生态调度，需要在设定生态保护目标的基础上，综合考虑经济社会用水需求，从用水的优先级、水量可综合利用的可能性等方面，把生态调度纳入闸坝的调控中，通过构建多目标优化模型，进行方案优选，保证生态调度方案的可行性和合理性。

（4）生态调度的经济可行性分析

闸坝生态需水调控是对于水量的分配过程，各用水部门如灌溉、供水、发电等用水效益不一，将调度模拟和闸坝运行的实际情况相结合，从经济效益、社会效益和环境效益等方面分析调度方案的经济可行性，为协调和保障生态调度的顺利实施提供依据。

（5）生态调度实施效果监测反馈

受多种因素影响，生态调度的效果存在诸多不确定性。随着调度实践的不断开展，越来越多的经验可以被总结与利用。受现阶段认知水平的限制，难以完全掌握河流生态系统的演变机理，需要通过长期的理论研究、技术应用和后期监测评估，来提高对河流生态系统的认识，不断完善和发展生态系统改善与修复技术，使生态调度趋于科学与合理。

7.2.2 沙颍河流域典型闸坝生态调度模拟

1. 调度模型构建

以沙颍河干流的控制性工程槐店闸为研究对象，全面考虑槐店闸的社会经济兴利用水要求，兴利目标包括槐店闸下河道外社会经济用水、闸坝上游区域内的调水和发电效益。对于天然水流模式目标的分析，以槐店闸下游界首水文断面的水流模式变化为控制点。

通过对界首水文站的 IHA 指标进行计算并进行 RVA 分析，得出改变度最高的 6 个水文指标：低脉冲次数（0.54）、极小流量发生时间（0.46）、9 月平均流量（0.46）、高脉冲次数（0.42）、流量平均减小率（0.38）、4 月平均流量（0.38），以此为依据可建立天然水流模式目标函数。根据用水模式，建立槐店闸兼顾兴利目标和天然水流模式目标的多目标水库优化调度模型。

水量分配模式：

$$\mathrm{Max}E_{\mathrm{human}} = \sum_{i=1}^{4} \omega_i \frac{k_x W_x}{W_y} \tag{7.4}$$

式中，E_{human} 为水量分配模式的用水函数，考虑库区调水、闸下生态需水、灌溉、发电 4 个子目标；ω_i 为各个兴利子目标的权重；k_x 为水量分配目标各用水子目标的保证率；W_x 为各子目标平均用水量；W_y 为各子目标年规划需水总量。

天然水流模式：

$$\mathrm{Max}E_{\mathrm{eco}} = \sum_{j=1}^{6} \mu_i \exp\left[\frac{-(R_i - \overline{\alpha}_i)^2}{2\sigma_i^2}\right] \tag{7.5}$$

式中，E_{eco} 为天然水流模式的目标函数，为 6 个高改变度水文指标隶属度函数加权和；μ_i 为各个水文指标的权重，均设为 1/6；R_i 为闸坝运行后各水文指标的均值；$\overline{\alpha}_i$ 为建坝前各水文指标的均值；σ_i 为建坝前各水文指标的标准差。

根据界首断面 1956～2012 年的径流资料，以槐店闸的运行时间 1975 年为界，计算建闸前（1956～1975 年）6 个高度变化水文指标的参数值，如表 7.7 所示。

约束条件集合包括：①闸坝上游水量平衡方程；②闸坝水位限制；③闸坝下泄流量限制；④电站出力限制（槐店闸新建电站设计引水流量 130m³/s，总装机容量 60kW）等。

表 7.7　各水文指标参数值

统计参数		低脉冲次数（次）	极小流量发生时间（天）	9 月平均流量（m^3/s）	高脉冲次数（次）	流量平均减少率（%）	4 月平均流量（m^3/s）
建坝前	均值	7.1	78.9	180.5	2.7	–25	96
	标准差	8.2	17.2	203.9	2.3	14	186
天然水流模式变化范围	上界	1.2	32	74	0.4	–11	25
	下界	15.3	158	384	5	–40	283

2. 调度规则确定

以槐店闸（坝上蓄水河段）为调度对象，以槐店闸以下河段为研究对象，以界首水文断面为控制性测站。根据对沙颍河流域的生态水文特征分析，槐店闸以下河段的生态环境保护目标设定为：①保证界首断面河道不断流，维持一定的河道生态流量。②保证槐店—界首河段及其以下断面水质为Ⅲ类以上标准。③保障最小生态需水，在基本满足社会经济用水后，通过调度使河道流量尽可能地接近适宜流量。④槐店闸在汛期维持必要的应急防污水量。

根据以上分析，结合沙颍河闸坝运行情况，考虑沙颍河丰水期、平水期和枯水期不同阶段闸坝调度的不同要求，分时期制定生态调度准则。

针对槐店闸逐日径流资料计算入库流量，考虑闸坝水量损失，以水位库容曲线为依据，以闸坝的正常蓄水位和最低运用水位为控制指标，基于水量平衡分析，制定出各种情景的泄流方案。

3. 调度模拟与分析

根据槐店闸上游来水入库流量资料，对 1976～2012 年的闸坝运行进行调度演算。分别选取“水量分配目标最大”“水流模式目标最大”两种情形，进行调度模拟计算，得到两种不同情形在计算时段（1976～2012 年）内的关键水文改变指标的隶属度值。

通过调度，考虑生态需水的“水流模式目标最大”情形比经济社会用水优先的“水量分配目标最大”情形有了比较大的改善，6 个指标的改善率分别为 12.6%、1.8%、6.3%、2.8%、18.1%和 27.7%（表 7.8）。

表 7.8　两个目标分别最优时的水流模式对比

水文改变指标	隶属度		改善率（%）
	水量分配目标最大	水流模式目标最大	
低脉冲次数	0.6031	0.6792	12.6
极小流量发生时间	0.5801	0.5908	1.8
9 月平均流量	0.5112	0.5436	6.3
高脉冲次数	0.6823	0.7012	2.8
流量平均减少率	0.3215	0.3798	18.1
4 月平均流量	0.4168	0.5324	27.7

随着天然水流模式目标值的提高，水文指标中的隶属函数值增加，表明河流生态要求时的流量过程同不考虑相比得到了改善。各个水文指标改善程度不同，低脉冲次数、流量平均减少率和 4 月平均流量的改变率较大，表明考虑生态调度后，出流过程可以较好地满足水生态系统对低流量事件的量级要求。极值流量发生时间和高脉冲次数的改善不明显，主要是两种模式下，均对下泄流量的极值过程有较大的影响。

对比分析天然水流模式目标下的 1972～2012 年月均流量过程，如表 7.9 所示。可以看出，生态调度后的下泄流量均要高于实际闸坝调度下的流量值，表明当前的闸坝运行方式还不能达到河道下游的生态系统恢复和保护目标所需要的流量，需要进一步地协调经济社会用水和生态用水之间的矛盾，提高河流生态需水保障程度。

表 7.9 水流目标情况下调控流量对比分析

月份	月均流量（m^3/s）		改善率（%）
	实际流量	生态调度后流量	
1	30.18	39.07	29.5
2	30.8	33.54	8.9
3	41.5	43.75	5.42
4	37.06	96.92	162
5	57.67	100.5	74.3
6	71.81	105.2	46.5
7	229.7	326.5	42.1
8	219.4	334.4	52.4
9	163.1	180.5	10.7
10	117.1	137.7	17.6
11	68.0	85.18	25.3
12	47.27	50.8	7.47

通过对槐店闸生态需水模拟调控的结果分析，可以看出，考虑河流天然水文情势要求的调度模型，可以明显地对水文改变度指标产生影响。在具体闸坝生态调度实践中，可以基于水文情势变化分析开展生态调度方案分析，协调经济社会用水和生态用水，在保障水资源利用效率的同时，提高闸坝对河流生态环境的保护和修复能力。

7.3 面向河流水生态改善的水生态健康和谐调控

7.3.1 模型参数率定与模型验证

为了保证模型的适用性和结果的可信性，在模型使用之前需对其参数进行率定，对模型结果进行验证。在闸坝调控模拟中，按照预先设置的调控情景开启槐店闸闸门，不考虑防洪、灌溉和水污染控制等目标，因此，闸门处理时只执行各调控目标的判断条件，不考虑调控规则优先度的设置问题。同时，本书利用 I 断面的监测数据作为模型输入数据，结合实验时的闸坝调控方式，以闸上Ⅳ断面的实测数据，对与水位、流量、COD_{Cr}、DO、BOD_5、TP 和 TN 有关的参数进行率定；采用闸下Ⅵ断面的实测数据进行模型验证。

1. 水动力模型参数率定与验证结果分析

考虑闸坝调控作用的水动力模型参数率定，主要通过调整阻力系数和河底糙率拟合断面水位和流量参数。以 2014 年 11 月 16 日 16:40～19 日 12:40 为模拟时间段，上游取流量过程线作为边界条件，下游取水位过程线作为边界条件。经过反复调试，当糙率为 0.031、入流和出流阻力系数分别为 0.5 和 1 时，上下游监测断面模拟结果与实测结果拟合得较好。模拟参数率定及模型验证具体结果如图 7.9 所示。

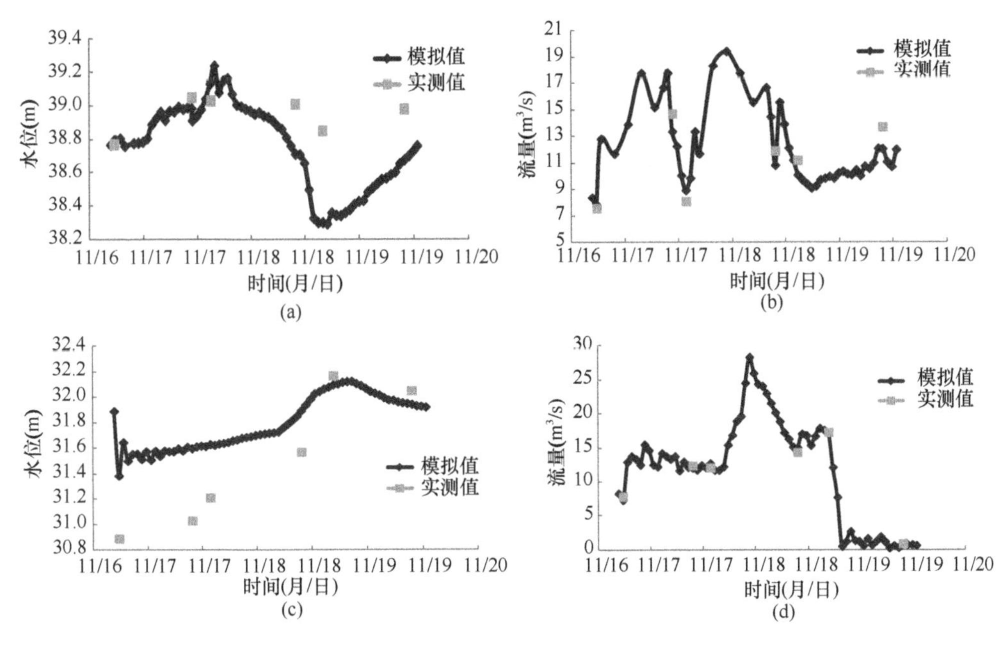

图 7.9　水动力学模型验证结果图

（a）（b）为Ⅳ断面，（c）（d）为Ⅵ断面

该模型模拟值与实测值之间的相对误差值采用$\left(C_{实测值}-C_{模拟值}\right)/C_{实测值}$进行计算。从图 7.9 中可以看出，Ⅳ断面和Ⅵ断面的水位模拟值与实测值拟合得较好，结合相对误差值计算公式，最大相对误差值为 1.8%；流量模拟值与实测值拟合情况要劣于水位拟合情况，最大相对误差值为 11.9%。通过上述分析可知，该模型模拟精度较高。同时，对闸坝调控对下游水位和流量的影响机理进行分析，在 2014 年 11 月的水环境综合影响实验中，共设置了闸门关闭、6 孔 10cm、6 孔 20cm、6 孔 30cm 和闸门关闭 5 种调控方式，而闸下Ⅵ监测断面的水位和流量的模拟值和实测值均随着闸坝调控方式的改变而变化，且总体上一致性较好，均随着闸门调控方式的改变呈现先增加后减小的趋势，这与实际情况相符。由此可见，模型参数设置正确，模拟结果合理，其可以作为水体污染物

浓度变化情况模拟的水动力学模型。

2. 水质模型参数率定与验证结果分析

（1）参数的率定

现场实验中，在闸坝下游的Ⅵ和Ⅶ断面间河段（近似为是天然河段）的 $12^{\#}$和 $13^{\#}$采样点采取水样，水样中污染物浓度分别记为 C_{12}和 C_{13}，u 为流速，x 为两个采样点的距离，根据 $k_1 = u/x\ln(C_{12}/C_{13})$ 率定 COD_{Cr}、BOD_5、TP 和 TN 的降解系数分别为 0.37/d、0.44/d、0.46/d 和 0.046/d；在进行临界流速（U_{crit}）计算时，采用闸上 $7^{\#}$和闸下 $12^{\#}$监测点（底泥取样点）水样的浊度与流速的对应关系，确定相应的临界流速。同时，通过文献资料和 MIKE 11 软件自带的模板与帮助文件，对水质模型中部分参数的取值进行确定，如表 7.10 所示。

表 7.10　水质模型中部分水质参数及取值

符号	含义	单位	数值
teta_r	大气复氧系数	—	0.67
PMAX	光合作用最大产氧量	1/d	3.5
mdo	半饱和氧浓度	mg/L	2
Df_{Rt}	反硝化速率	1/d	0.1
K_w	有机物沉淀速率	m/d	0.1
K_S	有机质再悬浮	$g/(m^2 \cdot d)$	1
U_{crit}	临界流速	m/s	0.21
Ni_{Do}	硝化作用需氧量	gO_2/gNH_4	4.57
Ni_{Rt}	氨氮的衰减率	1/d	1.54
HS_Am	氨氮半饱和常数	mg/L	0.05
SOD_{Rate}	底质耗氧量	$g/(m^2 \cdot d)$	0.5
Ni_{RR}	BOD 降解释放氨氮的典型产出率	gNH_4-N/gBOD	0.3

（2）初边界条件

初始条件：水体初始 COD_{Cr}、DO、BOD_5、TP 和 TN 浓度分别为 23.61mg/L、8.36mg/L、5.2mg/L、0.136mg/L 和 5.93mg/L；模型计算时，分为闸上和闸下两个区域分别进行计算。

边界条件：模型计算中，固体边界采用无滑动边界条件。以 2014 年 11 月 16 日 16:40～19 日 12:40 为模拟时段，水质模拟时上游边界分别取 COD_{Cr}、DO、BOD_5、TP 和 TN 浓度过程线，固体边界污染物浓度通量为 0。

（3）模型验证

在参数率定的基础上，采用槐店闸调控现场实验监测及室内检测数据，利用闸下Ⅵ断面的相关数据，对水质模型模拟结果进行检验，具体检验结果如图 7.10～图 7.14 所示。

从图 7.10～图 7.14 中可以看出，污染物的模拟值与实测值变化趋势吻合较好，2014 年 11 月 18 日 TN 两个数值之间的相对误差最大，为 16.8%，说明所建模型合理，模型参数设置正确。同时，利用纳什效率系数验证污染物模拟效果，计算值能够满足要求，表明模拟效果可以接受。

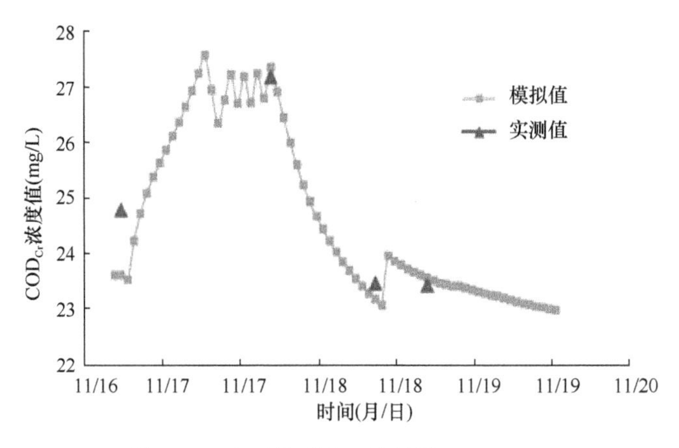

图 7.10　水质模型验证结果图（COD_{Cr}）

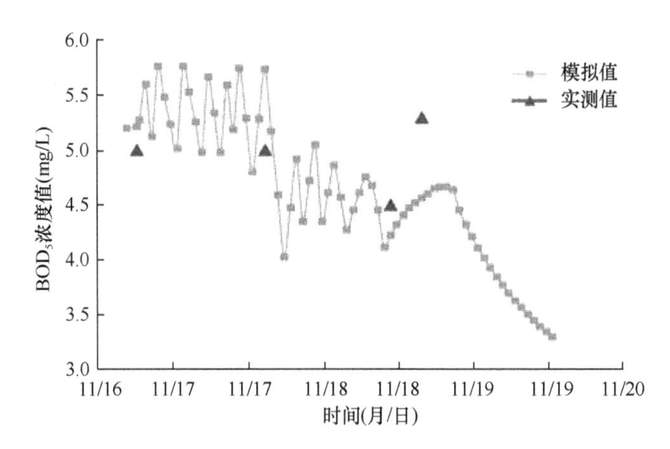

图 7.11　水质模型验证结果图（BOD_5）

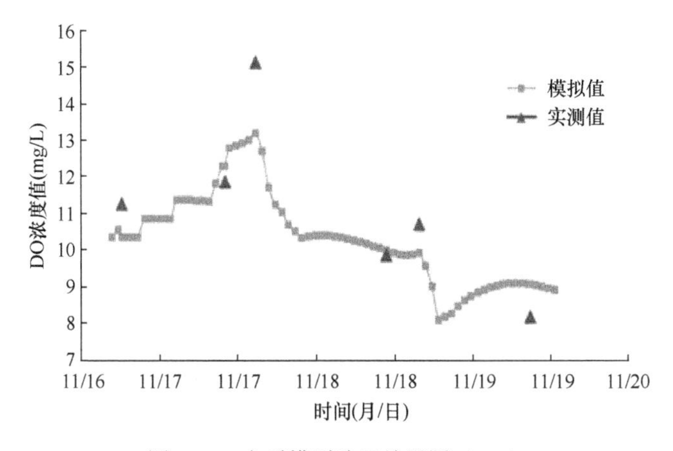

图 7.12　水质模型验证结果图（DO）

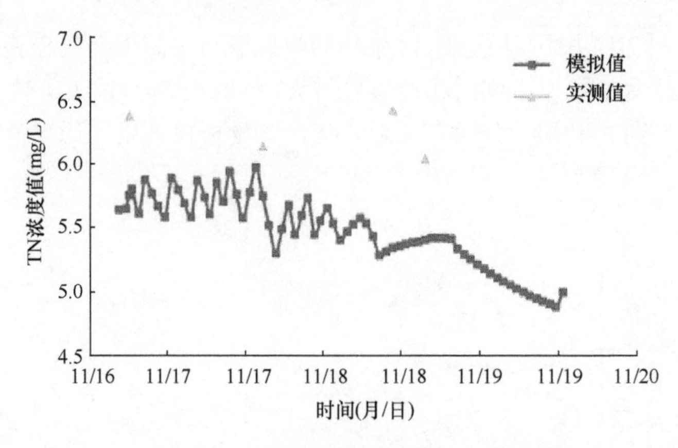

图 7.13 水质模型验证结果图（TN）

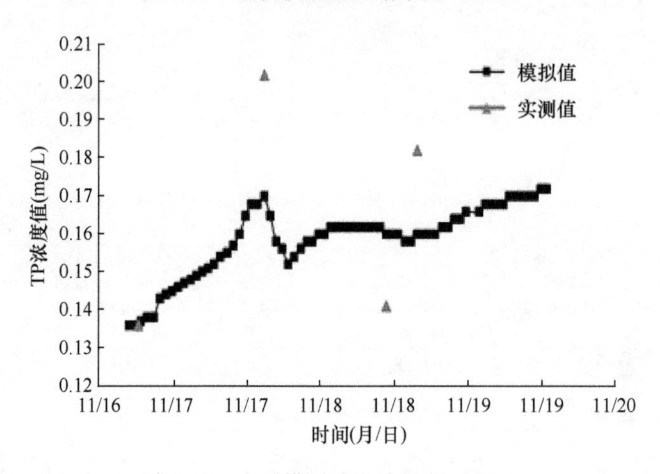

图 7.14 水质模型验证结果图（TP）

7.3.2 调控情景及结果分析

以针对槐店闸所建立的闸坝调控作用下水动力–水质模型开展情景模拟；通过查找相关的数据资料，结合第 5 次水生态调查实验的现场实测数据资料，从槐店闸闸上断面的水体污染物实测浓度值出发，分不同的闸坝调控情景进行模拟，研究单一闸坝调控对河流水体理化指标的迁移规律，在此基础上进一步分析闸坝调控情景对河流水生态健康程度的影响。

闸坝对水质水量的影响主要反映在闸坝修建和调控改变自然河流的水位和流量上，因此，需要研究闸门开启方式的变化对研究区域河道水体理化指标迁移的影响，同时，考虑闸坝调度方式的改变对闸坝水位的影响，使得闸前水位满足水位约束方程（$H_{i,t} \leq$ 41.37m，同时闸下游水位也应小于其控制水位 40.83m）。据此，设置不同闸门开度的调控情景，主要分为三大类：①闸门单孔不同开度情景（中间孔）；②闸门集中开度情景，即中间 5 孔闸门不同开度情景；③闸门全开不同开度情景，即所有闸门全部打开，但闸门不同开度情景。

（1）槐店闸上游断面污染物浓度输入数据

通过查阅中国环境监测总站、全国水雨情网等网站，结合其他水文水质数据资料，将槐店闸上游断面实测水位和水质数据资料作为模型输入；将槐店闸闸上监测断面作为模型的输入断面，模型输入参数DO为8.13mg/L、TN为5.93mg/L、TP为0.132mg/L、COD_{Cr}为28.69mg/L和BOD_5为5.2mg/L；模拟时流量输入数值随着闸坝调控方式而发生改变，流量输入值采用过闸流量计算公式进行估算，以保证过闸流量不变。

（2）不同调控情景污染物浓度模拟

依据闸前水体污染物浓度和流量值，分别对闸门不同数量和开度情况进行模拟，调度情景分为单孔闸门、5孔闸门和18孔闸门分别打开0.1m、0.5m和1.0m开度以及无闸情景，得到不同情景下闸后监测断面的水体污染物浓度值和流量模拟值，污染物浓度具体变化情况如图7.15～图7.19所示。同时，根据槐店闸的闸前最高、最低水位和闸后允许流量对模拟水位和流量值进行校核。通过对控制结果与模拟结果的对比，可以发现在模拟过程中，闸前水位和闸后流量均满足控制要求，如模拟时间段内，闸前水位最大值为39.89m，小于闸前控制水位41.37m；下游水位和流量均小于槐店闸闸后控制值。

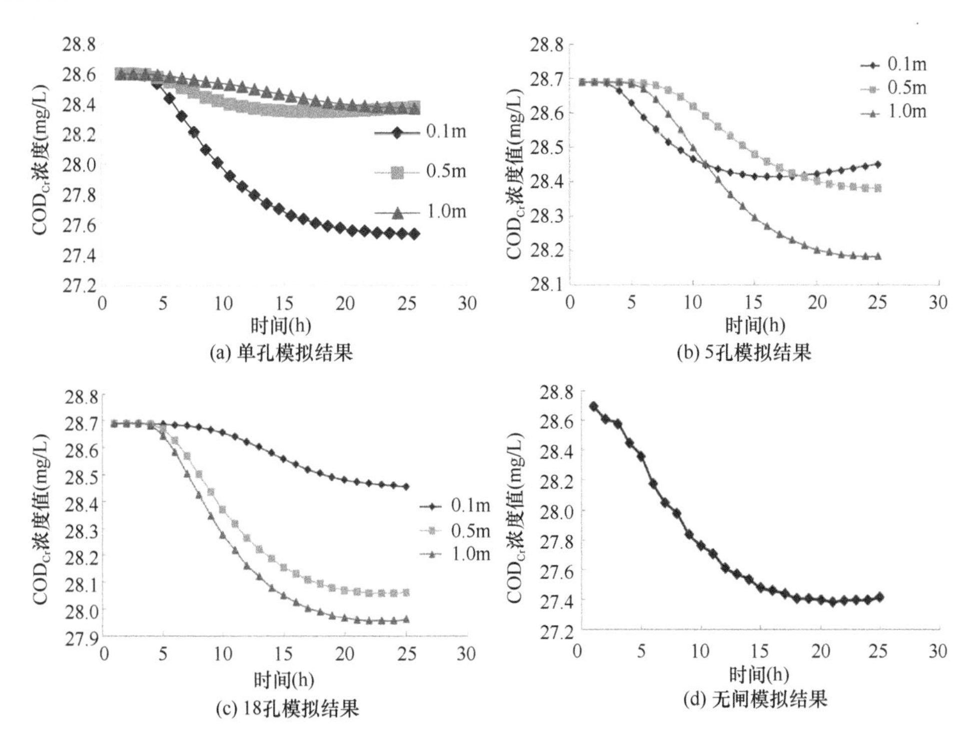

图7.15　不同调控情景水质参数COD_{Cr}模拟结果

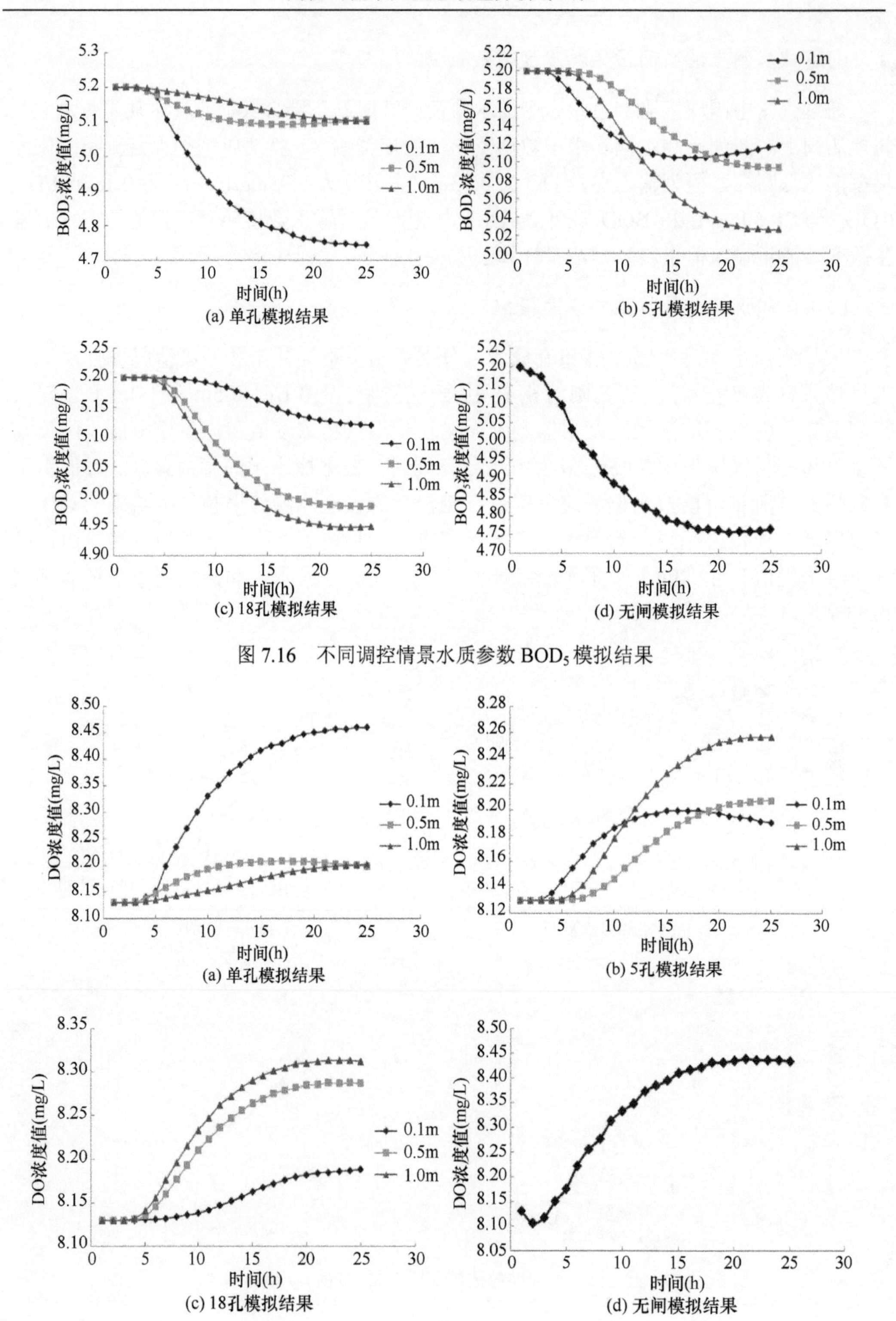

图 7.16　不同调控情景水质参数 BOD_5 模拟结果

图 7.17　不同调控情景水质参数 DO 模拟结果

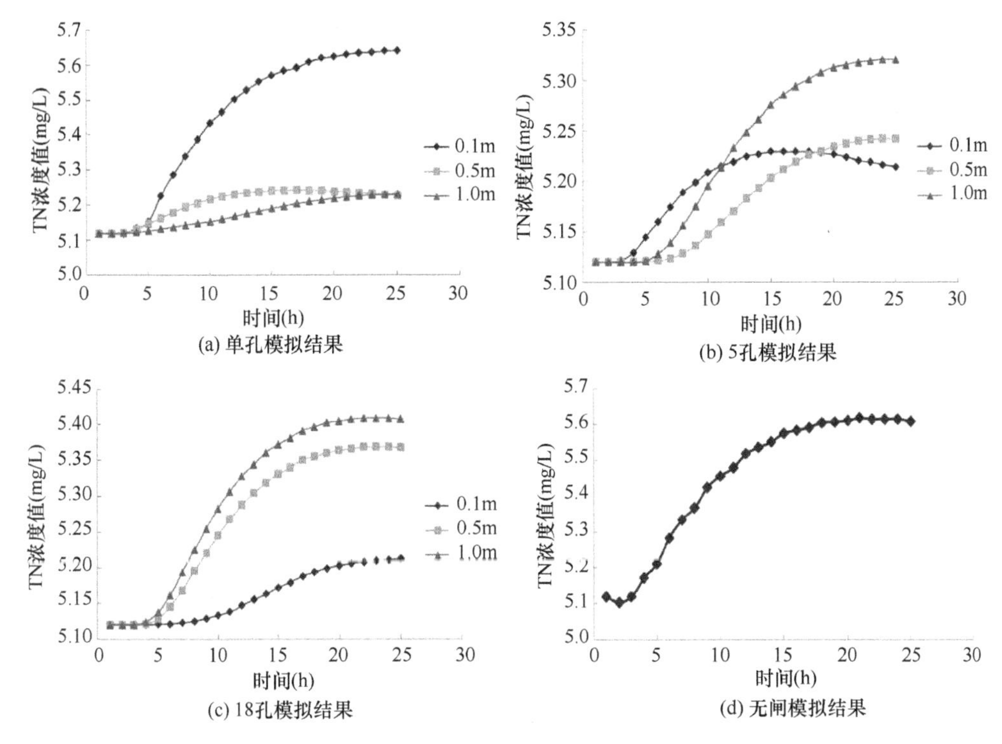

图 7.18　不同调控情景水质参数 TN 模拟结果

从图 7.15～图 7.19 中不同水质参数的模拟结果可知，随着闸坝下泄流量的变化，水体中的污染物浓度值也会随之发生变化，但是随着时间的推移，各参数的浓度值会趋于稳定。将不同调控情景下第 21h 时间节点和第 25h 时间节点的参数浓度值进行对比，分析其是否达到稳定，具体的结果如表 7.11 所示。从表 7.11 中可以看出，不同调控方式下各水质参数的最大相对差值为 0.714%，均在 1%以内。因此，认为从 21h 开始各水质参数值已经趋于稳定。

表 7.11　不同调控情景下模拟时间（21～25h）内各参数之间的相对差值（%）

调控情景	COD_{Cr}	BOD_5	DO	TN	TP
单孔 0.1m	0.036	0.084	–0.035	–0.096	0
单孔 0.5m	–0.074	–0.137	0.061	0.137	0.714
单孔 1.0m	0.042	0.098	–0.037	–0.076	–0.714
5 孔 0.1m	–0.063	–0.137	0.049	0.118	0
5 孔 0.5m	0.024	0.039	–0.024	–0.042	0
5 孔 1.0m	0.014	0.019	–0.012	–0.049	0
18 孔 0.1m	0.038	0.078	–0.036	–0.084	0
18 孔 0.5m	–0.007	0	0.012	0.018	0
18 孔 1.0m	–0.014	–0.020	0.012	0.029	0
无闸	–0.073	–0.126	0.035	0.117	0

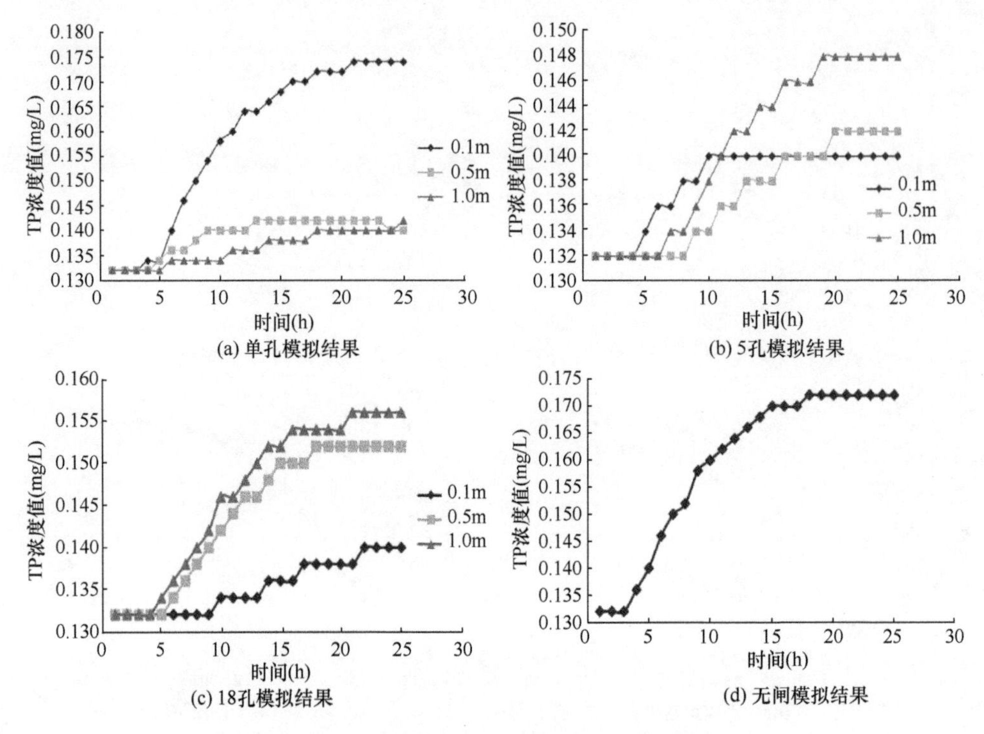

图 7.19　不同调控情景水质参数 TP 模拟结果

（3）污染物浓度与水生生物指标关系及模拟分析

利用 Canoco of Windows 4.5 软件，选择流量 Q、COD_{Cr}、BOD_5、DO、TN 和 TP 6 个环境因子，探讨生物多样性指数（P-SWDI、Z-SWDI 和 B-SWDI）与环境因子之间的关系。首先利用 Canoco 软件进行除趋势对应分析（detrended correspondence analysis，DCA），结果显示各轴中最大的坡长长度（lengths of gradients）为 0.526，其值小于 3，因此冗余分析（redundancy analysis，RDA）比较适合进行生物多样性指数与环境因子之间的关系分析。分析时，分别采用 P-SWDI、Z-SWDI 和 B-SWDI 来反映水生生物群落与环境因子的关系，将多样性指数值与环境因子数据均进行 lg（x+1）转换。生物多样性指数与环境因子之间的关系如图 7.20 所示。

从图 7.20 中可以看出，流量与各多样性指数之间的关系均不太明显，这主要是在开展实验期间，槐店闸多处于关闭状态，造成槐店闸监测断面的流量多为 0，不能较为准确地反映其与生物因子之间的关系。DO 与 B-SWDI 之间的夹角小于 90°，表明两者之间为正相关；其余各环境因子与其夹角均大于 90°，呈现负相关关系，其中 TN 与其相关性最强（两条线之间的夹角越小，相关性越强）。同理分析可知，P-SWDI 与 DO 呈现负相关，与其余环境因子呈现正相关，其中与 TP 的相关程度最大；Z-SWDI 只与 TP 呈现负相关，与其余变量均为正相关关系，其中与 DO 的相关性最强。

通过上述分析可以得出对各生物多样性指数影响最大的环境因子，除此之外，生物多样性指数还会受到水体浑浊度和底质类型等诸多因素的共同影响，但是，在闸坝调控不同情景模拟的过程中，这些因素无法进行准确的模拟。因此，本书中只考虑水体主要环境因子对生物多样性指数的影响，在分析的过程中假定其他条件不变。依据相应的实验数据，对其进行相关性分析，为开展生物多样性指数预测提供依据。具体的相关性分析结果如图 7.21 所示。

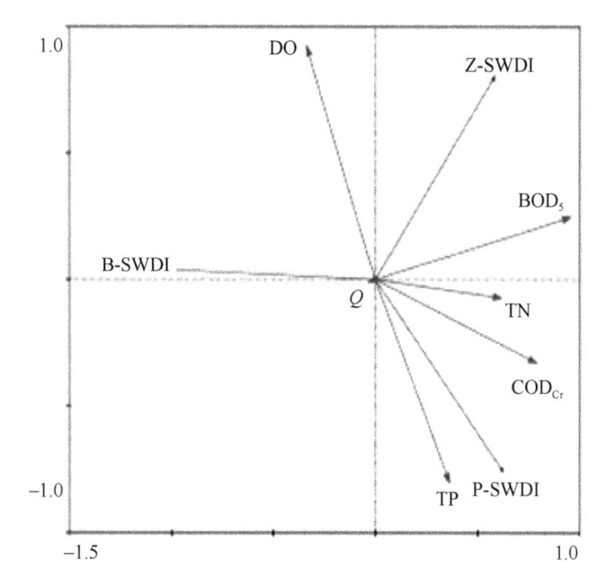

图 7.20　生物多样性指数与环境因子关系分析

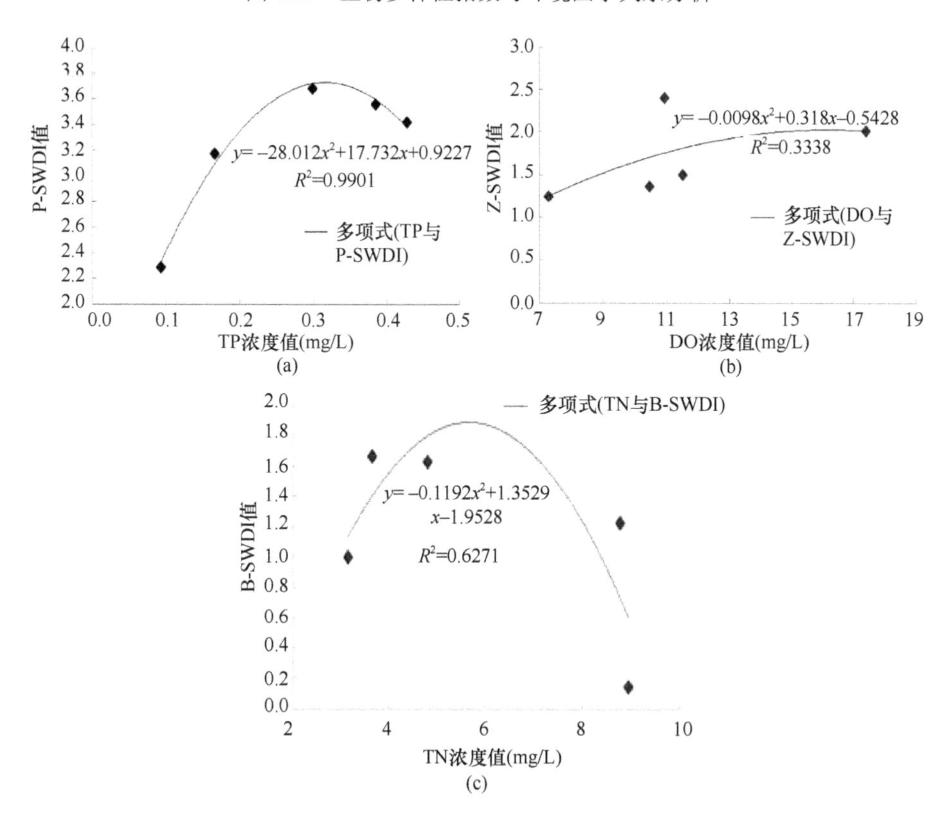

图 7.21　生物多样性指数与主要环境影响因子间相关性分析结果

从图 7.21 中可以看出，Z-SWDI 与环境因子 DO 之间的相关性相对较差，相关系数为 0.578；其余两个相关系数分为 0.995 和 0.792。因此，可以利用模拟出的环境因子对相应的生物多样性指数进行预测，各调控情景预测结果如图 7.22 所示。

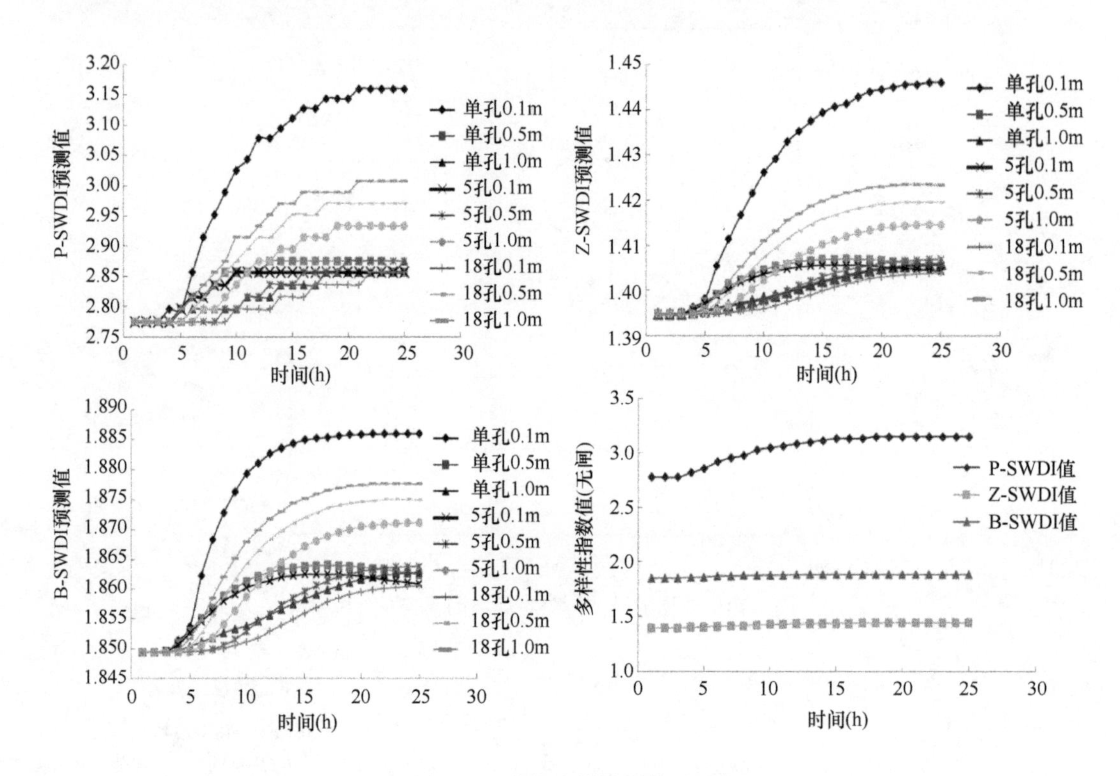

图 7.22　生物多样性指数预测值

参考水质参数模拟结果的稳定性分析方法，对不同调控情景下各生物多样性指数预测结果的稳定程度进行分析。模拟过程第 21h 和第 25h 预测结果之间的相对差值如表 7.12 所示。可以看出，各生物多样性指数相对差值结果均在 1%之内，表明从模拟时间第 21h 开始，各生物多样性指数值已经趋于稳定。

从表 7.11 和表 7.12 各参数模拟结果的相对差值分析结果可以看出，模拟时间第 21h 各参数已经趋于稳定。因此，在对各调控情景进行水生态健康评价时，选择第 21h 的数据结果进行评价。

根据闸坝不同调控情景下水体流量、污染物浓度模拟值及生物多样性指数预测值，同时，假定河流纵向连通性（无闸情景中，需要进行调整）和河流物理栖息地质量综合指数不变，将模拟结果代入第 4 章构建的闸控河流水生态健康评价指标体系，并依据水生态健康评价方法及标准，分不同情景对结果进行评价及分析，具体评价结果如表 7.13 所示。

表 7.12　不同调控情景下模拟时间（21～25h）内各生物多样性指数间的相对差值（%）

调控情景	P-SWDI	Z-SWDI	B-SWDI
单孔 0.1m	0	–0.031	–0.002
单孔 0.5m	0.683	0.056	0.041
单孔 1.0m	–0.688	–0.033	–0.023
5 孔 0.1m	0	0.044	0.036
5 孔 0.5m	0	–0.022	–0.012
5 孔 1.0m	0	–0.011	–0.012
18 孔 0.1m	0	–0.033	–0.026
18 孔 0.5m	0	0.011	0.004
18 孔 1.0m	0	0.011	0.005
无闸	0	0.032	0.005

表 7.13　不同调控情景下槐店闸监测断面的水生态健康程度

调控方式	现状	单孔			5 孔			18 孔			无闸
		0.1m	0.5m	1.0m	0.1m	0.5m	1.0m	0.1m	0.5m	1.0m	
WEHCI	0.318	0.373	0.399	0.413	0.388	0.500	0.621	0.463	0.622	0.623	0.570

从表 7.13 中可以看出，各种调控情景下，水生态健康程度值均好于现状调控措施时（实验时闸门处于关闭状态）的值；各种调控情景下，槐店闸监测断面的水生态健康程度随着流量的增加呈现增长的趋势，如 18 孔 1.0m 调控方案下水生态健康程度最好，健康程度值为 0.623，处于“亚健康”状态。由于模拟时水体污染物浓度值变化较小，故水体的水生态健康程度受到水体流量的影响较大，针对上游来水条件较好的情况，为了充分改善河流水生态健康程度，在闸坝上游水量允许的情况下，可以加大下泄流量值，进而提高其水生态健康程度，但是河流水生态健康程度随着流量的增大，其增长趋势逐渐减慢，如 5 孔 1.0m、18 孔 0.5m 和 18 孔 1.0m 三种调控情景，其流量值在增大，但是水生态健康程度值相差不大；若是闸坝上游水体存在较严重的污染，即存在明显污染团时，日常泄流时则只能维持小流量下泄，在一定程度上也能够提高河流的水生态健康程度（如 3 种单孔调控情景）。因此，在日常下泄流量时，可以根据下游水量需求和闸前污染物浓度等实际情况，进行闸坝的调控，如槐店闸在日常调控过程中，根据水利部淮河水利委员会的要求，流量一般不大于 60m^3/s。若按照这个流量进行下泄，其余条件按照模型模拟结果进行计算，则河流水生态健康程度可以提高到 0.446，处于“临界”状态。由此可见，在日常调控情况中保持闸坝小流量下泄有利于河流水生态健康程度的提高。

7.3.3　闸控河流水生态和谐调控措施研究

河流水生态健康受到诸多因素的影响，但单纯依靠闸坝的调控作用（改变河流的水文参数），对河流水生态健康程度的改善效果不明显。因此，依据对河流水生态健康关键影响因子的识别结果，从关键影响因子角度对闸坝和谐调控的措施进行研究。

（1）加强闸控河流水生态综合管理，控制水体污染程度

河流水生态健康评价工作涉及水文水资源、河岸形态及物理栖息地、水体理化指标和水生生物指标等的调查和监测工作，需要水利、环保、水产等多部门的合作与协调，强化水资源、水环境和水生态的联合调控与管理，切实做好河流水生态建设工作；需进一步加强淮河中上游河流水文、水质、水生态调查监测能力，监测重点断面的河流水质、水生生物及重要生境等要素；同时，为了减少工业废水和生活污水入河流量，应加强河流两岸城市或农村点源污染处理能力（如建立污水处理厂等）和面源污染治理能力（如科学合理施肥、减少农药使用量等），将污水的排放控制在标准范围之内，兼顾河流及水生生物的监测和保护，促进河流水生态健康的可持续发展。以监测断面 D5（槐店闸监测断面）为例，根据对沙颍河水体理化指标的分析，槐店闸监测断面主要的超标指标为 TP 和 TN，同时这两个水质指标是河流水生态健康的关键影响因子，会对该断面的水生态健康程度产生影响。对此，在 2014 年 12 月水生态调查实验实测数据的基础上，通过入河污染物控制和治理措施，将槐店闸监测断面的 TN 和 TP 浓度值控制在Ⅲ类水水平（《淮河区重要江河湖泊水功能区划》中规定的目标值），并分别采取对两者单独治理和综合治理等措施，分析槐店闸监测断面水生态健康程度的变化情况，具体情况如表 7.14 所示。从表 7.14 中可以看出，对入河超标污染物进行治理和控制，能够提高河流水体的水生态健康程度，但提高的程度有限。

表 7.14　槐店闸监测断面水生态健康程度随管理措施的变化情况

	TN	TP	综合	现状
健康程度	0.376	0.336	0.393	0.318

在采取河流水环境治理措施的同时，也需要广大人民群众积极参与到创建优美环境的活动中来。以水生态文明理念为指导，通过“世界水日”、“中国水周”、新闻报刊、电视广播、宣传画报和公益广告等各种途径对公众加强宣传教育，传播人与自然和谐相处的先进理念，努力提高公众保护生态环境的意识，特别要提高各级决策者对水生态环境保护和可持续发展的认识，鼓励社会团体和公众积极参与并投身到河流水生态系统保护与修复的工作中，培养公众爱水、护水、节水的良好习惯，树立保护生态就是保护人类自己的人与自然和谐的发展观。在提高公众生态环境保护意识的同时，也应该加强对相关法律法规的制定和完善，使执法部门和民众在与破坏生态环境的行为做斗争时，可以做到有法可依。同时，执法部门应严格执行相关法律法规，加大对重点地区和行业破坏生态环境行为的监察和打击力度；民众可对破坏生态环境的行为向相关部门进行举报。加强对河流水环境和水生态数据资料的公开性，为民众了解和科研单位研究提供便利条件。通过社会各界的共同努力，河流水环境和水生态状况得到不断改善，实现河流水生态健康发展。

（2）加强河岸带生态建设，改善河流栖息地环境

根据淮河中上游水生态调查实验中的实际情况发现，在水草较多或有土质护坡的地方，水生生物比较丰富，而贴近固化护坡（如水泥或堆石护坡）的地方，水生生物则比较少，特别是底栖动物更少；同时，水草还能够增加水体中的溶解氧，也能对水体中的污染物具有一定的吸收作用。对此，为了提高河流水生态健康程度，可以对固化护坡进行改造，还原其天然形态，使其能够为水生生物提供更好的栖息环境，如采用生态护坡等形式。在开挖形成边坡以后，不进行各种硬化处理，而是种植适宜的植物，并利用其根系对土体进行锚固，实现边坡表层的防护和加固，同时又能恢复护坡的自然生态环境。在修成生态护坡之后，不仅能够为水生生物提供栖息场所，提高河流的水生态健康程度，也能够为人民群众提供良好的休闲娱乐场所。例如，在上海崇明岛河道治理工程中采用了生态护坡，其治理效果表明河水水质经过护坡植物的净化得到较好的改善，总氮减少了 63.4%，铵态氮减少了 61.4%，同时河岸生境得到改善，生物多样性增加，生态系统的稳定性增强。由此可见，生态护坡技术的采用能够在改善河流水生态健康中起到积极的作用。

同时，减少河道的硬质护坡，形成天然生态护坡或河流生态廊道，增加河流栖息地环境的复杂性（如形成各种水生植被、倒木、倒凹堤岸和巨石等栖息地环境），促使河流形成主流与支流、急流与浅滩、流速与水深等相结合的多种河流生境，可以改善鱼类、小型水生生物（浮游植物、浮游动物和底栖动物）、鸟类、两栖动物和昆虫生存、生长和繁殖所必要的栖息地环境。不同的生境条件组合，也利于形成不同的生物群落，增加物种的丰度和生物的多样性，进而改善河流的水生态健康状况。

（3）加强闸坝运行管理，增强河流纵向连通性

淮河流域修建了众多的闸坝等水利工程，其在防洪、发电等方面发挥着积极的作用，且利于对河流水体进行调控，但是这些水利工程的修建也破坏了河流的天然连通性，改变着水体水量和水质参数的时空分布，影响着河流中营养物质随着河流自然水文周期（丰枯变化）和洪水漫溢而进行的交换、扩散、转化、积累和释放，也造成河流水体的流量、水深、水温和水流边界条件的巨大变化。针对闸坝等水利工程对河流水环境和水生态系统的不利影响，国外一些学者提出了应该拆除闸坝等水利工程的“拆坝理论”，恢复河流的天然形态，增强河流的纵向连通性。“拆坝理论”固然能够实现河流的连通性，但是闸坝等水利工程的修建和拆除都需要资金的投入，对于已建且正在发挥其效益的水利工程，对其实施拆除无疑又是一种资源的浪费。对此，应该对目前不能很好保持河流连通性的水利工程进行管理或改建，如保持闸门的小流量下泄，保持河流的水流连通；对于不能维持日常小流量下泄或闸门开启时水流流速过快的水利工程，则应该改建或增设鱼道等生态通道，为鱼类洄游等提供通道的同时，也有利于实现小型水生生物（浮游植物、浮游动物和底栖动物）的上下游连通。通过采用适宜的闸坝调控管理或工程改建措施，尽量减少闸坝等水利工程对河流连通性的阻碍及影响，恢复其天然连通性，实现河流水生态健康的良性发展。

（4）实施闸控河流和谐调控与管理，全面改善河流水生态健康

淮河上修建了数量众多的闸坝，提出合理可行的闸坝调控和运行方式，能够减少污染团的集中下泄，保证河流水生态健康发展的流量需求，实现闸坝的和谐调控，达到河流水生态健康保护及修复的目的。以监测断面 D5（槐店闸监测断面）为例，在其余条件不变的情况下，仅通过闸坝调控改变过闸流量，不同流量条件下河流的水生态健康程度也不同，具体结果如表 6.6 所示。若流量从现状条件下（$0m^3/s$）提高到 $60m^3/s$，该点的河流水生态健康评价结果将由 0.318 提高到 0.446，健康程度从“亚病态”提高到“临界”状态。由此可见，河流水生态健康状况在一定程度上随着流量的增加有改善的趋势，且改变的趋势比较明显。但是，随着流量的进一步增加，其改善河流水生态健康程度的幅度有所降低，如表 7.15 所示。因此，对已建工程应加强河流水生态健康与保护方面的调控，以改善河流的水生态健康，如在槐店闸日常调度时，维持小流量下泄有利于水生态健康程度的提高。在保证来水质量和闸前蓄水要求的情况下，可以加大对下游河道的泄水，进而提高河流的水生态健康程度。

表 7.15　槐店闸监测断面水生态健康程度随调控（流量）措施的变化情况

流量（m^3/s）	0	10	20	30	40	50	60
健康程度	0.318	0.340	0.361	0.382	0.403	0.424	0.446

通过治理水体污染物，槐店闸监测断面超标污染物（TP 和 TN）浓度值达到Ⅲ类水水平，且加大对下游河道的泄水量，可以实现对河流水生态健康程度的提高，具体结果如表 7.16 所示。由表 7.16 可知，仅通过降低河流中超标的污染物浓度和适当提高闸坝的泄流量，即保证闸坝在日常调度过程中保持小流量下泄，可提高河流的水生态健康程度，使其接近“亚健康”状态（0.520），要好于仅增加下泄流量而不进行污染治理的对策。

表 7.16　槐店闸监测断面水质指标随调控（流量）措施的变化情况

水质指标 \ 流量	$10m^3/s$	$20m^3/s$	$30m^3/s$	$40m^3/s$	$50m^3/s$	$60m^3/s$
TN（mg/L）	0.397	0.418	0.439	0.461	0.482	0.503
TP（mg/L）	0.357	0.378	0.399	0.420	0.442	0.463
TN+TP（mg/L）	0.414	0.435	0.457	0.478	0.499	0.520

在保证闸门小流量泄水（如 $60m^3/s$）、槐店闸主要超标污染物（TN 和 TP）达到Ⅲ类水水平的基础上，加强河岸带生态建设和闸坝运行管理，改善河流的栖息地环境质量和纵向连通性，通过采取这些综合措施分析槐店闸监测断面水生态健康程度的变化情况，具体情况如表 7.17 所示。

表 7.17　槐店闸监测断面水生态健康程度随综合措施的变化情况

	水量措施（$60m^3/s$）	水质措施（TN+TP）	RC	HQI
水生态健康程度	0.446	0.520	0.566	0.617

表 7.17 中数据为各种措施的累积效果，即在水量措施的基础上，增加水质措施、连通性及栖息地环境措施。从表 7.17 中数据可以看出，在前文水量和水质措施基础上，通过采取闸坝调控的综合管理，每个闸坝均能够保持一定的流量下泄，减少闸坝工程对河流纵向连通性的影响，可以使槐店闸监测断面的水生态健康程度达到“0.566”；在此基础上，再通过生态护坡或河流生态廊道建设，改善河流栖息地环境质量，可以使槐店闸监测断面的水生态健康程度达到“亚健康”状态（0.617）。

从这些措施对于改善河流水生态健康程度的效果可以看出，不同关键影响因子对不同监测断面水生态健康程度的影响不同，如流量是槐店闸监测断面水生态健康程度的最大影响因子，加大水体流量能够改善其水生态健康程度，但是单纯依靠一种措施来改善水生态健康状况，改善水生态健康程度有限，且需要投入更多，如单纯依靠河流流量的改变（18 孔 1.0m 调控情景），其水生态健康程度可以达到“0.623”，而通过采取综合措施（水量、水质、连通性和栖息地环境），在小流量情况下（60m^3/s），槐店闸监测断面的水生态健康程度也可以达到“0.617”。由此可见，在实际工作中需要采用多种措施或途径来改善河流水生态健康程度。

第8章 闸控河流水环境综合调控保障体系

现阶段，以水资源短缺与生态环境问题突出为主要特征的中国水问题的复杂性和解决难度，决定了我国水资源管理工作的长期性和艰巨性，以及持续开展水环境治理的重要性和必要性。与经济社会发展要求和各方面需求相比，目前，我国的水安全保障能力还存在不少差距，推进供给侧结构性改革，需要补齐水利这个短板。随着经济社会快速发展和气候变化影响加剧，在水资源时空分布不均、水旱灾害频发等老问题仍未根本解决的同时，水资源短缺、水生态损害、水环境污染等新问题更加凸显，新老水问题相互交织。在防汛抗旱仍面临严峻挑战的同时，部分地区水资源过度开发、生态用水被严重挤占、水生态环境恶化趋势尚未得到根本扭转。最严格的水资源管理制度有待进一步落实，水资源要素对转变经济发展方式的倒逼机制尚未形成，河湖管理、水利工程管理、洪涝干旱风险管理亟待加强。

2016年国家发展和改革委员会、水利部、住房和城乡建设部联合印发的《水利改革发展“十三五”规划》提出“科学确定和维持河湖生态流量。科学确定重要江河湖泊生态流量和生态水位，将生态用水纳入流域水资源统一配置和管理。协调好上下游、干支流关系，深化河湖水系连通运行管理和优化调度。合理安排重要断面下泄水量，维持重要河湖、湿地及河口基本生态需水，重点保障枯水期生态基流。”同时提出“综合运用强化水资源统一配置与管理、河道治理、清淤疏浚、生物控制、自然修复、截污治污等措施，推进生态敏感区、生态脆弱区、重要生境和生态功能受损河湖的生态修复。因势利导改造渠化河道，重塑健康自然的弯曲河岸线，营造自然深潭浅滩和泛洪漫滩，为生物提供多样性生境，加强水生生物资源养护。”为保障社会经济与生态环境的共同和谐发展，在河流水资源的开发利用和管理中，需要在优先保证防洪安全及生活用水的前提下，通过科学的需水调控管理和必要的工程措施进行水资源的合理配置，不断提高生态用水的保证程度，维护和推动河流健康发展与水资源可持续利用。

8.1 河流生态需水管理体系构建

8.1.1 河流适应性管理理论

流域水资源系统中的社会、环境、资源是共生的复合体系，其空间结构比较复杂，各要素之间的联系和相互影响紧密，具有开放性、动态性等多种特征，其相关特性使得在流域水资源管理中，水资源的开发利用及其影响存在诸多的不确定因素，表现在管理目标的不确定性、管理行为的不确定性和管理工程的不确定性方面。人类经济社会活动对流域水资源系统产生的干扰是社会过程、经济过程与自然过程交织作用的集中体现（金帅等，2010），流域水资源管理的目标之一在于维持和修复生态系统的修复力，即关键生态系统结构和过程对自然和人类社会干扰的持续性和适应性（孙东亚等，2007）。

适应性管理的概念起源于人们对于河流水资源管理中所存在不确定性问题的认知，包括河流生态系统本身的不确定性，以及人类活动与自然生态之间相互作用的不确定性。在水资源领域，相对于传统的管理，适应性管理是针对不断变化环境下的水管理需求，在发展的过程中，结合实际不断调整相关的管理规划和战略来应对和适应不确定问题的影响。研究指出，变化环境下的水资源适应性管理，是对已实施的水资源规划和水管理战略的产出所采取的一种不断学习与调整的系统过程，其目标是改善和提高水资源管理的政策与实践，开展适应性管理的目的在于增强水系统的适应能力与管理政策，减少环境变化导致的水资源脆弱性，实现社会经济可持续发展与水资源可持续利用。

在河流水资源开发利用与生态环境保护和修复实践中，开展流域水资源适应性管理具有重要的意义。河流适应性管理的目的是保障水资源系统的健康以及水资源的可持续利用，在管理工作中，围绕流域水资源管理中的不确定性现象，在工程建设规划、运行维护等一系列管理工作中，采取有效的措施，保障流域水资源系统的稳定，促进水资源利用与社会、经济系统的协调发展。开展流域水资源适应性管理的体系结构框架如图 8.1 所示。

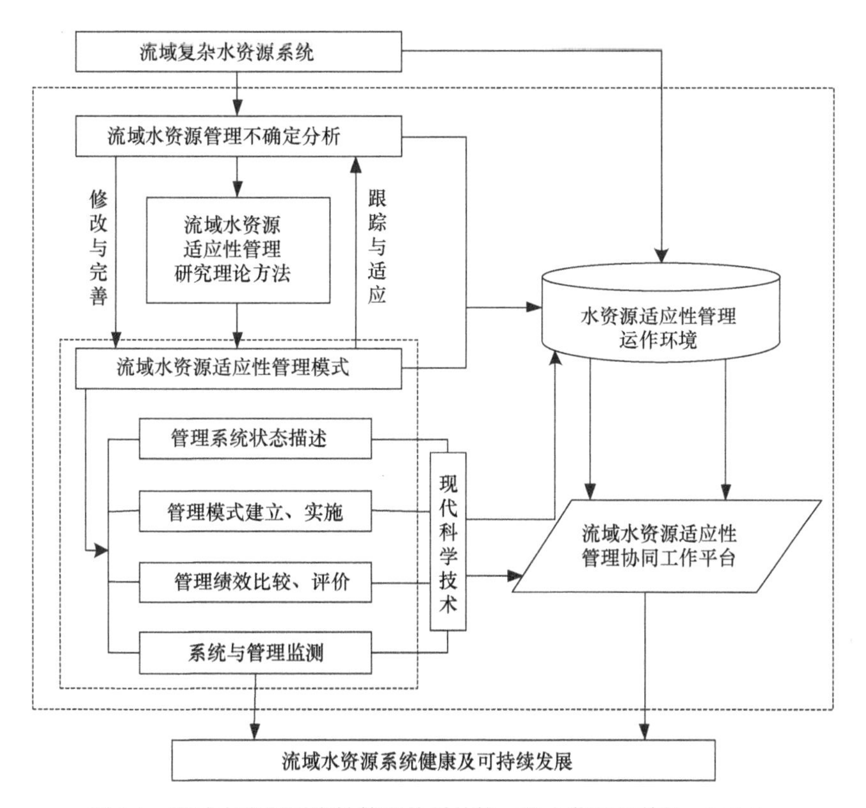

图 8.1　流域水资源适应性管理体系结构（佟金萍和王慧敏，2006）

结合流域水资源管理工作的特征，构建适应性管理体系的流程主要包括：进行流域水资源系统复杂性和管理工作不确定性分析；依据适应性管理的相关理论和技术方法构建流域水资源适应性管理模式；确定实施水资源适应性管理的工作环境，包括管理机构的设置和管理实施方案的制定等；搭建水资源适应性管理的协同工作平台等。在流域水资源适应性管理实施过程中，针对如何衡量适应性管理有效性标准问题，应该考虑河流健康和可持续发展两个方面，同时要进行不确定性定量的相关研究，以及考虑适应性管理绩效评估问题等。

今后一个时期，我国河流水资源的管理工作仍以坚持流域综合管理为基础，不断贯彻维持和实现河流健康的理念，将水资源利用同生态保护相结合。可持续发展的水资源管理的核心内容包括实现水资源合理调控下的经济效益与生态效益、环境效益之间的统筹协调。针对河流水资源和水环境问题，基于可持续发展的理念，开展基于生态需水调控的河流适应性管理成为发展趋势。

8.1.2 生态需水调控的适应性管理

水资源系统和生态需水问题的复杂性与管理的不确定性，决定了开展生态需水调控适应性管理的必要性。针对闸控河流生态需水调控管理，不确定性因素主要表现在河流径流过程的不确定性、河流生态保护对象的不确定性和生态效益的不确定性方面。河流径流过程的不确定性表现为水资源的时空分布及人类活动干扰导致的水文情势变化的随机性；河流生态保护对象的不确定性主要是受到水生态效应的滞后性影响；生态效益的不确定性表现为闸坝运行方案的确定、调整、优化等带来的难以定量等问题。

结合适应性管理的特征，以及河流生态需水问题的可能解决途径，生态需水调控的适应性管理，就是基于人类对生态系统的有限认知，以及人与自然之间相互关系的复杂和不确定状况，通过各利益相关者的参与、协商，通过河流状况的持续监测和系统评估等技术手段，进行知识与经验获取，修正完善调度管理目标及实践行为，以实现经济社会用水和生态需求协调的综合管理活动。

生态需水调控的适应性管理是一个动态过程，在技术层面上要涉及河道内生态需水确定、生态调控准则、闸坝调度技术、生态调度方案评价等问题，在管理层面上要涉及闸坝生态需水调控的保障体系和补偿机制等。其中，适应性管理框架构建可以分为建立与反馈两个阶段，包含几个重要过程，如图 8.2 所示。

生态需水调控的适应性管理有助于对河流生态需水问题进行有效的改善，是可持续管理理念的延伸和发展。基于该理念，不断提高人类对河流生态系统的认知，辨识人与自然之间相互关系的科学规律，通过有效的技术手段，不断完善水资源管理实践，有助于经济社会用水和生态需求协调发展的实现。

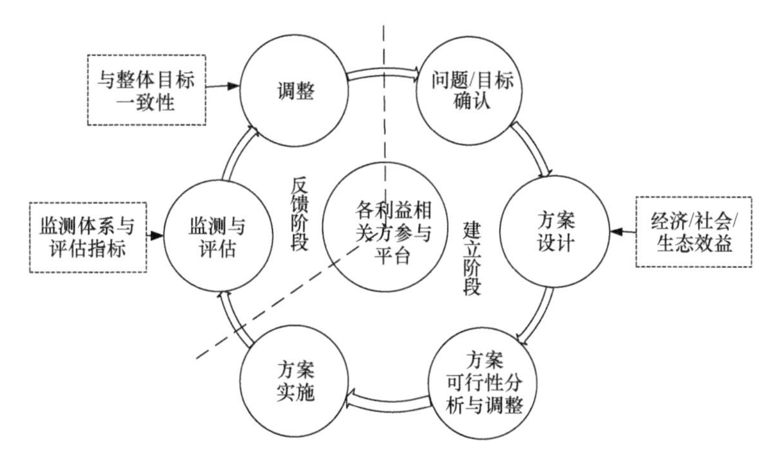

图 8.2　生态调度的适应性管理过程

8.2　河流生态系统需水保障机制体系构建

针对沙颍河流域河流生态环境现状，为保障河流水资源的可持续利用，首先，需要退还不合理占用的生态环境用水，并按照节水型社会建设的要求，改变用水模式，提高用水效率和效益，抑制不合理的需水增长。由于生态系统对水资源的需求有水质、水量两个方面，因而在确保水量需求的基础上，要加大水污染治理力度，保证水质需求。再者，需要优化目前的调度管理模式，建立健全以生态保护为核心的重要政策法律法规，并在闸坝等水利工程的调度方案中，将生态效益与经济社会效益并重，促进河流生态的健康发展。在此基础上，通过充分发挥淮河流域水资源的开发潜力、加大非常规水资源的利用、跨流域调水及调整产业结构，满足经济社会发展对水资源的基本需求，逐步使淮河流域走向生态健康与经济繁荣共存的发展之路。

河流生态需水保障机制的构建主要包括河流生态用水管理制度、河流生态需水储备机制、河流生态需水安全预警机制及河流生态补偿机制等方面，如图 8.3 所示。其中，

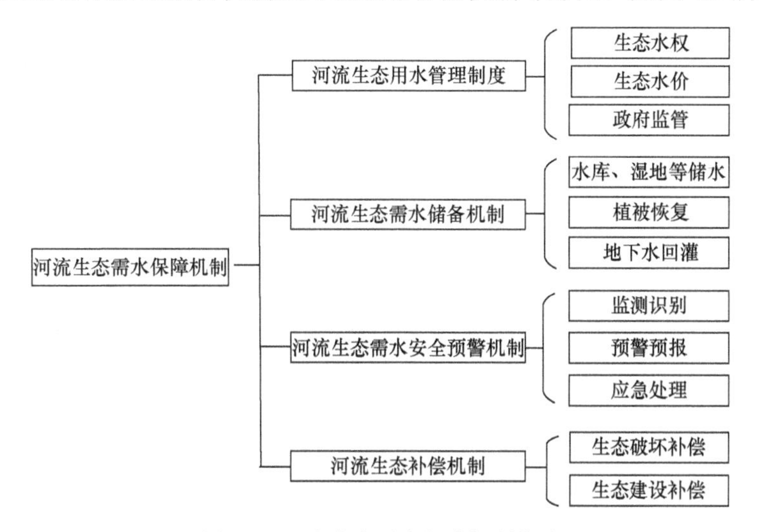

图 8.3　河流生态需水保障机制构成

河流生态用水管理制度包含河流生态水权、生态水价、政府监管等方面；河流生态需水储备机制中包含各种河流储水单元（水库、水闸、湿地、湖泊等）的储水，以及促进节水的非常规水资源利用、保障水源涵养的植被恢复、保证地下水水位的地下水回灌等措施；河流生态需水安全预警机制包含河流生态环境监测识别体系的构建、预警预报体系的构建及相应处理措施体系的构建；而生态补偿机制包含常规的生态破坏补偿及生态建设补偿。

8.2.1 河流生态用水管理制度分析及优化

目前，我国高度重视生态环境的保护，并将生态文明建设与政治建设、经济建设、文化建设、社会建设并立，凸显了我国政府对生态友好型社会建设的决心，而河流健康对人类社会发展和生态系统保护都具有重要的意义，因此新时期下必须对河流水资源管理制度做出相应的调整。

河流生态用水管理制度的基础是河流水资源管理制度，也就是说，在河流水资源管理中，强调生态系统对水资源的需求，将生态用水单独提出来，结合河流水资源管理制度的内容对生态用水进行管理，即构成河流生态用水管理制度。该制度的核心是保障河流生态用水的水量、水质需求。从管理学的角度来看，河流生态用水管理体系中包括河流生态水权的确定，法律法规、管理控制指标的确定、制定，政府监管体系的构建，生态水价等方面。生态水权的确定及相关法律法规的制定使得生态用水的保障有法可依，也提高了生态用水保障的公信力；管理控制指标的确定为处理违法违规行为提供直接的依据；政府监管体系的构建可提高法律法规的执行力；生态水价的制定是利用经济杠杆来调节水权的分配。目前，我国河流生态用水的管理中，对生态水权的重视程度不够，法律法规中对河流生态用水的最低标准制定比较模糊，难以为执法提供严格的准则，并且流域内管理机构复杂，形成“多龙治水”的局面，职责难以统一。因而，河流生态用水管理制度的完善，有利于提高河流生态用水的法理依据及保障能力。

1. 河流生态用水管理制度

河流生态用水管理的内涵是：采用经济、法律、技术及行政手段改变经济社会系统长期占用河流生态用水的局面，保障河流生态系统对水资源的基本需求，目标是恢复河流生态系统健康发展、实现河流生态与经济社会和谐相处。完善流域河流生态用水管理制度，其构成可以分为以下 3 个方面。

生态水价制度。其主要针对用水户，发挥水资源配置调节器的作用，通过经济措施降低河流生态用水被占用的风险，并对促进河流生态环境建设的工程水价进行区别对待。

生态水权制度。在河流水量不变的情况下，将生态用水提高到农业用水、经济社会用水同等重要的水平，对生态用水权利进行界定，在法理上保障生态系统的基本用水需求。

生态用水管理体系。针对河流管理的重点，构建管理指标体系，并对流域行政管理及公众参与进行调整。

2. 基于生态用水的水价市场制度

中华人民共和国成立以来，我国水价先后经历了无偿供水阶段、低价供水阶段、有偿供水的逐步完善阶段，水价体系也逐渐完善起来，实现了水资源自然水到产品水再到商品水的转换。按照商品水价来算，水价由资源水价、工程水价、环境水价三部分组成，而目前我国水价核算中只有工程水价和资源水价，没有或较少考虑环境水价。因此，从生态文明建设的角度来看，应将环境成本纳入水价成本，利用经济杠杆促进生态环境的保护。对河流供水而言，水价制定者考虑的范畴应该更多，在保障生态环境最低水量需求的基础上，对不同的用水对象制定不同的水价标准。

长期以来，沙颍河流域存在着生态用水被占用、水质性缺水严重的现象，生态环境对水资源的基本需求难以维持，但各城镇的水价标准制定中主要考虑经济水平和供水工程成本，对环境成本认识不足，并且该流域是我国重要的农产区，而我国农业用水费用的征收往往是象征性的，难以达到水费征收的目的。因此，利用经济杠杆来保障生态系统的水资源需求还有很大的提升空间。

3. 构建生态水权制度

沙颍河流域作为淮河的主要支流，流域生态环境保护的主管部门为淮河流域水资源保护局，现今其执行的法律法规包括《中华人民共和国水法》《中华人民共和国环境保护法》《淮河流域水污染防治暂行条例》《取水许可管理办法》等，其中《中华人民共和国水法》指出各部门在制定水资源开发、利用规划和调度水资源时，应当注意维持江河的合理流量，维护水体的自然净化能力，对河流生态环境用水进行限定，而实际应用中，大多数地区对水资源的分配都优先分配给具有重大经济效益的工农业生产，生态用水往往难以保障。

《中华人民共和国水法》中承认了生态环境用水的权利，但生态水权排在人类用水权利之后，得不到足够重视，并且对生态用水水量、质量等均没有明确的限度或界定。借鉴国外生态水权的经验，我国河流生态水权保护要做到以下几点（胡德胜，2010）。

（1）建立河流最小流量制度和适宜生态流量制度

河流生态系统保护的首要条件就是保障河流最小流量和适宜流量的供应，美国、南非等国在法律制定中都明确了生态用水量制度，为生态系统用水预留充足的水量。而我国有关水的法律法规并没有明确河流适宜生态流量范围、最小生态流量范围，因此，我国法律法规有必要对此进行界定。在适宜流量、最小流量的确定上，应该制定一套成熟的技术标准，便于考核。

（2）提高生态水权地位，政府购回部分取水水权

《中华人民共和国水法》赋予了河流生态系统的用水权利，应当提高生态水权的地位，将其提升到工农业用水同等重要的地位。淮河流域是一个典型的区域，实行用水许

可制度具有很长的历史，而河流生态水权却无法保障，在这种情况下，政府应该回购部分水权，保障生态水权的实现，这种回购在澳大利亚墨累-达令河流域已有先例。

（3）完善河流生态环境用水保护的法律法规

我国针对河流生态环境用水保护的法律并不是很完善，没有界定河流生态环境用水的地位和范围。国际上，生态环境保护法律体系比较完善的国家都比较重视生态水权，如美国出台的河流管理环境保护等相关法规等都明确要求确保河流最低生态流量，避免河流生态系统退化、污染和受损害。对我国而言，也应当在法律法规中明确河流保持最低生态流量的权利。

4. 河流生态用水管理体系构建

管理措施的实施，除了需要完善的法律法规作为后盾外，还需要针对管理内容明确管理指标，构建合适的监管体系。河流生态用水的管理也同样需要制定指标体系和监管体系，在此，结合河流生态用水管理的特性及国内外生态用水管理的经验，针对沙颍河流域提出河流生态用水管理指标体系和合适的监管体系。

指标体系设计的构建原则包括以下几个方面。

科学性原则。设置的生态用水管理指标应该具有一定的科学内涵，可以体现河流生态用水管理的主要内容和环境目标，并能反映度量现状、发展趋势及主要目标的实现情况。

可操作性原则。所设置的指标应该考虑原始评价数据的可获取性及指标量化的难易程度，尽量结合实际情况，选取容易获得、便于操作的指标。

针对性和代表性原则。不同管理需求对指标的要求也不同，指标应有不同的侧重点，并且选取的指标应该能够代表现状管理问题及趋势预测。

稳定性和动态性原则。管理的过程是一个动态的过程，在不同时期、不同阶段，指标呈现的状态也有差别，因此，应该既有动态指标，也有静态指标。

根据指标体系的设计原则及河流生态用水的特征，构建了多层次的指标体系（表 8.1）。该指标可以分成目标层、准则层、指标层三层，首先是目标层，为河流生态用水综合管理；其次是准则层，为影响河流生态管理目标实现的准则，主要包括河流生态用水量管理、河流水污染控制管理、河流生态恢复管理、河流生态需水储备能力管理、河流管理机构和技术管理、河流经济发展管理；最后是指标层。

5. 河流生态用水管理监管体系

河流生态用水管理是流域水资源管理的一部分，侧重于水生态和水环境的管理。目前，我国流域水资源管理存在着流域统一管理机制缺乏、法律体系不健全、管理信息系统尚不完善、公众环境意识不足等问题，因而完善管理体系任重而道远。就河流生态用水管理而言，其完善的体系中应该包含统一的管理决策者、完善的技术标准、法律法规、管理指标等诸多方面，其中统一的管理决策尤为重要，如图 8.4 所示。

表 8.1　河流生态用水管理指标体系

目标层	准则层	指标层
河流生态用水综合管理	河流生态用水量管理	最小生态需水量
		适宜生态需水量
		河流自净需水量
		河道径流满足率（低限流量）
		最大排洪能力（防洪标准）
	河流水污染控制管理	重点河段水质达标率
		工业废水排放量
		生活污水排放量
		主要污染物浓度
		工业废水处理率
		生活污水处理率
		废水达标排放率
		河流富营养化治理率
	河流生态恢复管理	水土流失率
		河道输沙量
		湿地面积
		生物多样性指数
		河道生态防洪防涝标准
	河流生态需水储备能力管理	单位面积的集雨和拦洪设施数量
		森林覆盖率
		中水回用率
	河流管理机构和技术管理	河流水生态政策法律法规建设
		流域水生态管理机构建设
		技术应用建设
	河流经济发展管理	年排污收费额
		水体污染的环境质量损失
		水利环保投资系数
		公众参与的比例
		河流水利工程收益

河流生态用水的管理如同流域水资源管理一样，需要一个主体代表河流生态用水的权益，维护生态用水的权益，保障生态用水供给。对流域水资源管理而言，其管理机构繁杂，有行政分区的水利局、水利厅等部门，也有以子流域为主的监管部门，致使流域水资源管理出现职责不清、难以统一的局面，环境保护部门也具有类似的问题。河流生态用水的管理涉及水质、水量、生态等多方面，一般情况下，其水量的管理由水资源管理部门来执行，而水质、生态等方面的管理归为环境保护部门，难以形成统一有效的管理体系，因此需要结合河流管理的工作需求，明确生态用水的主管部门及对应职责。

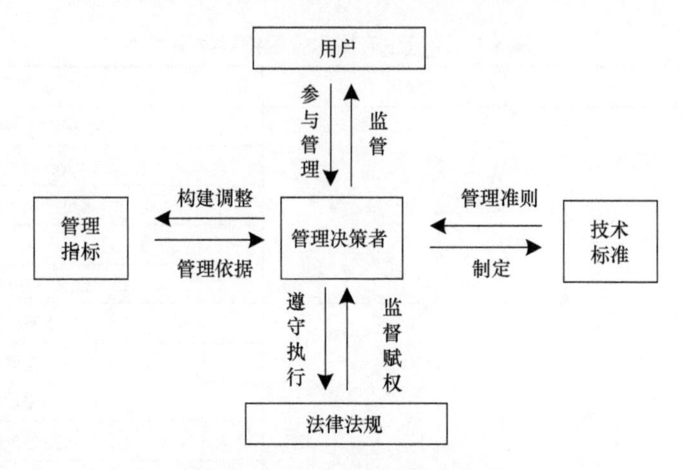

图 8.4 河流生态用水管理体系

长期以来，我国生态用水的监督管理体系并不完善，生态用水水权的赋予只限于初期的水资源配置，而后期管理过程中如何保障生态用水实现显得有些薄弱。从生态用水的特性出发，应当提高生态用水相关管理指标的监控，随时调整河流水量的分配。在技术层面，应当建立生态用水管理理论和指标体系，确定生态需水阈值，完善生态用水的监管体系，构建生态用水专家支持决策系统。针对河流生态和水环境问题，多采取的是投入大的末端治理、后期修复等办法。而河流生态系统的恢复和保护是一个长期的过程，所以应当加强生态用水管理、强化水生态保护的前端预防，建立和完善公众参与制度。对此，美国、澳大利亚、英国等对于取水影响水生态环境的行为，都会对社会公布、广泛征求公众的意见和看法，若有问题即停止或修改规划和取水许可。

沙颍河流域河流生态用水占用比较严重，不过在流域及区域水资源规划中预留充足的河流生态水量也是遏制进一步占用河流生态用水的重要方式。流域内水利工程众多，影响了鱼类洄游产卵等生物行为，破坏了生物系统平衡，同时也改变了河流的天然状态，影响了生物栖息地，因而，需要对水利工程结构进行改造，修建一些鱼道等维持上下游生物沟通的辅助工程，并适时地调整闸坝的下泄流量，保障下游生物栖息地不发生大的改变。

8.2.2 河流生态需水储备机制分析

水资源的开发利用不能仅仅考虑如何大量从地表地下取水、高效用水等，而应该结合水循环系统的每个环节，构建多方位、立体及动态的储备体系。具体来说，水资源储备机制就是在水资源供大于需时，储存水资源；在水资源需大于供时，调用储备；在控制总需求的情况下，保障水资源的供需动态平衡及可持续性。从可持续发展的角度来看，在经济社会取用河流水资源时，要兼顾河流生态系统的需求，而河流生态需水的储备可以保障枯水季节及年份生态系统的水资源需求，因此，构建河流生态需水储备机制势在必行。

生态需水是水资源利用的一部分，因此生态需水储备具有可持续性、立体性和动态性的特点。其可持续性体现在水资源的可再生性，完善的储备库可以无限次使用；立体性体现在水资源的循环过程中，处于循环的各个环节的水均可变成资源来利用；动态性是所有资源储备的共同特性，即资源多时储备，缺乏时动用。生态需水储备机制的特点表明，生态需水的保障可以从水循环系统的每个环节入手，实现“开源”与“节流”相结合，克服水资源时空分布不均匀，降低缺水季节/年份河流断流的风险，保障河流生态系统的安全。

（1）构建完备的河流生态需水储备体系

河流生态需水储备体系是水资源储备体系的一部分，因而水资源储备中的部分或者全部储备都可以为河流生态系统服务。从水资源储备模式来看，河流生态需水储备模式应该包含地面储备、地下储备、水的循环利用、贸易储备等诸多方面，河流生态需水储备体系的内容如图 8.5 所示。

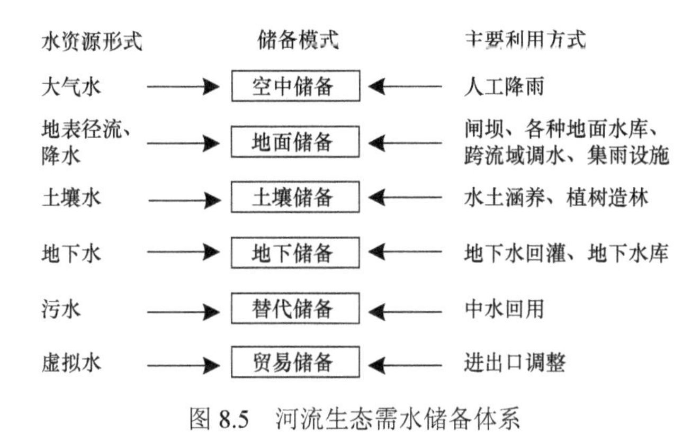

图 8.5　河流生态需水储备体系

（2）河流生态需水储备机制相关对策

构建淮河流域生态需水储备机制，可以有效地保障河流生态系统对水资源的需求。从淮河流域闸坝众多、水污染严重的问题出发，淮河流域生态需水保障机制构建中应将地面储备和替代储备放在首位，并综合考虑地下储备、土壤储备等其他储备模式。

各种水库等水利设施的建设及新技术的开发，都需要大量的资金投入，资金能否保障，从一定程度上决定了储备机制建立的速度及能否完善。生态需水保障机制是全方位的河流生态保护工程，其投资应以国家投资为主，个人、社会团体等积极参与投资，确保投入资金的可靠性。利用市场价格改革、政府补贴等手段，加强微咸水利用、污水资源化等新技术的竞争力。以国家政策为导向，促进污水处理厂、雨水收集设施等建设，保证多方位生态需水储备体系的构建。另外，国家应当支持鼓励新技术的研发，如集雨技术、水土保持技术、污水处理技术、储水技术、人工降雨等，通过技术革新来降低成本，提高整体储备能力。

沙颍河所属淮河流域具有独特的地形地貌，致使山区下游河道过流能力严重不足，因此其防洪体系中设立了很多的蓄滞洪区。蓄滞洪区的作用一般表现在大洪水来临时启用，洪水过后也是尽快退水。在当前水资源短缺、水生态环境恶化的情况下，蓄滞洪区还应当承担调洪补水、回补平原地下水源、恢复地下水位及湿地的功能。在常年蓄水区，如城东湖、城西湖等，应当积极推行退田还湖、恢复湿地的政策。目前，淮河上游水资源涵养区（淮河源、伏牛山、大别山等）的森林资源遭到不同程度的破坏，使其水资源涵蓄能力下降，加剧了水资源时空分布的不均匀性，同时其水土流失也对河流环境产生了影响。从构建生态需水储备机制的角度出发，应当推行退耕还林还草、恢复上游植被的政策，将提高水资源涵养区植被覆盖率作为河流生态环境保护的一种手段。

流域部分区域存在地下水超采严重、河道断流的现象，在这些区域，应当建设地下水补给工程，改善水系的水文条件，同时在一些地下水储量充足的地区，鼓励利用地下水，缓解河流水资源的供需矛盾。流域众多的水利工程为蓄水水域的水生态起到了良好的保护和改善作用，但是对下游生态水量的供应产生了一定的影响，从发挥水利工程生态效益的角度出发，应当采取清淤、加高整固堤坝、提高闸坝设计标准等措施，提高水闸及湖、库的蓄水能力，分阶段建设一批生态补水工程，并重视对下游水域用水的补给。

8.2.3 河流生态需水安全预警机制分析

目前，预警在气象、环境、水文等领域有广泛的应用，而河流生态需水安全预警是水资源安全预警与河流生态环境预警的结合，是对河流生态系统用水安全及生态系统退化、恶化的预警。因而，河流生态需水安全预警应当是对影响河流生态需水质量与数量需求、造成河流生态系统退化恶化的情况进行预警分析，并及时排除警情。河流生态需水预警安全机制的核心是构建安全预警指标体系及安全预警系统。

河流生态需水预警与评价、预测具有密切的关系，一般而言，先有评价，再有预测，最后才有预警。因而，河流生态需水安全预警系统应当具有以下功能：正确评价当前的河流系统状态，反映当前河流生态是否健康；准确预测未来河流生态系统的变化趋势，能及时地预报警情，起到预警的作用；针对河流生态需水警情，及时地进行调控，保证河流生态系统正常运行。根据功能可以看出，河流生态需水预警安全机制的建立有利于河流生态需水保障机制的正常运转，促进河流生态需水储备机制和河流生态用水管理制度作用的发挥。

（1）河流生态需水安全预警机制的运行逻辑

安全预警机制的一般逻辑为：明确警情—寻找警源—分析警兆—预报警度—排除警情。生态需水安全预警机制也同样需要按照这 5 个步骤进行。

河流生态需水安全预警的目的是在警情发生之前根据警兆及时采取措施，保证河流生态需水的正常供应。警情是预警中需要监测和预报的对象；警源是警情的根源，也是危机发生的根源，如果能及时地根据警兆来预测潜在的危险，就能采取措施，挽回损失。因而，河流生态需水安全预警机制的运行机理为：通过河流生态需水安全预警机制指标体系及预警临界值，分析由警源呈现出的警兆，预测警情的发展程度及可能的损害程度，然后根据预警信号识别系统向社会预报警度，最后采取措施排除隐患。

（2）河流生态系统需水安全预警机制的框架构建

河流生态系统对水资源具有水量和水质两方面的需求，在没有人类活动的干扰下，河流生态系统可以实现水量、水质安全及可持续性。人类活动致使水量、水质更多地表现出社会性。而生态系统的可持续发展需要一定数量的水资源来保证，并且水资源发挥作用与否与水质有很大的关联，因此，可以通过水质、水量两个方面来确定生态需水保障是否安全。结合预警机制的运作原理，预警机制应当包括警情动态监测、警源分析、警兆辨识、警度预报、应急处理等方面，据此分成监测分析系统、监测预警信号系统、警情处理系统，如图 8.6 所示。

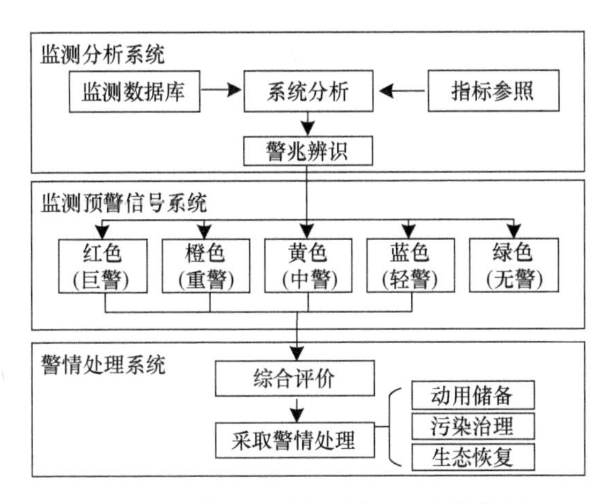

图 8.6　河流生态系统需水安全预警机制

（3）河流生态需水安全预警指标体系

根据指标体系的设计原则及河流生态需水安全预警的需求，构建了多层次的指标体系（表 8.2），主要包含河流生态需水量、河流生态监控、河流生态环境污染、河流生态环境治理及河流生态环境保护 5 个准则层，其中河流生态需水量和河流生态监控是直接的监测控制指标；河流生态环境污染是河流生态环境监测指标，其值越大，河流生态环境质量就越差，河流生态需水量就越大、越不容易满足；河流生态环境治理指标值越大，表明对河流生态环境损害就越小，河流生态环境就越健康，河流生态需水量就越小；河流生态环境保护指标越大，表明环保工作做得越好。

（4）流域河流生态需水预警机制构建对策

沙颍河流域已经逐步建设了覆盖全流域的完善的水文、气象监测站，并且设立了一批水质监测站、水环境移动监测及水环境检测中心，也对部分水文站和水质监测站进行了现代化的改造，成立了主要职能为水环境和水资源保护的流域水资源保护部门。随着监测体系的完善、相关法律法规的出台，淮河流域水资源安全管理也日趋成熟，而河流生态需水预警机制还需要进一步完善。

建立完善的信息网络系统，构建支持决策系统，应当进一步加快自动水文站、水质站的建设，完善河流水文、水质监测的现代化改造。利用先进的计算机网络技术构建支持决策系统，实现数据整理、判断与分析的及时性、准确性，从而提高预警的精度。生态需水预警制度建立的目的是保障河流生态系统的水资源需求，促进河流生态系统的健康发展。预警信息的公开，可以促进公众对河流生态问题的认知，提高公众保护生态环境的意识。此外，公众参与监督，有利于及时发现问题，并能够提供参考意见，促进预警机制发挥作用。

表 8.2　河流生态需水安全预警指标体系

目标层	准则层	指标层
河流生态需水安全预警	河流生态需水量	最小生态需水量
		适宜生态需水量
		河流自净需水量
		河道径流满足率（低限流量）
	河流生态监控	湿地面积
		主要物种丰度
		植被覆盖率
	河流生态环境污染	工业、生活废水排放量
		主要污染物浓度
		河道输沙量
		平均每公顷耕地化肥施用量
		平均每公顷耕地农药施用量
	河流生态环境治理	工业废水处理率
		生活污水处理率
		废水达标排放率
		河流富营养化治理率
		重点河段水质达标率
	河流生态环境保护	环保工作人员数
		环保投资增长率
		环保投资占 GDP 的比重
		废水废物综合利用产品产值

河流生态需水预警机制与干旱、暴雨等预警机制类似，需要制定警度准则。以生态系统的流量需求为例，可根据其满足程度，设立不同等级的预警。在干旱季节，将最小生态流量确立为河流生态危机预警流量，当河流流量低于此线，河流生态系统将出现极大的破坏。预警机制中的警情监测、警情排除等都需要政府根据风险程度，迅速有力地调整决策，采取合适的处理措施保障生态系统的水资源需求。将最低生态流量作为维持河流生态系统的健康底线，任何情况下，都要维持这个临界点，并根据河流不同区域的生态保护目标，制定最低的水质标准。对于最小生态流量而言，枯水季节容易受到威胁，当水量低于最小生态流量时，河流将处于危机状态，河流的取用水管理也要进入非常状态。在最小生态流量线以下设立河流干涸风险防线，可以适当地降低生态用水标准，但是绝对不能低于河道干涸风险防线。非常状态下，可以适当地采取高价限制、限量供水、调用生态需水储备等措施，多方位保障河流生态需水的供给（陈敏建等，2006）。

8.2.4　河流生态补偿机制分析

河流生态系统补偿通常包括两方面的内容：一个是修复河流生态系统的补偿，另一个是破坏河流生态系统的补偿，遵循“谁挤占，谁补偿；谁受益，谁补偿”的原则。目前，在区域经济的发展状况下，难免会对河流生态环境产生影响，造成一定的资源和生态损失，因此需要经济社会对河流生态系统进行补偿，同时还存在为保护河流生态而做出贡献的人，政府可以对其行为进行嘉奖，引导公众与企业重视生态环境保护。2011 年中央一号文件在第十三条“搞好水土保持和水生态保护”中指出“建立健全水土保持、建设项目占用水利设施和水域等补偿制度”，第二十一条“建立水功能区限制纳污制度”中也指出要“建立水生态补偿机制”，可见国家对水生态补偿的重视。

（1）河流生态补偿机制

河流生态系统是一个开放的复合系统，主要由水体、生物和河岸带组成，其健康与否关系到河流能否为社会经济提供多目标、多层次的功能，也会影响调节气候、降解污染物等生态环境功能的实现，因此河流生态补偿中应当综合地考虑水量、水质、栖息地、生物、景观等因素，充分地认识河流生境是多种生物共同生活的空间，将其恢复成兼具生境多样性和生态系统连续性的耦合体。

河流生态补偿是将破坏环境的外部效应内部化的经济手段，其主要目标是保护河流生态环境、提高河流系统效用，同时也兼顾河流湿地的恢复、河流栖息地的塑造等。根据《水利发展规划（2011—2015 年）》中水生态补偿的主要内容，将河流生态需水补偿机制分成河流生态建设补偿和河流生态破坏补偿。其中，河流生态建设补偿指的是进行有益于生态环境健康发展的项目或者对社会团体进行补偿，其可增强社会的环保意识；河流生态破坏补偿指的是对生态环境造成破坏的项目，需要对生态环境进行补偿。

建立和完善河流生态补偿机制是一项复杂的系统工程，它涉及社会、经济、资源、生态价值、风险评估等多个领域，需要综合考虑河流功能、结构、价值等模块的自身属性及制约因素。为建立有效的河流生态补偿机制，首先应研究河流生态补偿的理论基础和技术标准，在此基础上，采取适宜的模型进行补偿标准的测算，之后，根据补偿标准和河流恢复过程中生态风险评价及河流系统的实际承载能力，充分考虑补偿主客体、运行机制、措施和补偿后监管与评估目标等实施细节问题（付意成等，2009）。

河流生态补偿在国外已经获得成功实践，积累了可供参考的许多有益经验。我国在实践探索中要借鉴学习国外经验，同时应根据河流现状及经济社会发展的阶段特征和管理需求，开展河流生态补偿实践。只有国家的宏观管理、经济和行政法律法规制度与河流系统现状相适应，才能建立符合我国国情的有效河流生态补偿机制。

（2）河流生态补偿方式

生态补偿机制的特点使其具有很强的经济性，从经济学角度出发，自然资源的价值核定中要充分地考虑自然资源的固有价值及环境污染治理和生态破坏的投入，即补偿标准应该为生态环境保护的机会成本。因此，在河流生态补偿标准确定时要考虑：河流生态环境行为的性质和程度；河流生态环境所属的区域或地区；河流生态环境受影响的范围和程度；河流生态环境恢复的难易程度等。河流生态补偿的方式有很多，常见的有政策补偿、资金补偿、实物补偿、智力补偿等（陈兆开，2008）。

政策补偿主要通过政府的管理制度、政策法规等方面，对河流生态系统的保护进行规划引导，促进水环境保护地区环境保护、生态建设与经济社会的协调发展。政府的政策包含发展生态型产业和环保型产业、支持异地开发、生态移民等方面。

资金补偿指直接或间接向受补偿者提供资金支持，这笔生态补偿金主要用于水污染综合治理工程建设、补偿因上游污染或者占用河水对下游经济造成的损失、解决下游水污染和水短缺的项目等方面。具体的资金补偿方式有：赠款、补偿金、补贴、财政转移支付、贴息、减免税收、退税、信用担保的贷款等。这种补偿方式是在政府和社会的监督下，通过经济手段来达到提高生态效益的目的。

实物补偿指补偿者通过物质、劳力等协助受补偿者解决部分生产生活问题，改善受补偿地区的河流生态环境现状及社会经济水平，整体提升区域水生态保护及建设能力。

智力补偿也可称为技术补偿，主要包括向受补偿地区提供技术咨询和指导、向受补偿地区输送专业人才、培养受补偿地区的技术人才和管理人才等方面，切实提高受补偿地区的技术水平和组织管理水平。

8.3　沙颍河流域水资源综合调控管理措施体系

8.3.1　沙颍河流域生态调度的适应性管理需求

沙颍河流域是水资源短缺的地区之一，其经济正处于高速的发展阶段，对水资源的需求与生态系统之间必然会产生冲突。目前，流域水生态保护也面临着水资源开发利用过度、水污染日益加剧、水生生境遭受破坏、生物资源逐渐减少等重大问题，这些问题也影响生态需水的保障。

1. 沙颍河闸坝调控现行方式

沙颍河流域所建设的闸坝，从功能上，分为供水、灌溉、航运、发电等。为实现相应的水资源管理需求，闸坝调度主要包括常规的供水调度和洪水调度，以及特殊情况下的防污调度。

（1）常规调度

沙颍河流域的常规调度主要是考虑水量、水质问题进行综合调度。现实调度的原则是利用被调度闸坝的最大调蓄能力，避免开启过多闸坝而造成需要的信息量大，从而带来经济上的浪费和问题的复杂化，同时调度尽可能少的闸坝也便于调度人员操作，使主要监测的水质达标。为保障河流监测断面的水质达标，在调度中首先开始起调最下游的闸坝，在最高水位的限制范围内利用其最大蓄泄能力蓄滞或是下泄来水，若超过被调闸坝的最大调蓄能力，则往上游逐级起调，直至在有效时间内利用被调闸坝最大调蓄能力使监测断面水质达标。

（2）防污调度

沙颍河的防污调度开始于 20 世纪 80 年代末，是淮河流域水污染联防调度的重要部分，在发生特大水污染事故的情况下，逐步形成根据水情、水文特点，利用闸坝进行水污染防治的生态调度。目前，流域管理机构进行水污染联防调度的工作思路是基于气象预报进行流量预泄：一是在枯水期保持小流量下泄，控制闸坝蓄水位，减少枯水期污染水体的蓄积量，同时增加河道的自净能力；二是做好汛期第一场洪水的下泄，即在暴雨之前的 1～2 天进行流量预泄；三是在发生突发性污染事故时，关闭遭受污染河段上下游的闸坝拦蓄污水，对污染水体集中处理，防止污染扩散。

2. 河道生态流量的管理需求

要保障沙颍河流域生态不再恶化，首先应当确保其最小生态需水量，也就是满足最小生态需水要求。河道生态流量是维持河流生态系统的物质基础，而水质是栖息地环境的关键因素之一。河流主要河道作为区域行洪排涝河道的功能需求将长期存在，需要从流域尺度出发，研究污染形成机制，对诸方面污染形成因素进行多维调控，其中污染控制是水质改善的前提，在控制污染物总量的基础上，加大流域非点源污染和生活污水控制，以及加大再生处理力度和提高出水比例，整体减少流域污染物入河量。在满足防洪要求的前提下，充分发挥以闸坝结合优势互补合理调度，以控制污染物对河道的超量超标排放污染物为主，保持河道生态基流及合理水位，实现主要河道的水质水量联合调控，促进河流生态恢复，实现河流主要生态功能。

3. 河流水污染的防治需求

沙颍河流域的水污染问题主要在于闸坝上游蓄积的大量重污染水集中泄流。理论研究和调度实践表明，沙颍河流域在河流用水过程中，在闸坝上游始终保持一定的水量，通过闸坝的调蓄保持一定的下泄流量，有助于减少水污染事件发生的风险，协调农业生产与淮河干流水质保护之间的关系。

同时，沙颍河流域闸坝等水利工程设施比较完善，随着河流调控与管理水平的提高，可以通过有效的管理，开展河流闸坝群的水质水量联合调度，可以考虑研究与利用洪水资源进行水污染防治。

4. 河流水生态系统恢复需求

沙颍河流域水生态系统恢复可以按照不同阶段进行，近期结合主要城市水资源、环境规划，提出断面控制水质指标；远期结合流域水功能区的水质目标，通过水污染治理和水生态修复工作，流域水质能够满足水体功能要求，逐步恢复河流水生态系统。根据淮河流域水生态功能区划分，沙颍河区域涉及 3 个区域的水生态功能：贾鲁河中游郑州–周口区间平原生境维持区，该区主要水生态功能包括生境维持、产品提供，其中生境维持是其主导水生态功能；沙颍河中下游周口地区平原生境维持区，该区主要水生态功能包括生境维持、产品提供，其中生境维持是其主导水生态功能；沙颍河下游阜阳地区平原产品提供区，该区主要水生态功能包括产品提供、生境维持，其中产品提供是其主导水生态功能。

8.3.2 沙颍河流域水资源和谐调控措施研究

闸坝生态调控是优化河流水生态环境的有效手段，但由于闸控河流的开放性、非一致性、随机性和人为强干预性等诸多特质，仅单一开展闸坝生态调控显然难以完全满足改善水生态环境的多方面需求，并且闸控河流水生态环境治理是一项长期、复杂的系统工程，需要多方面的协同努力与稳步推进。因此，为了能够更加高效、全面地开展闸控河流水生态环境保护与修复工作，必须在科学的闸坝生态调控的基础上协同各类工程与非工程措施，形成多维立体的动态生态调控，保障水生态环境的良性发展，推动水生态文明建设与人水和谐、可持续发展。

1. 工程措施

推进闸控河流水生态环境治理与修复工程的实施，全面改善河流水生态环境。河流水生态环境的改善，需要加大污染治理与修复的投入，根据不同区域的污染状况、地理位置与自然条件，针对性地建设层次分明、结构有序的水生态环境治理与修复工程体系。闸控河流水生态治理与修复工程需要协同物理、化学、生物手段对河道断面进行一定程度的人工重塑或开展河道整治工程，改善河道水流状态、避免河道淤塞、消除闸控河流水体内生污染源、遏制河道富营养化。同时，推进水体污染治理工程的实施，利用先进技术手段，在河床内或河道旁建设水体净化设施，实现闸控河流水体的原位处理，改善河流水质，并结合生态浮岛工程、人工湿地工程、生态护坡工程，增强土壤、水体与水生生物的相互涵养，提高水体自净能力，促进河流生境的恢复，保障水生生物的正常生存与繁衍。

推动河湖水系连通，恢复闸控河流连续性。闸坝的建设运行破坏了河流纵向连续性，适宜地开展河湖水系连通工程，通过人工河流和渠系的建造连通河湖水体，形成交织密布的水网，促进不同水体之间的能量流通与物质循环，提高闸控河流水生态系统结构与功能的完整性。同时，注重实施生态廊道工程，打破因闸坝造成的物理阻隔，在闸控河流上形成整体化的空间格局，增强闸控河流纵向和侧向的连通性，最大限度地恢复河流的自然特性，为水生生物的洄游、产卵、繁殖提供更为广阔的通道与栖息空间。

2. 非工程措施

划分流域功能分区，科学制定治理规划。不同流域的水生态环境存在着差异，并且人类活动影响的强度大小不一，因此需要开展水生态功能区的划分，明确功能区的功能作用与保护要求，实行适应性的流域管理，促使河流水生态治理能够有的放矢。此外，闸控河流水生态环境的治理是一项长期复杂的系统工程，需要充分考虑河流水生态系统的复杂性、不确定性和水生生物敏感性等诸多因素，结合河流自身的水力学与水文特性，明确水生态治理的目标，因地制宜地制定合理而长远的闸控流域治理与保护规划并严格执行。

合理管控人类活动，完善政策法规。坚定不移地落实最严格的水资源管理制度，大力推进生态文明建设，充分发挥政府和社会各界的优势，共同参与河流水生态的治理与保护，并完善水环境法律体系，加强执法队伍的建设，强化执法能力，提高违法成本，充分发挥法律的惩戒与威慑作用以规范涉水行为，遏制河流水体的污染与水生态环境的破坏。

开展多闸坝联合调控，建立动态调控机制。从流域整体出发，开展流域多闸坝联合调控，促进河流水量、水质、水生态的良性互动，达到整体治理效果的最大化。同时，加强多闸坝联动调控能力，建立多闸坝联合调控决策系统，依据河流水生态环境的实时变化动态，适时、适宜地调整闸坝的调控模式与策略，形成系统、实时的多闸坝动态调控机制，保障河流水生态系统的良性发展。

建立河流水生态监测与安全预警系统，提高应对风险的能力。闸控河流复杂多变，精确掌握河流水生态环境现状与未来演变趋势是指导河流调控实施的基础。结合互联网信息技术、数据库技术、多媒体技术及 3S①等高新技术，建立水生态监测与安全预警系统，不仅能够实时掌控闸河流水生态环境状况，还能精准预测闸控河流水生态环境的演变趋势，提高应对突发事故的能力，降低水生态恶化风险，充分发挥监测与预警功能，真正实现防患于未然。

① 3S 即 RS（遥感）、GIS（地理信息系统）、GPS（全球定位系统）。

参考文献

鲍全盛, 王华东, 海热提. 1997. 沙颍河闸坝调控与淮河干流水质风险管理. 上海环境科学, (4): 11-14.

陈豪. 2016. 闸控河流水生态健康关键影响因子识别与和谐调控研究. 郑州: 郑州大学博士学位论文.

陈豪, 左其亭, 窦明, 等. 2014. 闸坝调度对污染河流水环境影响综合实验研究. 环境科学学报, 34(3): 763-771.

陈敏建. 2007a. 生态需水配置与生态调度. 中国水利, (11): 21-24.

陈敏建. 2007b. 水循环生态效应与区域生态需水类型. 水利学报, 38(3): 282-288.

陈敏建, 丰华丽, 王立群, 等. 2006. 生态标准河流和调度管理研究. 水科学进展, (5): 631-636.

陈庆伟, 刘兰芬, 孟凡光, 等. 2007. 筑坝的河流生态效应及生态调度措施. 水利发展研究, (6): 15-17.

陈艳丽. 2014. 辽宁省主要河流水生态状况评价及保护对策. 水生态学杂志, 35(5): 28-33.

陈兆开. 2008. 珠江流域水环境生态补偿研究. 科技管理研究, 28(4): 74-76.

崔国韬, 左其亭. 2011. 生态调度研究现状与展望. 南水北调与水利科技, (6): 90-97.

董哲仁. 2003. 生态水工学的理论框架. 水利学报, 34(1): 1-6.

董哲仁. 2009. 河流生态系统研究的理论框架. 水利学报, 40(2): 129-137.

董子敖. 1982. 水库供水期的多目标优化调度具有长期预报的最优调度一般规律. 水力发电学报, (2): 22-32.

窦明, 米庆彬, 李桂秋, 等. 2016a. 闸控河段水质转化机制研究Ⅰ: 模型研制. 水利学报, 47(4): 527-536.

窦明, 米庆彬, 李桂秋, 等. 2016b. 闸控河段水质转化机制研究Ⅱ: 主导反应机制. 水利学报, 47(5): 635-643.

方子云, 谭培伦. 1984. 为改善生态环境进行水库调度的初步研究. 人民长江, (6): 65-67.

丰华丽, 陈敏建, 王立群. 2007. 河流生态系统特征及流量变化的生态效应. 南京晓庄学院学报, 23(6): 59-62.

付意成, 魏传江, 王瑞年, 等. 2009. 河流生态补偿研究初探. 水电能源科学, 27(3): 31-34.

顾大辛, 谭炳卿. 1989. 人类活动的水文效应及研究方法. 水文, (5): 61-64.

侯锐. 2006. 水电工程生态效应评价研究. 南京: 南京水利科学研究院.

胡德胜. 2010. 生态环境用水法理创新和应用研究——基于25个法域之比较. 西安: 西安交通大学出版社.

胡和平, 刘登峰, 田富强, 等. 2008. 基于生态流量过程线的水库生态调度方法研究. 水科学进展, 19(3): 325-332.

胡巍巍. 2012. 蚌埠闸及上游闸坝对淮河自然水文情势的影响. 地理科学, 32(8): 1013-1019.

金帅, 盛昭瀚, 刘小峰. 2010. 流域系统复杂性与适应性管理. 中国人口·资源与环境, 20(7): 64-71.

金小伟, 王业耀, 王备新, 等. 2017. 我国流域水生态完整性评价方法构建. 中国环境监测, 33(1): 75-81.

金鑫. 2012. 面向河流生态健康的供水水库群联合调度研究. 大连: 大连理工大学.

康玲, 黄云燕, 杨正祥, 等. 2010. 水库生态调度模型及其应用. 水利学报, (2): 134-141.

李来山. 2012. 闸坝对污染河流水质水量的调控能力研究. 郑州: 郑州大学硕士学位论文.

梁士奎. 2016. 闸控河流生态需水调控理论方法及应用研究. 郑州: 郑州大学博士学位论文.

刘玉年, 夏军, 程绪水, 等. 2008. 淮河流域典型闸坝断面的生态综合评价. 解放军理工大学学报(自然科学版), 9(6): 693-697.

梅亚东, 杨娜, 翟丽妮. 2009. 雅砻江下游梯级水库生态友好型优化调度. 水科学进展, 20(5): 721-725.
米庆彬, 窦明, 郭瑞丽. 2014. 水闸调控对河流水质-水生态过程影响研究. 水电能源科学, 32(5): 29-32.
孙东亚, 董哲仁, 赵进勇. 2007. 河流生态修复的适应性管理方法. 水利水电技术, 38(2): 57-59.
谭维炎, 刘健民, 黄守信, 等. 1982. 应用随机动态规划进行水电站水库的最优调度. 水利学报, (7): 1-7.
佟金萍, 王慧敏. 2006. 流域水资源适应性管理研究. 软科学, 20(2): 59-61.
王超, 汪德爟. 1996. 地下水系统中污染物变系数动力迁移模型解. 水动力学研究与进展, (4): 475-484.
王俊娜. 2013. 基于水文-生态响应关系的环境水流评估方法——以三峡水库及其坝下河段为例. 中国科学: 技术科学, 43(6): 715-726.
王西琴, 刘昌明, 杨志峰. 2002. 生态及环境需水量研究进展与前瞻. 水科学进展, (4): 507-514.
吴阿娜. 2008. 河流健康评价: 理论、方法与实践. 上海: 华东师范大学.
吴东浩, 王备新, 张咏, 等. 2011. 底栖动物生物指数水质评价进展及在中国的应用前景. 南京农业大学学报, 34(2): 129-134.
夏军, 赵长森, 刘敏, 等. 2008. 淮河闸坝对河流生态影响评价研究——以蚌埠闸为例. 自然资源学报, 23(1): 48-60.
肖建红, 施国庆, 毛春梅, 等. 2006. 河流生态系统服务功能及水坝对其影响. 生态学杂志, 25(8): 969-973.
肖建红, 施国庆, 毛春梅, 等. 2007. 水坝对河流生态系统服务功能影响评价. 生态学报, 27(2): 526-537.
杨爱民, 唐克旺, 王浩, 等. 2008. 中国生态水文分区. 水利学报, (3): 332-338.
杨国录. 1993. 河流数学模型. 北京: 海洋出版社.
姚维科, 崔保山, 刘杰, 等. 2006. 大坝的生态效应: 概念、研究热点及展望. 生态学杂志, 25(4): 428-434.
喻光晔, 水艳, 李丽华. 2015. 构建淮河流域闸坝联合调度能力综合评价指标体系. 治淮, (1): 5-7.
张又, 程龙, 尹洪斌. 2017. 巢湖流域不同水系大型底栖动物群落结构及影响因素. 湖泊科学, 29(1): 200-215.
赵长森. 2008a. 闸坝河流河道内生态需水研究——以淮河为例. 自然资源学报, 23(3): 400-411.
赵长森. 2008b. 淮河流域水生态环境现状评价与分析. 环境工程学报, 2(12): 1698-1704.
赵银军, 魏开湄, 丁爱中. 2013. 河流功能及其与河流生态系统服务功能对比研究. 水电能源科学, 31(1): 72-75.
郑保强, 窦明, 黄李冰, 等. 2012. 水闸调度对河流水质变化的影响分析. 环境科学与技术, 35(2): 14-18,24.
郑丙辉, 张远, 李英博. 2007. 辽河流域河流栖息地评价指标与评价方法研究. 环境科学学报, 27(6): 928-936.
郑华, 欧阳志云, 赵同谦, 等. 2003. 人类活动对生态系统服务功能的影响. 自然资源学报, 18(1): 118-126.
左其亭. 2015. 中国水利发展阶段及未来“水利 4.0”战略构想. 水电能源科学, 33(4): 1-5.
左其亭, 李冬锋. 2013. 重污染河流闸坝防污限制水位研究. 水利水电技术, 44(1): 22-26.
左其亭, 梁士奎. 2016. 基于水文情势分析的闸控河流生态需水调控模型研究. 水力发电学报, 35(12): 70-76.
左其亭, 陈豪, 张永勇. 2015. 淮河中上游水生态健康影响因子及其健康评价. 水利学报, 46(9): 1019-1027.
左其亭, 高洋洋, 刘子辉. 2010. 闸坝对重污染河流水质水量作用规律的分析与讨论. 资源科学, 32(2): 261-266.
左其亭, 刘静, 窦明. 2016a. 闸坝调控对河流水生态环境影响特征分析. 水科学进展, 27(3): 439-447.
左其亭, 刘子辉, 窦明, 等. 2011. 闸坝对河流水质水量影响评估及调控能力识别研究框架. 南水北调与水利科技, (2): 18-21,40.

左其亭，罗增良，石永强，等. 2016b. 沙颍河流域主要参数与自然地理特征.水利水电技术，47(12): 66-72.

Bunn S E, Arthington A H. 2002. Basic principles and ecological consequences of altered flow regimes for aquatic biodiversity. Environ Manage, 30(4): 492-507.

Bushaw K L. 1996. Photochemical release of biologically available nitrogen from aquatic dissolved organic matter. Nature, 381(6581): 404-407.

Laub B G, Palmer M A. 2009. Restoration ecology of rivers. Encyclopedia of Inland Waters, 332-341.

Mccully P. 1996. Silenced Rivers: The Ecology and Politics of Large Dams. London: Zed Books.

Mitsch W J. 2003. Ecological engineering and ecosystem restoration. Wetlands (Jun 2006), 635-636.

Norris R H, Thoms M C. 1999. What is river health? Freshwater Biology, 41(2): 197-209.

Patel N, Mounier S, Guyot J L, et al. 1999. Fluxes of dissolved and colloidal organic carbon, along the Purus and Amazonas rivers (Brazil). Science of the Total Environment, 229(1-2): 53-64.

Petts G E. 1996. Water allocation to protect river ecosystems. Regulated Rivers Research & Management, 12(4-5): 353-365.

Poff N L. 1997. The natural flow regime. Bioscience, 47(11): 769-784.

Qiting Z, Hao C, Ming D, et al. 2015. Experimental analysis of the impact of sluice regulation on water quality in the highly polluted Huai River Basin, China. Environmental Monitoring & Assessment, 187(7): 450.

Richter B D, Baumgartner J V, Braun D P, et al. 1998. A spatial assessment of hydrologic alteration within a river network. Regulated Rivers: Research & Management, 14(4): 329-340.

Richter B D, Baumgartner J V, Powell J, et al. 1996. A method for assessing hydrologic alteration within ecosystems. Conservation Biology, 10(4): 1163-1174.

Suen J P, Eheart J W. 2006. Reservoir management to balance ecosystem and human needs: Incorporating the paradigm of the ecological flow regime. Water Resources Research, 42(3): 178-196.

Ward J V. 1989. The four-dimensional nature of lotic ecosystems. Journal of the North American Benthological Society, 8(1): 2-8.

Zuo Q T, Liang S K. 2015. Effects of dams on river flow regime based on IHA/RVA. Proceedings of the International Association of Hydrological Sciences, 368: 275-280.